JN418233

해양과학총서 8 2판

해양바이오

이희승 · 이정현 엮음

국립중앙도서관 출판시도서목록(CIP)

해양바이오 / 이희승, 이정현 엮음 / 2판 / 안산:
한국해양과학기술원, 2017
p.256 ; 18.8×25.7cm (해양과학총서 ; 8)

ISBN 978-89-444-9048-4 04450 : ₩18,000
ISBN 978-89-444-1022-2 (세트) 04450

해양 생물[海洋生物]

477.3-KDC6
578.77-DDC23 CIP2016032477

해양과학총서 8

해양바이오

발행인 홍기훈
발행처 한국해양과학기술원
책임편집 이희승, 이정현
출판기획 한종엽
편집디자인 (주)디자인인트로
표지 일러스트 배민경

초판 발행 2005.01.27
2판 발행 2017.01.02

출판등록 1990.09.07 안산시 제9호
ISBN 978-89-444-9048-4
ISBN 978-89-444-1002-2 (세트)
값 18,000원

한국해양과학기술원 www.kiost.ac.kr
주소: 15627 경기도 안산시 상록구 해안로 787
전화: 031-400-6000

주문·보급: 계백북스
전화: 02)734-2267, 734-9914
팩스: 02)736-9917

이 도서의 국립중앙도서관 출판예정도서목록(CIP)은 서지정보유통지원시스템 홈페이지(http://seoji.nl.go.kr)와 국가자료공동목록시스템(http://www.nl.go.kr/kolisnet)에서 이용하실 수 있습니다.(CIP제어번호: CIP2016032477)

해양바이오

이희승·이정현 엮음

목차

해양은 생명의 탄생과 진화가 시작된 곳이며, 여전히 모르는 것이 많은 생물다양성의 보고이다. 바이오로 표현되는 biotechnology는 만들어진지 100년이 채 되지 않는 용어이고 학문의 범주는 20세기 후반에 비로소 정의되었다. 서로 멀게만 느껴진 두 단어인 해양과 바이오가 합쳐져 [해양바이오]라는 연구분야가 탄생하였고, 그 영역을 점차 넓혀가고 있다. 해양생명공학은 해양과학총서가 나타내려고 하는 해양학의 범주에서 보았을 때 신생학문이며, 어느 분야보다 빠르게 발전하는 분야이다.

2005년 초판 [해양바이오] 발행 이후 어느덧 12년 이라는 세월이 흘러 학문의 변화와 발전을 반영한 개정판의 발행이 필요하였다. 특히, 해양 탐사 기술의 발전과 생명공학 분야의 확장은 다른 과학기술분야 보다 빠르게 진행되고 있어 이러한 변화를 개정판에 담으려 하였다. 이를 위해 개정판에서는 초판에 비해 두 배에 이르는 22명의 집필진의 참여하였고, 이들 중 초판과 개정판에 모두 참여한 이는 일곱 명에 불과할 정도로 새로운 과학기술의 발전을 반영하여 내용을 대폭 수정 보완하려고 노력하였다. 개정판 [해양바이오]가 모쪼록 우리나라 해양생명공학 발전에 조금이나마 기여하기를 바라며, 나아가 이 분야를 공부하는 학생들에게 폭넓은 정보를 제공하였으면 하는 바람을 갖는다.

이 책에서는 먼저 해양생물자원의 탐사와 다양성에 대해 다루었고, 의학 발전에 기여한 연구들을 서술하여 연구대상으로써 해양생물의 중요성을 보였다. 이어 유전체, 천연물, 구조생물학, 화학생물학, 대사공학 등 해양생물을 연구대상으로 삼는 주요 학문들을 소개하였고, 미래해양산업으로 발전 가능성을 가진 소재, 신약, 독, 효소, 플랑크톤에 대해 설명하였다. 다음으로 바이오 에너지 분야의 수소, 가스 생산에 대한 내용과 어류를 이용한 바이오소재와 식량자원 생산을 기술하였으며 끝으로 환경생명공학에 대해 언급하였다.

개정판 [해양바이오]를 처음 기획했던 2013년 가을부터 오늘에 이르기까지 적지 않은 어려움이 있었다. 오랜 준비 끝에 [해양바이오]의 개정판이 나올 수 있도록 원고를 준비하고 기다려준 집필자 여러분들께 감사드린다. 그리고 이 책이 개정판 해양과학총서의 여덟 번째 책으로 세상에 나올 수 있도록 지원해 주신 홍기훈 원장님과 완성도 높은 책의 발간을 위해 애써주신 해양과학도서관의 한종엽 관장님, 전윤희 님, 이예슬 님께 감사의 뜻을 전한다.

2017년 1월

편저자 이희승, 이정현

바다는 우리의 미래이다. 21세기는'다국적 자본, 매스미디어, 그리고 해양'의 3M 시대라고 미래학자들은 전망하고 있다. 바다는 열린 공간이다. 바다는 육지보다 더 넓고 더 많은 생물을 품고 있다. 지구표면의 70%를 차지하는 바다는 수심 200m까지, 심지어 5,000m이하까지도 다양한 해양생물의 삶의 터전이 되고 있다. 그러나 육상생물에 비해 우리가 해양생물에 대해 알고 있는 것은 바닷가의 모래 한줌에 불과할 것이다.

해양바이오산업은 첨단 해양산업이다. 기존의 해양생물 산업은 수산물을 단순 채집하여 식용으로 사용하거나 가공하는 수준이었으며 최근까지 다당류, 효소, 색소, 불포화지방산 등의 소재가 산업화되었을 뿐이다. 그러나 해양생물에 대한 접근이 보다 수월해지면서 그동안 미이용되었던 해양생물에서 새로운 물질이나 유전자가 대량으로 발견되고 있으며 해양유래 신의약, 신소재의 개발 가능성이 증가하고 있다. 아울러 식량안보의 중요성이 대두되면서 해양바이오산업은 바이오 시장에서 새로이 형성될 분야로 주목받고 있다.

늦게나마 한국해양연구원의 해양생명공학 관련 연구진들이 모여 해양과학총서 9권「해양바이오」를 엮었다. 이 책에서는 다양한 해양생물을 소개하고 해양생물의 배양, 유전체, 대사공정 및 해양천연물의 정제와 구조 규명 등의 해양바이오 핵심 기술을 살펴보았다. 또한 해양바이오산업 분야에서 주요 위치를 차지하고 있는 선발육종양식, 해양생물유래의 신소재와 신의약, 해양환경생명공학, 해양바이오에너지 분야의 연구개발 동향을 정리하였다. 아울러 해양바이오의 시장 동향과 국내외 전망을 통하여 해양바이오의 비전을 제시하고자 하였다.

우리는 이 책이 블루 바이오테크놀로지 분야에 관심이 있는 학생과 연구자들에게 해양바이오에 대한 개괄적인 정보를 제공하고, 국내 청색혁명을 통한 해양부국 실현에 조금이나마 보탬이 되기를 바란다.

끝으로 각 분야에서 원고 작성과 자료 제공에 애써주신 모든 분들께 감사드리며 이 책이 완성되기까지 편집 및 교정, 정리 등 여러 가지 작업에 애써주신 송기섭, 함춘옥 님에게 진심으로 감사드린다. 이 책은 한국해양연구원 해양과학총서 발간비용으로 출판되었다.

2005년 1월
이홍금, 이유경

해양바이오 강국을 꿈꾸며

이정현
해양생명공학연구센터

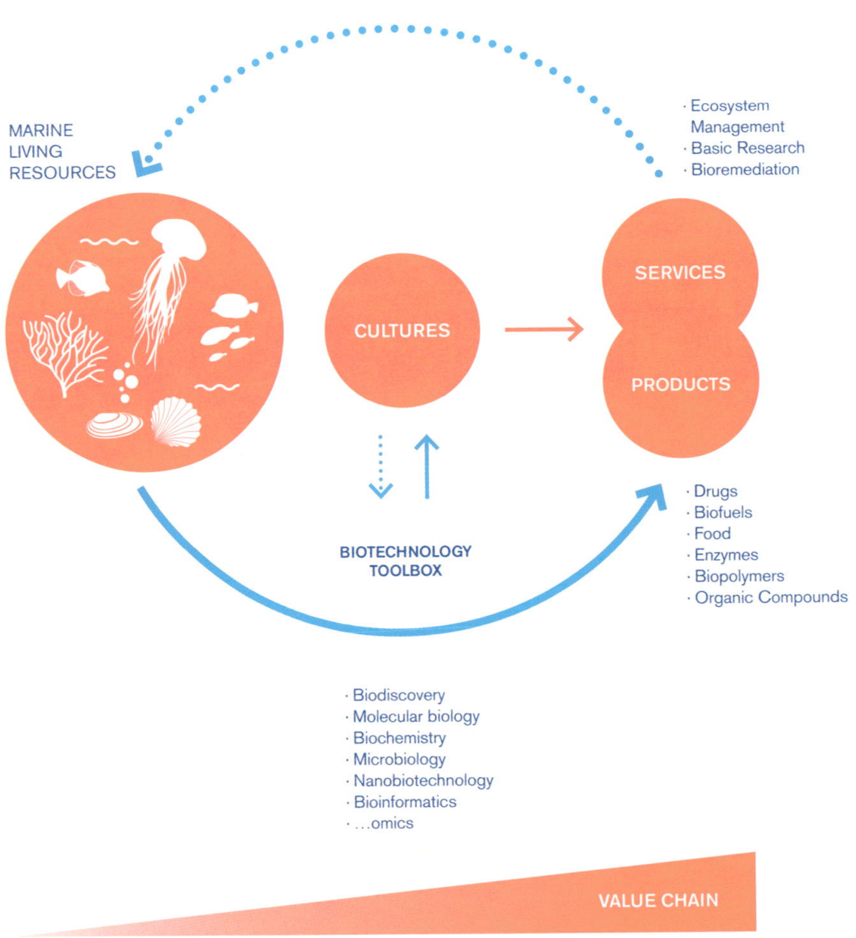

해양바이오의 범위와 내용을 보여주는 모식도(OECD, 2013)

해양바이오의 무궁무진한 잠재력

생명공학바이오은 생명체, 그들의 일부, 생산물, 모델 등을 이용하여 과학과 기술을 적용하여 궁극적으로 지식, 상품, 서비스를 생산하는 것으로 정의하고 있다. 해양바이오해양생명공학; Marine Biotechnology는 해양생명체 및 그 기능을 이용하는 것으로 생명공학 범주에 속하는 분명한 하나의 영역이다. 최근에는 바다의 청색 이미지를 붙여서 블루 바이오테크놀러지Blue Biotechnology 라고도 불린다.

최근 전 세계적으로 바이오연구가 활성화되고 바이오산업 규모가 확대되면서 조만간 본격적인 바이오경제Bioeconomy 시대로까지 이어질 것으로 예측하고 있다. 이러한 가운데 특별히 해양바이오가 주목을 받는 이유는 세계적으로 에너지 및 식량자원 고갈, 기후변화에 의한 환경문제 등으로 해양자원의 중요성이 커졌고 게다가 차세대시컨싱 및 오믹스 분석기술과 같은 첨단 생명공학기술의 발달로 해양생물자원을 적극적으로 활용할 수 있는 가능성이 커졌기 때문이다. 그 실례로 양식 가능한 수산생물종 수의 증가, 해양천연물 의약품 개발 그리고 해양 유전자원을 이용한 지식재산권 수가 급격하게 증가하고 있다. 실제 2010년 기준으로 해양생물로부터 유래된 유전자의 특허 건수가 4,900 건으로 이르며, 특허 출원 건수는 연간 증가율이 12%에 이르는 것으로 알려졌다Arrieta 등, PNAS 107:18318, 2010

해양바이오의 다양한 분야

지금까지 해양바이오의 상품과 서비스의 주요 분야는 해양생물자원 탐사, 해양천연물, 화학소재, 효소 등에 제한되어 있다가 기존 발달된 생명공학과 접목되면서 산업용 바이오소재, 바이오공정 영역까지 확대되고 있다. 전통적으로 해양생물자원 이용은 수산 · 양식 분야가 대표적으로 언급되어 왔고 이미 산업적으로도 한 영역을 차지하고 있었다. 최근에는 이러한 수산 · 양식 분야에서도 생명공학기술이 접목되어 분자육종, 백신개발 연구가 진행되면서 해양바이오 분야로 인식되고 있다. 이외에도 해양바이오는 다양한 산업 분야 즉, 바이오소재, 헬스케어, 어병 및 해양생태계 진단, 수산식품의 안전성, 생물정화, 오손 등의 연구주제까지 확대되고 있다OECD, 2013. 유럽연합에서는 지속가능한 식량 및 에너지 공급, 기화변화와 환경문제, 보건 및 고령화 문제와 같은 사회적 도전에 대응하기 위한 중요한 역할을 해양바이오에서 찾으려는 시도를 하고 있다. 구체적인 해양바이오 활용 분야의 내용은 아래와 같다.

· 생명공학적 기술의 진보를 활용 지속가능한 양질의 수산식량자원 공급
· 해양 바이오매스를 이용한 지속가능한 신재생에너지 생산
· 해양생태계 건강성 유지
· 해양의약품 개발을 통한 보건 및 웰빙 수요 해소
· 해양물질을 이용한 산업소재 및 프로세스 개발

첨단 해양바이오기술

최근 20 여년에 새롭게 도래한 유전체 분석 기술과 이에서 비롯된 혁명적 오믹스 해석 기술 발전이 생명공학에서 혁신적 추진력을 제공하고 있다. 실제 인간유전체 해독을 통해 질병유전체 및 맞춤의약 시대를 맞이하고 있다. 이러한 첨단기술을 신속하게 해양생물에 적용하는 것은 해양바이오 연구의 발전에 핵심적 내용이다. 유럽연합에서 이러한 오믹스 분석 기술을 해양생물에 활용하고자 몇 가지의 해양바이오분야 핵심기술을 제안하고 있음을 눈여겨 볼 필요가 있다. 특히, 해양생물 및 수산생물의 유전체 연구는 해양생명현상의 분자적 이해를 제공해줄 뿐 아니라, 수산질병 제어와 분자육종과 같은 분야의 실용적 기술을 제공할 수 있기 때문이다.

유럽연합에서의 해양생명공학 핵심기술 우선순위

주요연구기술분야	주요 연구 내용
유전체, 메타게노믹스	· 체계적인 해양 생물 종 채집, 다양한 종에 대한 유전체 분석 (바이러스, 세균, 고세균, 플랑크톤, 조류, 무척추동물) · 다양한 수생 마이크로바이옴(microbiomes)과 메크로바이옴(macrobiomes) 메타게놈 분석
해양생물종 배양	· 난배양 해양미생물종의 분리 배양 기술 개발 · 해양동물(척추동물, 무척추동물) 배양과 활성물질을 생산하는 세포주 개발
해양바이오공정	· 바이오에너지 공급, 생산성, 비용 절감을 위한 조류 배양시스템의 최적화 · 유용한 생물 종별 최적화된 혁신적 광반응기 개발 · 장기적으로 석유화학의 대안으로 조류에 기초한 Biorefinery 기술 개발
해양모델생물	· 생물계통수에서 연구되지 않았고 주요한 지식을 제공할 수 있는 새로운 해양모델 생물종 개발 · 해양모델 생물종 배양과 유전체 및 생화학적 분석

Marine Biotechnology: A New Vision and Strategy for Europe, Marine Board-ESF Position Paper 15, 2010.

우리의 해양바이오

우리나라의 해양바이오연구는 해양수산부가 2004년부터 10년간 지원한 마린바이오21 사업이 제 1기라 할 수 있다. 이때의 주요 연구 내용은 해양생물 유전체 연구, 해양천연물 신약 연구 그리고 해양바이오프로세스 연구를 진행하였다. 2014년부터 시작되는 2기에서는 해양바이오산업을 21세기 미래형 고부가가치 신시장 창출을 목표로 지속적 R&D를 추진하고 새롭게 해양생명자원 확보 및 관리, 해양바이오신소재, 해양바이오에너지 생산기술개발 연구 등을 추가하면서 해양신산업으로 발전시키고자 노력하고 있다. 이러한 노력의 결과 해양바이오연구의 토대가 마련되었고 관련 연구 저변이 확대되었다. 다만 아쉬운 점은 아직까지 해양바이오의 대표적인 성공 사례가 없다는 점이다.

해양바이오분야에서 성공사례 창출을 위해서는 기술사업화 환경 조성을 위한 정책적 노력도 매우 중요하다. 즉, 기술이전에 관련된 프로세스 구축과 강화, 연구자와 산업계간의 상호 유익한 교류와 협업 환경 마련, 산업계의 기술 수요 파악 등이다. 바다는 오랜 역사 가운데 우리의 주요 활동 무대이었으며, 수산식품은 주요한 먹거리였다. 생명공학연구가 장기적이고 꾸준한 연구를 통해 성공사례가 나온다는 점과 지속적인 연구개발 지원과 환경 조성을 통해 제 2기 2014-2023 에는 해양바이오의 성공적인 성과를 기대해 볼 만하다.

해양생물 자원탐사

최동한 한국해양과학기술원

19세기에 본격적인 해양 탐사가 시작된 이후로 해양은 생명의 발생과 진화를 규명하는 열쇠를 제공하였으며, 최근에는 에너지, 광물 자원 뿐만 아니라 다양한 잠재력을 갖는 생명자원의 보고로 인식되고 있다. 해양 탐사 장비, 기술 및 지식의 발전으로 많은 새로운 발견이 이루어져 해양의 가치는 더욱 커져 가고 있으나, 많은 부분은 여전히 미지의 세계이며 인류의 끊임없는 도전을 기다리고 있다.

해양 탐사의 역사

지구가 형성된 순간부터 존재한 바다는 생명체의 기원이다. 바다는 오래전부터 인류에게 식량을 제공했으며, 최근에는 과학기술 발달로 바다의 유용한 자원을 얻고 있어 '생명의 보고'로 인식되고 있다. 이러한 유용성에도 불구하고 바다는 매우 오랜 시간 동안 범접할 수 없는 경외의 대상으로 여겨졌다. 그렇지만 인류의 바다 탐험은 계속되었고, 항해술 발달, 연구 장비 개발, 끊임없는 도전의 결과로 바다는 더 이상 미지의 세계가 아니라 유용한 생명자원을 많이 담고 있는 인류의 미래 자산이 되었다.

1492년 크리스토퍼 콜럼버스의 신대륙 발견과 1519년 페르디난드 마젤란의 세계일주 항해 등 선박을 이용한 항해 기술의 발달로 먼 바다가 접근할 수 없는 영역이 아니라는 것이 증명됐다. 그러나 해양학적 본격 탐사 및 연구는 19세기가 되어서야 비로소 시작됐다. 최초의 해양학적 탐사는 1807년 미국 동부 연안에서 수행된 조석, 조류, 수심, 등에 대한 해양 물리학적 조사를 들 수 있다. 생물학적 탐사로는 찰스 다윈이 진화론을 정립한 계기가 된 1831년의 비글호 2차 항해를 최초라고 할 수 있다.

그러나 이전에도 미지의 해양을 탐험하기 위한 인간의 노력이 없었던 것은 아니다. 1800년에 미국의 로버트 풀턴이 최초의 잠수정인 노틸러스 호를 만들어 실험 운전에 성공했다. 하지만 이 최초의 잠수정은 실제로 개발되지 못하고 유명한 고전 공상과학소설인 〈해저 2만 리〉에 나오는 잠수함의 원형이 되는 데 만족해야만 했다. 1872년부터 1876년까지 장기간 약 13만km의 탐사 항로에서 진행된 챌린저 호2,300톤급 목제함 탐험은 대양의 수온, 해류, 수심선, 측량뿐만 아니라 생물학적 조사를 함께 병행해 현대 해양학적 탐사의 시초로 해양학 발전의 초석이 됐다.

해양은 육지 면적의 두 배에 이르는 넓은 공간일 뿐만 아니라 매우 깊다. 가장 높은 에베레스트 산이 8,848m인 데 비해 가장 깊은 마리아나해구는 1만 1,034m이며, 육지의 평균 해발 고도가 857m임에 비해 해양의 평균 수심은 3,800m로 공간상으로 육상에 비해 매우 넓고 크다는 것을 알 수 있다. 그렇지만 1867년 이전만 해도 500m 이상 수심에는 생물이 존재하지 않는다고 생각했다. 심해에도 생물이 존재한다는 사실은 1870년경에 이르러 루이스 푸탈레스와 찰스 톰슨의 연구를 통해 증명됐다.

주요 해양 탐사 연대표

인류가 처음으로 1만m 이상 심해 잠수에 성공한 것은 1960년에 자크 피카르와 돈 월시에 의해서다. 이들은 잠수정 트리에스테Trieste를 타고 4시간 48분 만에 지구에서 가장 깊은 곳에 도착, 처음으로 심연에 작고 붉은 새우가 존재하며 심해에도 산소가 존재함을 확인했다. 바다에서는 수심이 10m 증가할 때 1기압이 증가하기 때문에 잠수정은 대기압의 1,000배에 이르는 압력을 견뎌야 했다. 현재까지 6,000m급 유인잠수정을 보유한 나라는 미국, 프랑스, 러시아, 일본, 중국뿐이다. 우리나라도 2020년까지 6,000m급 유인잠수정 개발을 목표로 하고 있는 점을 생각하면 이들의 생명을 건 탐험 정신은 높이 살 만하다. 20세기 후반에 접어들면서 해양 연구는 장비·기술·지식 발전과 더불어 매우 활발해졌으며, 이를 통해 새로운 사실들이 계속 밝혀짐으로써 해양의 가치는 더욱 커지게 됐다. 또 국제 네트워크를 통한 협력은 막대한 돈, 사람, 시간이 요구되는 대규모 탐사를 통한 해양 연구를 가능하게 했다.

본 장에서는 역사뿐만 아니라 해양학적으로 중요한 해양 탐사들과 이를 통해 얻은 생물학·생명공학적 성과를 간략히 소개하고자 한다.

앨빈 호와 해저 열수구의 화학합성 생태계 발견

1964년에 미국 우즈홀 해양연구소에서 유인 잠수정 앨빈 호Alvin가 만들어졌다. 앨빈 호는 두 개의 로봇팔과 특별한 목적의 시료 채취 및 실험 장치를 갖춘 3인승 잠수정이다. 수중에 떠 있거나 해저에 내려앉을 수 있으며, 카메라와 조명을 이용해 외부 관찰도 가능하도록 제작됐다. 현재까지 앨빈 호는 4,600회 이상 잠수를 수행하는 등 반세기 동안 바다의 수많은 신비를 밝혀냈다.

해저 열수구를 통한 검은 분출수의 모습

앨빈 호가 밝힌 신비 가운데 가장 대표할 만한 것으로 해저 열수구 생태계 발견을 들 수 있다. 해저 열수구는 해저의 두 지각판이 갈라져서 새로운 지각이 형성되는 곳에 생성된다. 높은 압력으로 인해 중심에서는 400℃ 이상 높은 온도의 바닷물이 분출된다. 우즈홀 해양연구소 연구팀은 1979년에 앨빈 호를 타고 처음으로 열수구 주변에 새로운 종류의 생물이 다양하게 존재하고 있음을 확인했다. 사실 빛도 없고 100℃ 정도 고온의 심해에 동물플랑크톤, 관벌레, 새우, 게, 어류 등 다양한 생물이 존재한다는 것은 매우 놀라운 발견이었다. 학자들은 이후의 연구를 통해 미생물에 의한 화학합성 생태계의 존재를 온전히 밝혀낼 수 있었다.

해저 열수구의 고온, 고압 생태 환경은 농업·생명공학·화장품·제약 등에 적용하기 위한 새로운 효소, 다당류, 생물의 발견에 대한 기대감을 높였다. 실제로도 현재 옥수수로부터 바이오에탄올 생성에 활용하는 효소FuelzymeTM, 다양한 종류의 DNA 합성효소Vent DNA polymerase, 항산화효소VenuceaneTM 등이 상용화되어 이용되고 있다.

Global Ocean Sampling

보통 1cc의 해수에는 현미경으로만 볼 수 있는 약 100만 개의 세균이 존재한다. 이들은 해양의 생지화학적 과정에서 중요한 역할을 할 뿐만 아니라 중요한 생물자원으로 인식된다. 2003년에 크레이그벤터연구소JCVI, J. Craig Venter Institute는 시료 채취와 DNA 염기서열 분석을 통해 해양 미생물의 신비를 풀기 위한 프로젝트를 시작했다. 이들은 2010년까지 태평양, 대서양, 인도양, 남극 해역을 포함한 전 지구 규모의 탐사를 수행해 수많은 시료로부터 DNA 서열과 단백질 서열을 얻었다. 이들 자료는 공개 데이터베이스DB에서 이용할 수 있도록 했으며, 이들 자료 분석 프로그램도 개발해 공개 활용이 가능하도록 하는 등 환경유전체 연구의 발판을 마련했다. 최근에는 차세대 염기서열 분석 기술을 활용한 유전체, 전사체, 환경유전체 연구의 발달 및 활성화에 크게 기여했다.

국제해저탐사프로그램International Ocean Discovery Program

국제해저탐사프로그램IODP은 2013년부터 시작된 대규모 해양 시추 프로그램으로, 해저 퇴적물과 암반을 시추해 지구·해양·환경과 생명에 대한 주요 문제를 해결하려는 국제 협력 프로그램이다. 심해저시추프로그램DSDP, Deep Sea Drilling Program; 1968~1983, 해저시추프로그램ODP, Ocean Drilling Program; 1983~2003과 1단계 국제공동해저시추프로그램IODP, Integrated Ocean Drilling Program을 계승한 2단계의 IODP 사업은 주요 연구 주제의 하나로 기후변화와 심부생물을 포함했다. 온실가스인 이산화탄소의 농도 증가와 지구 온난화로 인해 지구 기후 시스템과 해수면 및 강수량 등이 어떻게 반응할지를 평가 예측하고, 해저 생물의 기원, 다양성 및 그들의 중요성 연구를 수행하고 있다.

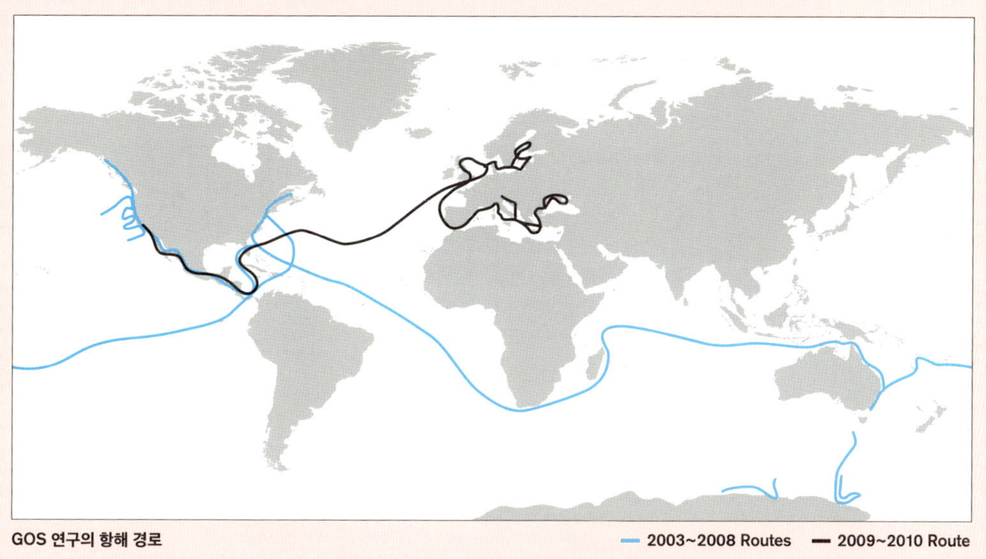

GOS 연구의 항해 경로

2003~2008 Routes — 2009~2010 Route

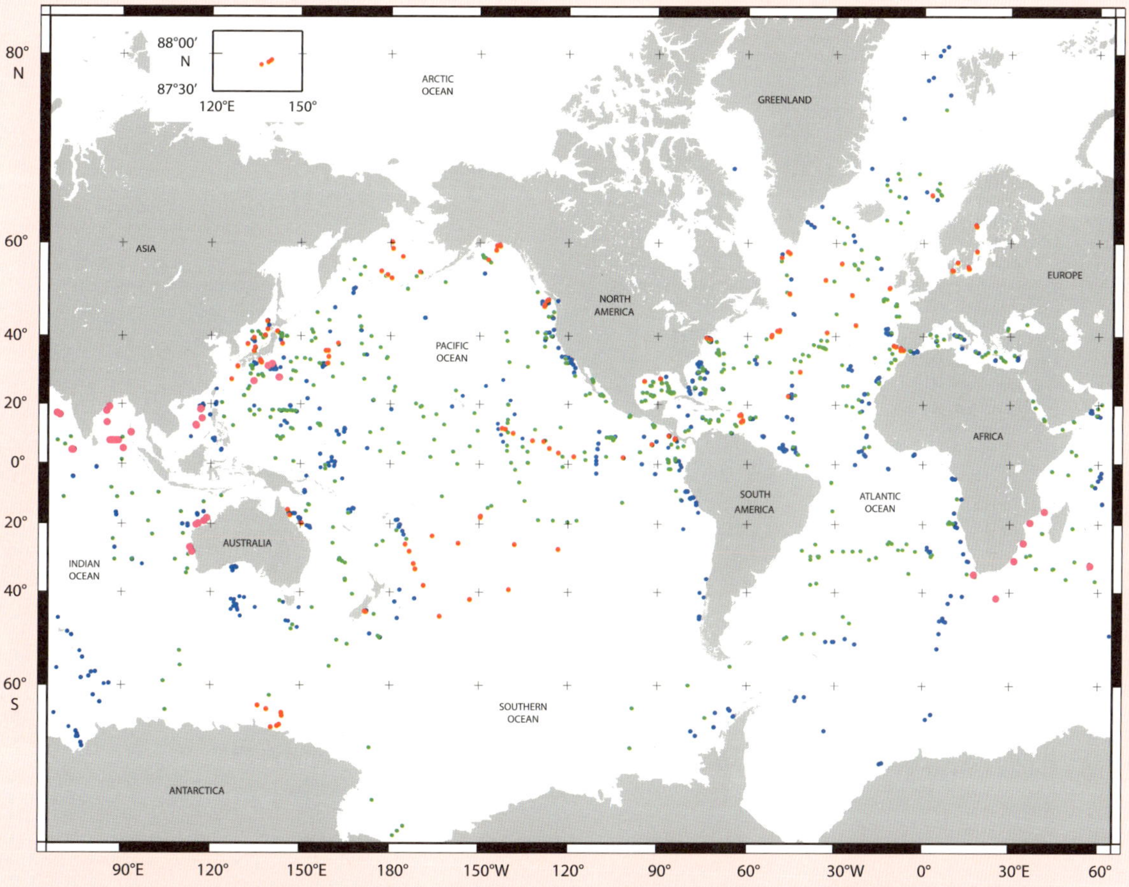

DSDP Legs 1–96(●), ODP Legs 100–210(●), IODP Expeditions 301–348(●), IODP Expeditions 349–361(●)

해저지각시추가 수행된 지점을 나타낸 지도

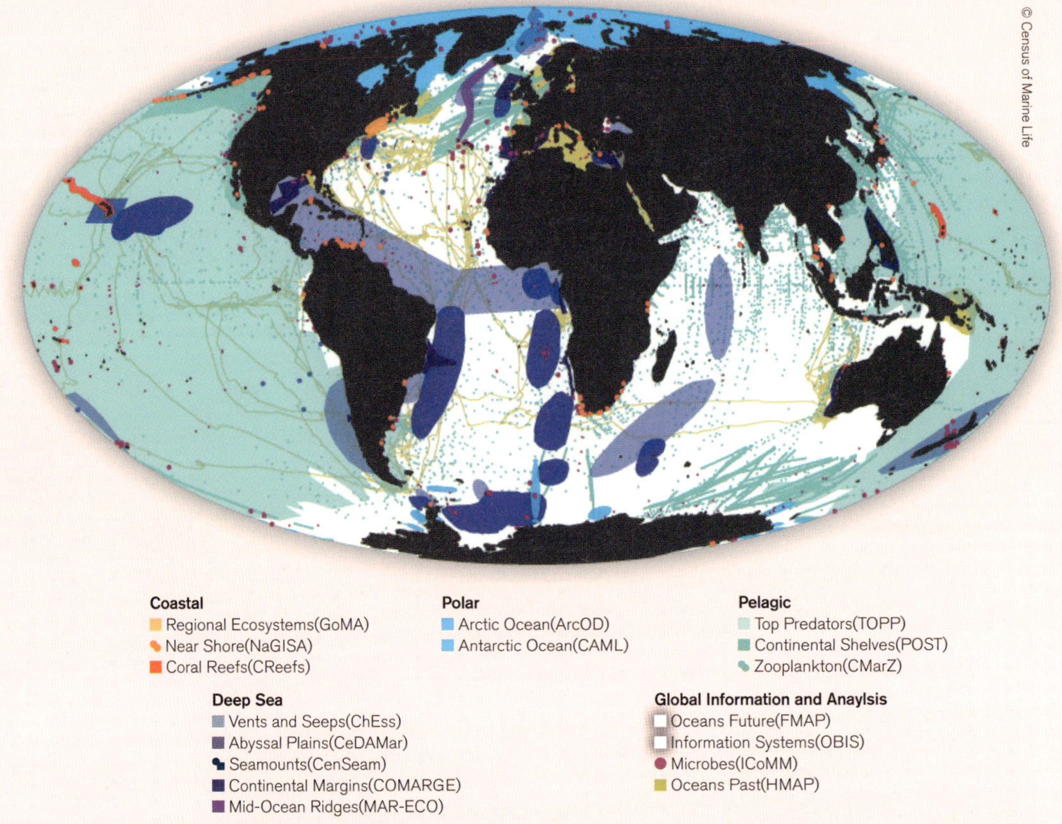

해양생물조사(CoML)가 10년동안 벌인 연구 프로젝트들의 연구 해역과 이동경로를 나타낸 그림

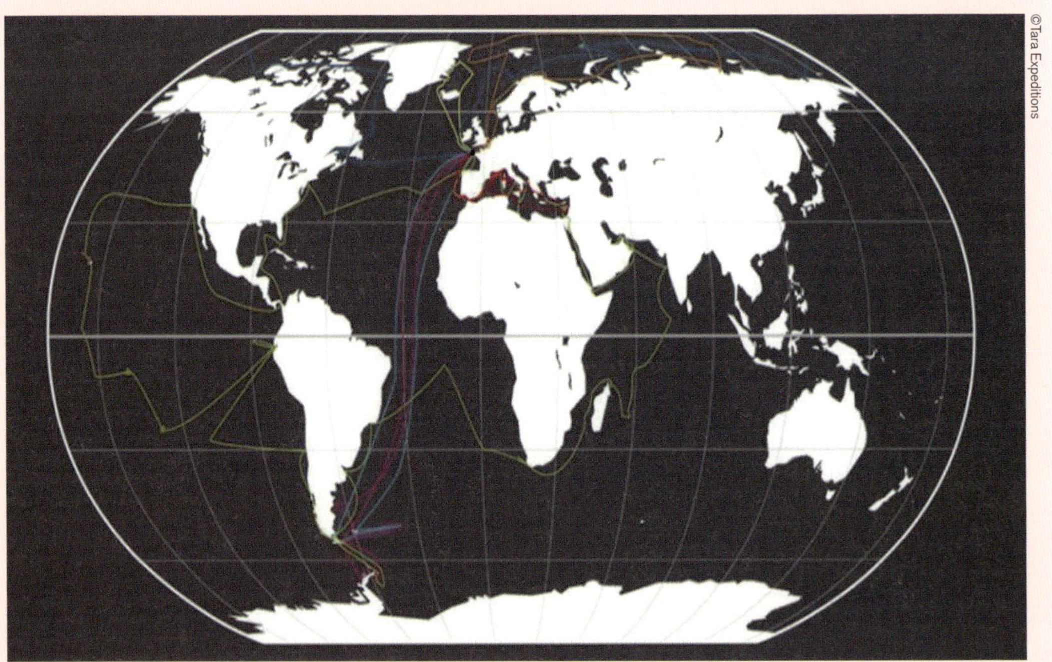

타라 탐사대(Tara expedition)의 이동 경로(녹색 선은 타라해양탐사대의 경로임)

지난 시추프로그램에서는 심해저 지각에 다소 많은 미생물이 광범위하게 분포하고 다양한 종류의 세균, 고세균, 바이러스가 존재하고 있음이 밝혀졌다. 그러나 아직도 생태 세부 기능, 생지화학적 기작, 생존 및 사망 등에 관한 정보는 대부분 알려져 있지 않은 실정이다. 이를 밝혀내기 위해서는 미생물 연구를 위한 새로운 시추 및 배양 기술의 꾸준한 개발이 필요하다. 이러한 환경, 진화 관점에 더해 극한의 해저 환경에 적응한 미생물 군집의 연구는 의약과 상업 활용도가 높은 새로운 화합물을 생산할 수 있는 새로운 가능성을 제공할 것으로 기대된다.

Census of Marine Life[CoML]

아직까지도 우리는 해양에 어떠한 생물이 얼마나 분포하며, 또 이들 생물이 무엇을 하는지 등에 관한 지식이 충분하지 못하다. 2000년에 해양생물조사CoML는 해양 생물의 다양성, 개체수, 지리상의 분포를 파악하기 위해 창립됐다. 2010년에는 10년에 걸쳐 다양한 해양 영역에서 실시한 540회 이상의 탐사 활동과 80여개국 2,700여 명의 과학자들이 참여한 결과물을 발표했다. 이를 통해 해양 생물은 25만 종에 이르는 것으로 추산되고, 6,000여 종의 잠재돼 있던 신종을 발견할 수 있었다. 또 이를 통해 빙하, 열수, 무산소 및 저산소 환경, 고압의 심해 등 모든 해양 환경에 살아 있는 생명체가 존재하고 우리가 생각하는 극한 조건도 해양 생물에게는 더 이상 살 수 없는 환경이 아님을 알 수 있게 됐다. 여기서 얻은 해양 생물 정보는 웹사이트 iobis.org에 DB화돼 누구나 관심 있는 해양 종의 분포를 확인할 수 있다. 또 해양 생물의 DNA 바코딩 정보는 새로운 해양 생물 식별 기술을 제공했다.

Tara Expedition

2003년 프랑스에서 비영리 조직에 의해 발족되고 운영된 타라Tara 탐사는 해양의 생물 다양성과 기후 변화를 연구하기 위한 탐사 프로그램이다. 10년 동안 10회 탐사로 전 세계의 대양을 30만km 항해하고, 이를 통해 기후 변화와 생태계 영향을 연구했다. 10회 탐사 가운데 타라해양탐사Tara Ocean Expedition로 명명된 2009년부터 2012년까지의 30개월에 걸친 6만km의 항해는 35개국 126명의 과학자가 참여한 대규모 해양 탐사다. 기후 변화에 따른 부유생물과 산호초 생태계의 영향을 조사하기 위해 150개 지점에서 2만 7,000개의 시료를 채취하고 분석했다. 발견된 50만 개의 미생물 가운데 95%가 그동안 알려지지 않은 생물로 밝혀졌다. 또 60~80%의 유전자와 세균은 알려지지 않았던 것으로 드러났다.

장기 관측점 연구

대양 규모의 광역 탐사를 통해 해저 열수구, 해빙, 지각 수천m에 이르는 극한 환경을 포함한 모든 해양 환경에 해양 생물이 풍부하게 존재하며, 다양성이 매우 높고, 그 기

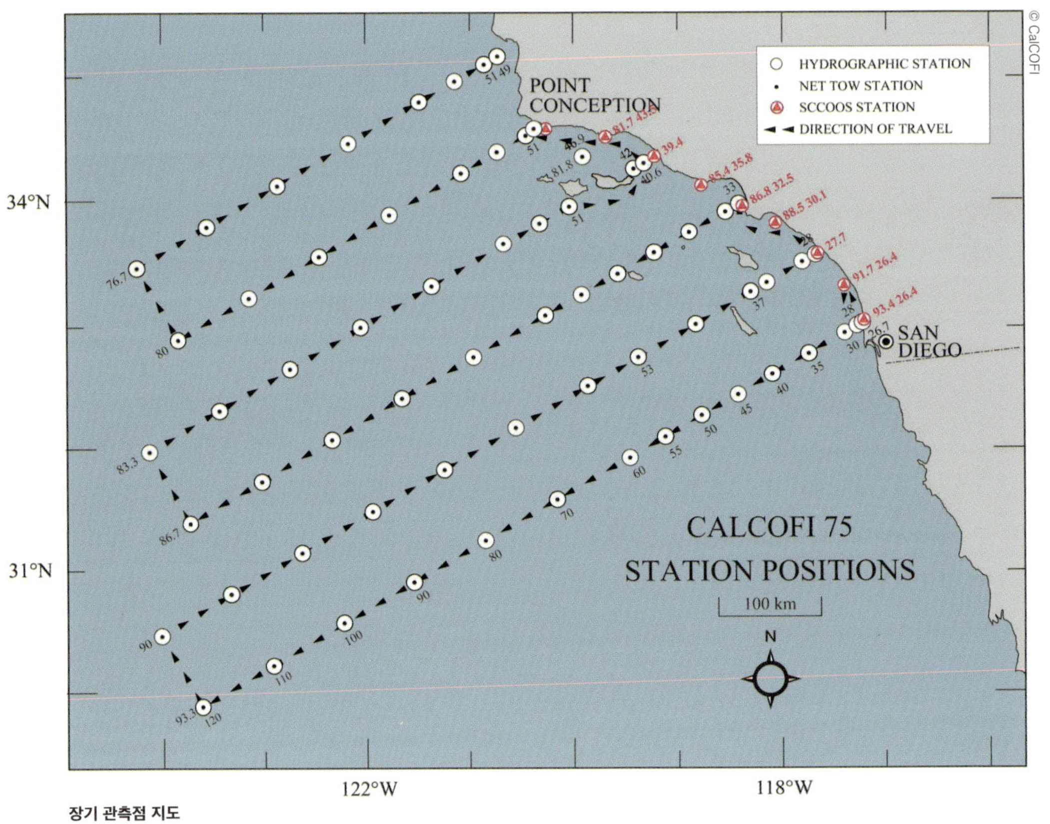

장기 관측점 지도

능이 매우 다양하다는 사실이 밝혀졌다. 그러나 해양 온난화 및 산성화 등 해양 생태 환경의 장기 변화는 고정 관측점에서 장기간에 걸쳐 축적된 자료를 통해 밝힐 수 있었다. 1949년부터 시작된 캘리포니아연안어류공동연구CalCOFI : California Cooperative Oceanic Fisheries Investigations 프로그램에서는 40여 년 동안 해수의 성층 강화, 영양염의 용승이 감소되면서 동물플랑크톤 생물량이 감소했음을 밝혔다. 1988년에 시작된 버뮤다 대서양 해역 시계열 연구BATS : Bermuda Atlantic Time-Series Study와 하와이 연안 시계열HOT : Hawaii Ocean Time Series 연구에서는 20년 동안 해양 산성화가 심화되고 있으며, 대서양 표층 해수의 이산화탄소 흡수능이 감소하고 있음을 밝혀냈다. 이러한 연구 결과들은 대기 중 이산화탄소 감축을 위한 노력이 필요하며, 이에 대응하기 위한 방안이 절실하다는 국제사회의 동의를 끌어내는 데 기여했다. 최근에는 우리나라도 이어도, 가거초 및 소청초에 해양과학기지를 건설하여, 육지와 수백 km 떨어진 원해에서도 과학자들이 체류하면서 연구를 수행하기 위한 기틀을 마련하였다. 해양과학기지에 대한 지속적인 투자, 관심과 연구 활동을 통해 우리나라도 조만간 인류 사회존에 기여할 수 있는 좋은 성과를 얻을 수 있기를 기대한다.

해양 탐사의 현재

다양한 해양 탐사를 통해 해양 생물의 다양성이 매우 높으며, 그들의 생지화학 및 생명공학적 기능 역시 매우 다양하다는 것을 알 수 있었다. 동시에 생명공학적 활용을 위한 생명 자원 확보라는 관점에서 볼 때 대부분의 미생물과 유전자원은 아직도 분리되거나 기능이 밝혀지지 않았다는 것도 깨달을 수 있다. 이에 따라 '미지의 해양'이나 '바다는 자원의 보고'라는 말이 다소 진부해 보이지만, 아직도 유효하다. 현재도 미국, 프랑스, 유럽연합EU 등 선진국들은 자국의 주변 해역뿐만 아니라 대양 규모의 해양 탐사 활동을 진행하고 있다. 그들은 기존의 탐사와 달리 다양한 자동 측정 장비 및 분석 장비를 갖추고 물리, 화학, 생물, 지질 및 원격 탐사를 포함한 다양한 분야로 구성된 종합 연구를 통해 온난화와 산성화 등 변화하는 지구 환경에서 해양 환경 및 생태계가 어떻게 변동할 것인지를 예측하기 위한 연구 등을 하고 있다. 현재 차세대 염기서열 분석 장비 등 최신 장비를 이용해 미생물의 다양성과 오믹스의 저비용, 고효율 연구가 가능해졌다. 이에 기반으로 유용 생명 자원을 탐색, 확보 및 활용하기 위한 해양 탐사도 활발히 진행되고 있다.

바다는 넓고 깊은 3차원 공간이며, 매우 다양한 환경 구배를 갖추고 있는 생명 자원의 터전이다. 끊임없이 도전적인 해양탐사는 바다의 지속 가능한 보존 및 이용 방법을 제시하고, 이와 더불어 인류 삶의 질 향상을 위한 보고로서 해양의 무한한 잠재력을 끌어내기 위한 최선의 길을 제시할 것이다.

이어도과학기지 전경

해양생물자원의 다양성

이유경 한국해양과학기술원 부설 극지연구소

바다는 적도 부근 열대에서 온대를 거쳐 극지의 얼어붙은 곳까지 지구상의 모든 곳에 존재한다. 바다는 바닷물이 드나드는 바닷가에서 산호초가 밭을 이루는 얕은 바다를 거쳐 흑암의 깊은 바다까지 매우 다양한 환경을 품고 있다. 이에 따라 바다에 사는 생물도 그만큼 다양하다. 눈에 보이지 않는 세균이나 미세조류에서부터 수십m 길이의 대형 갈조류, 고래까지 생김새나 분류 영역이 다른 수많은 생물이 바다에 몸을 담그고 있다. 게다가 바닷가 주변에는 바다에서 먹이를 구하는 수많은 바닷새, 북극곰 같은 동물들이 바다에 잇대어 살고 있다. 이처럼 다양한 해양 생물을 모두 소개하려면 이 책의 지면 전부를 써도 모자랄 것이다. 이 장에서는 종의 다양성 관점에서 해양 생물자원을 살펴보고자 한다.

바다는 육지와 어떻게 다른가?

바다와 육지의 가장 큰 차이는 바다가 물로 덮여 있다는 점이다. 물은 공기와 달리 비열이 높아서 온도를 높이기 위해 많은 에너지가 필요하다. 이 때문에 같은 태양열을 받아도 육지가 빨리 데워지는 데 반해 바다는 천천히 데워진다. 바다의 표층 수온은 남극 지역의 영하 2℃에서 적도상의 30℃까지 온도 차이가 그리 크지 않다. 수심 1,000m 이하 심해는 연중 3℃ 정도로 거의 일정한 수온이 유지된다. 육지에서 영하 89℃남극부터 53℃리비아 사막까지 140℃가 넘는 온도 차이를 보이는 것과 비교하면 바다는 매우 안정돼 있다. 이 때문에 해양 생물도 온도 변화에 견디기 위해 크게 노력할 필요가 없어 해양 포유류와 조류를 제외한 대부분의 해양 동물은 변온동물이다.

물은 또 공기보다 밀도와 점성이 높다. 물의 밀도는 공기의 830배, 점성은 공기의 60배나 된다. 이런 높은 밀도와 점성 때문에 물속에서 생물이 떠 있을 수 있고 육지보다 중력gravity도 적게 느낀다. 게다가 물은 부력까지 제공하기 때문에 몸집이 큰 생물도 자유롭게 활동할 수 있다. 육상 생물이 중력에 대항하기 위해 뼈나 셀룰로오스 같은 구조물이 발달하는 반면에 해양 생물은 주로 단백질로 구성돼 있고 생장도 빠르다.

물속에서는 또한 빛이 흡수되기 때문에 빛이 필요한 광합성 생물은 빛이 투과되는 유광층해수면으로부터 200m 정도 내에 서식한다. 물은 공기보다 음파 전달 속도도 빠르다. 수온이 20℃ 정도 되는 물에서 소리는 초당 1,518m를 이동한다. 이것은 공기중 이동 속도의 4배에 이른다. 따라서 해양 생물 가운데에는 이러한 음파 이용 능력이 발달한 생물이 많다. 반면에 물속에는 용존 산소가 적어서 제한된 산소를 이용할 수 있도록 생물의 형태와 생리 기작이 적응돼 있다.

바다는 보통 물이 아니라 짠물로 이뤄져 있다. 해수 1kg 속에는 평균 35g의 염분이 포함돼 있어서 해양 생물은 높은 염분에도 적응해야 한다. 해양 어류의 경우 체액의 염분 농도가 해수의 염분 농도보다 낮기 때문에 삼투현상이 작용해 세포막으로 수분이 빠져나가게 된다. 이 때문에 해양 생물은 고농도의 염분 환경에 수분을 빼앗기지 않고 부족한 수분을 보충하기 위한 대응 체계를 갖추고 있다.

해양생물의 쓰임새

해양 생물은 식량자원으로 활용돼 왔다. 우리가 먹는 동물성 단백질의 약 16%는 해양 생물자원에서 유래한다. 인류가 이용하는 수산자원은 '생선'이라는 말로 친숙한 어류 뿐만 아니라 새우나 게 같은 갑각류, 조개나 오징어 같은 연체동물까지 매우 다양하다. 해양 생물은 지구에 산소를 공급한다. 대기 중 산소의 70~80%는 바다에서 광합성을 하는 생물이 생산하는 것으로 알려져 있다.

해양 생물은 다양한 유용 물질의 공급원이기도 하다. 다양한 식품과 의약품에 첨가되는 한천agar과 알긴산alginate, 다양한 식품에서 안정제로 사용되는 카라기난carrageenan, 비타민과 미네랄, EPA와 DHA 공급원 등으로 사용된다. 우뭇가사리, 개우무, 꼬시래기와 같은 홍조류에서 추출하는 한천은 대단히 낮은 0.5% 정도의 농도로도 실온에서 굳는다. 이 성질을 이용해 잼, 수프, 푸딩 등 식품에 사용된다.

다시마, 미역 같은 갈조류는 물에 담가 두면 끈적끈적한 점액성 물질이 나온다. 이 물질이 알긴산이다. 알긴산은 식품 첨가물로 이용되고 나트륨, 암모늄, 칼슘과 결합하면 결합 물질에 따라 성질이 각각 달라지기 때문에 사용 목적에 가장 적합한 형태의 제품에 선택된다. 알긴산은 현재 안정제, 방수재, 주형재, 직물용 풀, 종이코팅제, 여러 가지 식품에 대한 유화제, 안정제, 응고제 등으로 이용된다. 냉동식품, 식물 단백질로 만든 의육제품, 젤리, 아이스크림, 맥주, 과일주스, 미트 소스, 샐러드 드레싱, 유제품 등에 알긴산이 첨가되고 있다. 이 밖에도 제약업계에서 알약정제, 錠劑의 주요 구성 물질, 화장품에 증점제·로션·크림·치약·연고 등에 알긴산이 쓰인다.

홍조류에서 추출되는 카라기난은 홍조류를 끓이면 나오는 다당류의 일종이다. 녹말 반죽이나 소스, 젤리, 아이스크림, 농축우유, 초코우유, 시럽, 커피크림, 된장, 푸딩, 방향제 등의 제조에 이용된다. 특히 카라기난의 단백질 반응성은 수산 연제품 조직을 개선하는 동시에 보수성이 안정되는 효과가 있다. 카라기난은 식품 외에도 치약, 샴푸, 로션, 화장품, X선 조영제인 바륨액의 현탁제 등으로도 쓰인다.

또한 해양 생물에서 유래한 항암제나 진통제도 있다. 이와 같이 해양바이오산업의 소재인 해양 생물자원을 다양한 환경에서 확보해 이들의 활용 가능성을 평가하고, 유용 생물을 배양하고, 유용 물질을 발굴하는 것은 미래를 준비하는 의미 있는 활동이다.

다양성을 이해하는 첫걸음

서로 매우 가까워서 생식 교배가 가능한 생물 집단을 종species이라고 한다. 같은 종에 속한 생물은 교배에 의해 자신과 유사한 자손을 낳을 수 있다. 이에 따라 지구상의 생물은 종을 기본 단위로 번식해 나간다. 좀 더 가까운 종끼리 묶인 것은 속genus이라고 한다. 생물은 상위 단계로 올라가면서 종-속-과family-목order-강class-문phylum-계kingdom로 나뉘는 생물 분류 체계에 따라 구분된다.

전통으로는 동물계Kingdom Animalia와 식물계Kingdom Plantae로 구분돼 왔다. 그러다가 1969년에 곰팡이와 버섯이 속하는 균계Kingdom Fungi, 다양한 원생동물과 미세조류가 속하는 원생생물계Kingdom Protista, 핵이 없는 원핵세포로 이뤄진 세균을 포함하는 원핵생물계Kingdom Monera가 추가됐다. 최근에는 모든 진핵생물과 원핵생물이 서로 구분된다는 것이 알려지면서 도메인domain이라는 최상위 단계가 도입됐다. 즉 지구상의 생물은 세균domain bacteria, 고균domain archaea, 진핵생물domain eukara로 구분하게 됐다. 진핵생물 안에 동물계, 식물계, 균계, 원생생물계가 속한다. 이 가운데 원생생물계는 기원이 너무 다른 다양한 생물을 포함하고 있어 하나의 계로 인정할 것인지로 논란이 많은 편이다.

분류학자들은 지구상의 모든 생물을 이명법二名法; binomial nomenclature으로 부른다. 이것은 전 세계에서 통용되는 생물의 공식 이름, 즉 학명으로 속명generic name + 종소명specific name + 명명자로 표기되고 이탤릭체로 써서 학명임을 나타낸다. 속명은 대문자, 종소명은 소문자로 시작한다. 명명자는 생략되기도 한다. 예를 들어 우리가 식탁에서 즐겨 먹는 김은 *Poyphra yezoensis*, 미역은 *Undaria pinatifida*로 각각 쓴다.

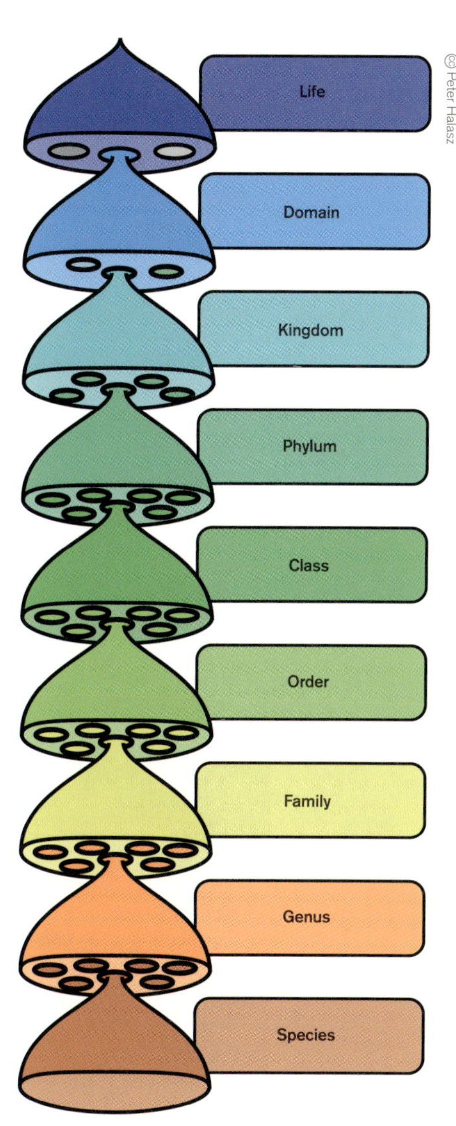

ⓒ Peter Halasz

바이러스Virus

바다에도 바이러스가 있다. 단순히 있는 정도가 아니다. 바이러스는 바다에서 개체수가 가장 많은 생물이다. 해양 바이러스는 대부분 캡시드capsid라는 단백질 껍질 속에 DNA나 RNA로 구성된 핵산이 들어 있는 형태로 돼 있다. 해양 바이러스는 바다에 사는 고균이나 세균과 같은 원핵생물을 감염시킨다. 박테리아를 감염시키는 바이러스는 따로 모아 박테리오파지라고도 한다. 박테리오파지는 박테리아 사망의 주요 원인이 된다. 해양 바이러스는 원핵생물뿐만 아니라 진핵생물에도 침투해 미세조류, 어류와 갑각류, 고래나 바다표범 같은 포유류에서도 발견된다. 해양 바이러스는 박테리아 세포를 터뜨려서 탄소, 질소, 인과 같은 물질을 다시 해양 생태계로 돌려보내는 등 이들 물질의 생지화학적 순환에 중요한 역할을 하는 것으로 추정되고 있다.

세균Bacteria

바다에는 주로 높은 염도에 잘 견디는 세균이 산다. 해양 세균은 차가운 짠물에서 서식해야 하기 때문에 육상세균과는 다른 특징을 띤다. 소금을 뿌리면 웬만한 세균은 살지 못하는 데 반해 해양 미생물은 2.5~4.0%의 염분 농도에서 가장 잘 자라거나호염성 잘 견딘다내염성. 열대 해역의 표층을 제외하고 대부분의 해양에서 서식하는 세균은 저온에 잘 견디는 친냉성이거나 냉온성이며, 심해 세균은 수압이 높은 환경에 잘 적응해 친압성 또는 내압성이다. 해양 세균은 또 대부분 산소가 있는 상태에서 잘 자라는 호기성 또는 통성혐기성이지만 해저 퇴적층의 산소가 없는 상태에서는 혐기성 세균이 있다. 또한 대부분의 해양 세균은 운동성이 있어서 주로 편모를 이용해 운동한다.

해양 세균 가운데 남세균청록박테리아, blue green bacteria은 광합성을 하는 세균이다. 남세균인 시네코코커스*Synechococcus* sp.는 전 세계 해양에 걸쳐 광범위하게 분포하면서 해양 생태계의 충실한 생산자로 살아가고 있으며, 온대 및 열대의 표층에서는 대발생bloom 현상을 보이기도 한다. 일부 해양 세균은 바닷물에 많은 양으로 존재하는 것으로 확인됐지만 배양이 되지 않아 정체를 알 수 없어서 SAR11, SAR86 등으로 불려 왔다. 최근에 이들 해양 세균의 배양이 시도됐으며, 그 결과 세균 가운데 23번째 '문'phylum인 '렌티스페레lentispharae'로 등록되기도 했다.

해양 세균 가운데에는 스스로 빛을 내는 발광생물發光生物도 있다. 이들 생물은 화학에너지를 빛에너지로 전환시켜서 녹색이나 푸른색의 빛을 낸다. 대부분 포토박테리움*Photobacterium*이나 비브리오*Vibrio*에 속한다. 해양 생태계에서 세균은 광합성이나 다양한 화학합성으로 일차 생산자 역할과 함께, 해양에 유입되는 대부분의 물질을 분해해 해양 자정작용의 핵심 역할을 담당하고 있다.

고균Archaea

심해열수구와 같이 온도가 높은 곳에서는 많은 고균이 발견된다. 실험실에서 배양에 성공한 고온성 열수구 생물 가운데 피롤로부스 푸마리*Pyrolobus fumarii*라는 고균은 놀랍게도 끓는 물보다 높은 113℃의 온도에서 활발히 자랄 수 있다. 대개의 생물은 끓는

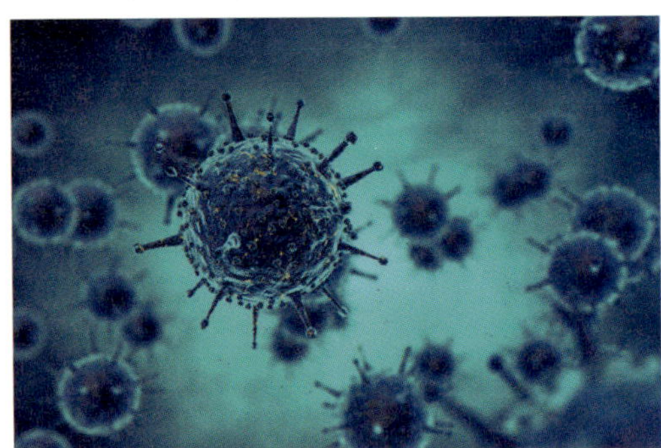

바이러스 모형

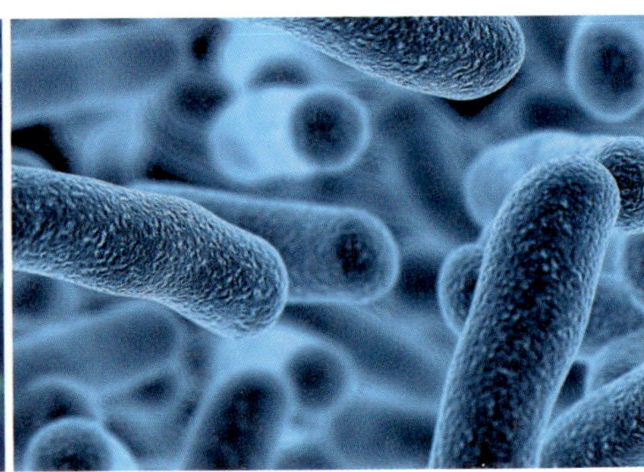

세균 모형

물에서 단백질이 변형돼 죽지만 피롤로부스 푸마리를 키우기 위해서는 압력솥과 비슷한 배양기가 필요하다. 이 밖에도 고온에서 생장하는 피로바쿨룸*Pyrobaculum aerophilum*과 피로코쿠스*Pyrococcus furiosus*, 높은 염농도에서도 자라는 할로박테리움*Halobacterium*, 이그니코커스*Ignicoccus*라는 고균 표면에 공생하면서 유전체 크기가 50만 염기쌍으로 지금까지 알려진 생물 가운데 가장 작은 나노아케움 에퀴탄스*Nanoarchaeum equitans* 등 다양한 고세균이 바다에서 발견되고 있다.

해양 세균과 고균 연구는 육상 환경에 비해 집중해서 이뤄지지 않은 상태여서 바다는 새로운 생물의 보고라고 할 수 있다. 당분간은 새로운 생물을 배양하는 연구와 배양되지 않는 생물의 유전체를 확보하는 연구는 지속될 전망이다.

원생동물Protozoa

원생동물이란 광합성은 하지 않고 운동성이 있는 단세포성 생물을 말한다. 바다에 사는 원생동물은 크게 육질편모충肉質鞭毛蟲, Sarcomastigophora, 포자충胞子蟲, Sporozoa, 극낭포자충棘囊胞子蟲, Cnidospora, 섬모충纖毛蟲, Ciliophora으로 구분할 수 있다.

육질편모충은 운동기관으로 편모나 위족, 또는 이 두 가지를 다 지닌다. 육질충Sarcodina으로는 아메바와 태양충, 유공충, 편모충Mastigophora으로는 유글레나와 야광충 등이 속한다. 유공충은 탄산칼슘$CaCO_3$이 주성분인 껍질이 있다. 이 껍질에는 표면에 난 작은 구멍 밖으로 세포질을 아메바처럼 내밀어서 세균이나 식물플랑크톤을 잡아먹고 산다. 방산충Radiolaria은 규소 성분의 껍질을 지니고 있으며, 방사상으로 침이 나 있어 모양이 아름답다. 편모를 가지고 있는 편모충은 세균, 용존 유기물 또는 유기 쇄설물을 먹고 산다. 편모충류의 일종인 야광충은 종종 적조를 일으키기도 한다. 양식 넙치의 상피가 붉어지면서 상처가 나고 심하면 넙치가 궤양 형성으로 죽는데, 이런 병을 일으키는 익티오보도*Ichthyobodo*도 편모충이다.

포자충은 바지락포자충, 아가미점액포자충과 같이 해양 동물에 병을 일으킬 때가 많다. 포자충은 대개 기생생활을 하며, 저항성이 있는 포자spore를 만들고 무성생식과 유성생식의 세대교번을 한다.

섬모충은 섬모라는 짧은 털로 운동하는 원생동물이다. 대표 섬모충으로는 짚신벌레*Paramecium*, 종벌레*Vorticella*, 나팔벌레*Stentor* 등이 있다. 이 밖에도 섬모충 가운데에는 해양 세균과 작은 편모충류를 포식하는 대표 해양 섬모충인 채찍섬모충류, 크기가 다소 크고 포식 활동이 왕성하고 해양에 높은 밀도로 존재하고 있어서 세균과 식물플랑크톤의 분포에 영향을 미치는 빈섬모류, 세포 밖에 키틴질의 피막을 형성해 몸을 보호하는 종피류, 황색조류와 공생하면서 적조를 형성하는 메소디니움*Mesodinium*, 넙치의 아가미나 지느러미에 기생하면서 상피세포를 갉아 먹으며 트리코디나증을 일으키는 트리코디나충*Trichodina* 등이 있다.

해면동물Porifera

해면동물sponge은 주로 바다에 살며해산종 9,000여종, 강이나 호수에 사는 담수산으로는 200여 종이 있다. 혹한의 극지 바다에서부터 따뜻한 열대바다까지, 얕은 해안가에서 수심 9,000m의 심해까지 해면은 전 세계 어느 곳에나 분포한다. 해면은 다세포성 생물 가운데 가장 단순한 몸을 하고 있어서 신경이나 근육 조직이 없다. 해면의 몸에는 물이 들어오는 많은 구멍이 있다. 이 구멍 안에는 편모鞭毛, choanocyte가 있고, 편모로 먹이를 잡아 세포 내에서 소화를 한다. 해면의 몸은 부드러운 콜라겐, 강하고 견고한 섬유질, 수백만 개의 무르고 투명한 침골로 구성돼 있다. 침골은 크기, 형태, 배열 방식이 다양해서 해면을 분류하는 좋은 형질로 사용된다.

해면의 어린 유생은 자유 유영을 하고, 성체가 되면 고착생활을 한다. 바닷가에서는 주로 바위나 해조류 또는 다른 동물에 부착해 살아가며, 심해에서는 모래나 진흙 속에 기부를 박고 산다. 해면의 몸은 살아 있는 여과장치다. 해면은 거의 움직이지 않기 때문에 먹이를 쫓아다닐 수 없다. 그 대신 물을 빨아들인 뒤 먹이를 여과한다. 약 30g의 먹이를 얻기 위해서는 무려 1톤의 물을 퍼 올려야 한다. 여과 속도는 대단히 빨라서 해면의 몸 주변에 색소를 넣어 주면 해면 몸에 들어간 색소는 2초도 지나지 않아 밖으로 빠져나온다.

해면의 세포는 특별한 독자성을 띠고 있어서 해면을 체에 통과시키면 세포가 분리됐다가 분리된 세포들이 서로를 인식해 몇 시간 후면 다시 합치기 시작하면서 새롭고 많은 해면 개체를 만들어 낸다.

자포동물Cnidaria

해파리, 히드라, 말미잘, 산호와 같은 다양한 해양 생물이 자포동물에 속한다. 이들 동물에는 모두 자포刺胞라는 공통점이 있다. 자포동물의 입 주위에는 촉수가 나열돼 있고, 촉수 부근에는 자세포cnidocyte가 있다. 자세포 안에는 작은 채찍 모양의 자포가 있다. 먹이 생물이 자포동물의 촉수에 닿으면 자세포가 자극을 받아 안에 있는 자포를 방출한다. 자포에는 독액이 있어서 자포에 찔린 먹이를 마비시키며, 움직임이 둔화된 먹이는 촉수를 이용해 입으로 운반하고 강장 속에서 소화한다.

자포동물은 강장이라는 기관을 지니고 있어서 예전에는 '강장동물'로 불리기도 했다. 자포동물은 항문이 따로 없기 때문에 소화되지 않은 부분은 입으로 다시 토해내며, 소화기·순환기·배설기는 발달하지 않았지만 간단한 형태의 신경과 근육 조직이 있어서 해면동물보다 발달된 동물이라 할 수 있다. 자포동물은 일부 히드라를 제외하고 모두 바다에서 산다.

산호 개체들이 오랜 시간 동안 군체를 형성해 만든 산호초는 수천 종의 물고기와 무척추동물에게 삶의 터전과 먹이를 공급한다. 오스트레일리아 북동 해안에 있는 대보초Great Barrier Reef라는 산호초는 해안 길이가 2,300km에 이른다. 얼마나 광

대한지 우주선에서도 육안으로 볼 수 있을 정도다. 이처럼 거대한 건축물을 만들기 위해 산호는 끊임없이 성장하면서 자손을 낳는다. 산호초를 구성하는 각각의 종species이 매년 같은 시기에 며칠에 걸쳐서 동시 산란을 한다.

해파리는 바닷물에 떠다니면서 몸 가장자리에 소용돌이와 물의 흐름을 일으킨다. 이는 수영을 하는 것이 아니라 물결을 일으켜서 먹이를 사정권 안으로 끌어들이는 행동이다. 즉 해파리가 만든 물결의 흐름을 해파리의 촉수로 곧바로 통과시켜서 먹이를 포획하는 것이다. 해파리 몸의 형태는 각각의 생물에 적당한 물 흐름을 만들어서 맞춤형 먹이잡이를 가능하게 한다.

편형동물Platyhelminthes

편형동물flatworm은 납작하고 평평하며, 머리와 꼬리가 구분되는 몸을 특징으로 한다. 지금까지 총 2만 종의 편형동물이 발견됐다. 지금도 계속 새로운 종이 알려지고 있다. 편형동물은 촌충이나 디스토마처럼 대부분 기생성 생물이지만 자유생활을 하는 저서동물이 바다의 포식자로 존재하기도 한다. 이들은 납작벌레로 잘 알려져 있으며, 때로는 어패류의 해충으로 수산업에 막대한 피해를 주기도 한다.

편형동물은 암수 한 몸으로 암수의 성 기관을 모두 지니고 있다. 이에 따라 짝짓기를 위해 이성을 구별할 필요가 없다. 같은 종만 만나면 언제든지 생식을 할 수 있다. 해양 편형동물은 보통 바닷물, 산호나 바위 표면, 바다 바닥 등 거의 대부분의 해양 서식지에서 발견된다.

원색동물 모형

해면동물

자포동물1

자포동물2

선형동물Nematoda

선형동물Nematode은 실 모양 또는 원통 모양을 하고 있으며, 마디체절가 없는 몸이 특징이다. 선충류Nematoda와 구두충류Acanthocephala로 구분되며, 세계에 약 1만 종이 알려져 있다. 체표는 큐티쿨라각피로 덮여 있으며, 가시나 센털을 지닌 것도 있다. 머리끝에 있는 입에서 먹이를 먹기 시작하면 근육질의 인두와 여기에 이어지는 가늘고 긴 장腸을 따라가면서 먹이를 소화시키고, 꼬리 끝 근처의 항문으로 배설한다. 선형동물은 바다, 민물, 토양과 극지방, 고산, 온천 등 지구상의 거의 모든 곳에 서식한다.

해양 생태계에서는 물고기와 포유류의 내부에 기생하거나 바위, 태형동물bryozoan, 따개비 등에 붙어서 산다. 바닷물 속에서 자유 유영하는 종도 있다. 선형동물에 감염된 생선을 먹고 선모충병이라는 질병에 걸리면 복부 불쾌감, 근육통, 발열 등의 증상이 나타난다. 심하면 심장 마비로 죽을 수도 있다.

연체동물Mollusca

연체동물Mollusc은 곤충과 척추동물 다음으로 수가 많고 다양하다. 지구상에 널리 분포하는 연체동물은 해양에서 가장 다양한 동물군으로, 약 15만 종의 연체동물이 널리 퍼져 있다. 일부인 담수산과 육상종을 제외한 대부분이 해양에 서식한다. 외부 형태는 매우 다양하다. 그러나 몸에 골격이 없어 몸이 연하고, 피부는 점액을 분비하며, 석회질의 패각 껍데기조가비로 덮여 있는 일반적인 특징을 보인다. 또 이동을 위한 넓고 편평한 근육질 발이 배 쪽에 있고, 발 위쪽에는 대부분의 기관을 포함하는 내장이 있으며, 패각을 분비하는 샘gland 조직이 내장 위쪽에 외투막mantle cavity을 형성하는 공통점도 있다. 몸길이 1mm의 고둥류부터 발길이가 12m나 되는 오징어에 이르기까지 크기도 다양하다.

연체동물을 상징하는 껍데기는 외피에서부터 만들어진다. 단백질과 칼슘이 조금씩 축적되면서 껍데기가 단단해진다. 껍데기는 금이 가도 외피 아래가 계속 두꺼워지면서 수선된다.

딱지조개류는 바위에 붙어 있는 조류나 작은 생물을 치설이라고 부르는 박박 긁는 독특한 혀로 갉아 먹는다. 복족류Gastropoda는 연체동물 가운데 숫자가 많은 무리다. 달팽이·고둥·소라·우렁 등이 복조류에 포함되며, 동물계에서 곤충류 다음으로 큰 동물군이다. 흔히 조개라고 불리는 이매패류Bivalvia는 부족류Pelecypoda라고도 불린다. 이매패류는 연약하고 납작한 근육질의 몸이 두 장의 패각으로 싸여 있으며, 등 쪽은 붙어 있고 배 쪽으로 열린다. 몸통 아래쪽에는 발달된 근육질의 발이 있다. 이 발이 도끼나 갈고리 모양을 하고 있어 부족류라고 한다. 이매패류는 먹이를 걸러서 먹기 때문에 치설이 없다. 굴의 경우는 시간당 평균 3톤의 물을 거른다.

두족류Cephalopod는 연체동물 가운데 가장 진화된 동물이다. 문어와 낙지류는 패각이 없으며, 오징어류의 패각은 외투막 안에 작은 뼈로 퇴화돼 유선형의 몸을 받쳐 준다. 오징어는 10개, 문어는 8개의 다리가 입 주위를 싸고 있다. 다리는 먹이를 잡기 위한 흡반으로 덮여 있다. 외투강은 깔때기 모양으로 이곳에 물을 채운 뒤 뿜어내면서 빠른 분출력을 얻어 이동한다. 오징어는 유연한 근육질을 강하게 수축시켜서 물을 내뿜으며, 시속 30km로 헤엄칠 수 있다. 이렇게 빠른 수축 동작이 가능한 것은 거대한 신경섬유로 연결된 신경망이 있기 때문이다.

환형동물Annelida

환형동물Annelid은 신축성이 있고 마디체절로 된 몸, 머리부터 꼬리까지 관통하는 내장, 효율 높은 신경망과 박동하는 순환계를 지니고 있다. 환형동물은 약 1만 5,000종이다. 이 가운데 해양 환형동물은 주로 다모류多毛類, Polychaeta : 갯지렁이로, 9,000여 종이 있다. 해양 환형동물은 바닷가의 갯벌이나 단단한 암석에서 심해까지 다양한 서식지에 적응하며 살고 있다. 사는 형태가 다양해서 고착형도 있지만 대부분은 해저의 퇴적물 위를 기어 다니거나 퇴적물 속을 파고 들어가 산다.

갯지렁이류는 저서생물 가운데 종류가 가장 다양하며, 개체수가 가장 많다. 갯지렁이의 식성은 다양하다. 종류에 따라 퇴적물을 먹기도 하고, 특별히 발달된 입으로 작은 동물을 포식하거나 이끼나 해조류 등을 갉아먹기도 하며, 때로는 죽은 생물을 먹기도 한다. 갯지렁이는 갯벌 생태계의 구조와 기능 유지에 한몫을 한다.

이 밖에 석회관갯지렁이*Serpula vermicularis*는 자신이 분비한 석회질의 관 속에 서식하며, 종종 발전소의 냉각수 취수관에 살면서 취수관을 막는 등 골칫거리가

편형동물

선형동물

연체동물

환형동물

되기도 한다. 비늘갯지렁이는 물고기의 아가미, 해삼의 입, 불가사리의 바닥에 붙어서 먹이 부스러기를 얻어먹으며 살아간다.

테어벨리드terebellid는 진흙 표면에 입구가 열린 관 속에서 살면서 가늘고 긴 흰색 촉수를 진흙 밖으로 내민다. 이 촉수로 진흙 입자를 빨아올려서 입으로 가져가며, 입에서 입자를 크기에 따라 분류해 먹거나 관을 만드는 데 사용한다. 해저에서 흰색 촉수가 나왔다가 들어가는 모습이 스파게티 같다고 해서 테어벨리드는 '스파게티 지렁이'라는 별명을 갖고 있다.

단 1m^2의 갯벌에도 수천 마리의 환형동물들이 관을 형성해서 퇴적물이 쓸려 나가지 않도록 붙잡는 역할을 한다. 환형동물은 또 흙을 먹고, 굴을 파고, 배설을 하면서 해저 퇴적물 속에 풍부한 유기물을 산화시켜 이산화탄소가 방출되게 한다.

절지동물節肢動物, Arthropoda

절지동물Arthropod은 마디와 다리를 기본으로 하는 신체 구조 덕분에 환경 적응력을 높여서 동물계에서 숫자가 가장 많은 무리가 됐다. 전 세계 바다에서도 절지동물이 다른 어떤 동물보다 숫자가 많다. 남극바다의 크릴은 난바다곤쟁이류에 속하고 무리를 이루는 특성과 풍부한 단백질의 영양 가치 때문에 남극 어류, 두족류, 바다새, 수염고래 등의 먹이로서 생태계 내 중요한 역할을 한다. 독성 수증기가 뿜어 나오는 심해 열수구에서도 새우와 게를 만날 수 있다. 해양 절지동물은 크게 퇴구류Merostomata, 바다거미류Pycnogonida, 갑각류Crustacea로 구분된다.

퇴구류에는 아메리카투구게American horseshoe crab, *Limulus polyphemus*, 아시아투구게Chinese horseshoe crab, *Tachypleus tridentatus*와 같은 투구게가 속한다. 투구게는 주로 모래펄에 사는 갯지렁이류, 갑각류, 조개류를 잡아먹는다. 거미류의 서폐와 구조가 비슷한 투구게의 '새서'라는 호흡기관, 머리가슴의 앞 가장자리가 옆으로 갈라지는 탈피방법 등을 볼 때 투구게는 게보다 거미에 가깝다.

바다거미류는 몸에 긴 네 쌍의 다리를 지니고 있다. 대부분 저서 생활을 하며, 4,000m 깊이에서도 발견된다. 극지방에 많이 분포하는 바다거미류는 대부분 히드로충류 같은 육질의 동물을 먹으며, 자유 유영을 하는 유생 단계를 거친다.

갑각류Crustacea는 대부분이 해양성이며, 다음과 같은 다양한 생물이 포함돼 있다. 바위나 암벽에 붙어 사는 삿갓조개나 따개비는 항해하는 배에 달라붙기도 한다. 이 때문에 선박이 움직이면서 난류가 생김으로써 연료 소비가 거의 30%나 증가해 이들의 부착을 방지하는 페인트가 개발되기도 했다.

요각류Copepoda는 7,000여 종이 보고됐다. 그 가운데 90%가 해양성이다. 대부분 1mm 안팎의 작은 크기이지만 워낙 많은 숫자가 존재하고 있어 해양 생태계와 해양 생산력 기여도가 크다. 대부분 모래 속이나 해초 사이에 살고 있으며, 대형 저서동물의 주요 먹이생물로서 생산자와 상위 소비자를 연결해 주는 다리 역할을 한다.

패충류Ostracoda의 몸은 조개와 비슷한 모양의 엷은 껍질인 배갑에 싸여 있으며, 바깥 벽에는 탄산칼슘이 침적돼 있다. 대부분의 다른 갑각류가 유생 시기에 많은 탈피를 하는 데 비해 이들은 알에서 성체로 변태 과정 없이 자란다.

연갑류Malacostraca에는 사람들에게 친숙한 갯강구, 갯쥐며느리, 갯주걱벌레, 옆새우, 바다대벌레, 새우, 대하, 집게, 꽃게, 가재 등이 속한다.

극피동물Echinodermata

극피동물Echinodermata은 모두 해양성이며, 6,000여 종이 살고 있다. 매우 느리게 움직이는 느림보이지만 전 세계 바다에 분포한다. 극피동물에는 바다나리류Crinoidea, 불가사리류Asteroidea, 거미불가사리류Ophiuroidea, 성게류Echinoidea, 해삼류Holothuroidea가 속한다.

불가사리는 머리도 얼굴도 없이 다섯 개의 팔만 별 모양으로 뻗어 있다. 불가사리는 뼈가 없는 대신 피부 바로 밑에 격자 모양의 작은 골편이 수천 개 있다. 이 골편은 가느다란 근육으로 얽혀 있어서 팔을 어느 쪽으로도 뻗을 수 있다. 또 특별한 단백질이 나와서 몇 시간씩 팔을 편 상태로 유지할 수 있다. 머리가 없는 불가사리는 뇌도 없다. 그 대신 신경고리가 있어서 팔의 움직임을 조절한다. 어떤 불가사리는 재생 능력이 뛰어나 팔 한 조각만 떼어내도 그 조각에서 완전한 개체가 재생된다.

가장 작은 극피동물인 거미불가사리는 위협을 받으면 자신의 팔을 미끼로 던진다. 거미불가사리는 해저 바닥을 무리지어 몰려다니면서 깃털 같은 팔을 흔들며 먹이인 플랑크톤을 잡아먹는다. 성게의 입은 아래쪽에 숨겨져 있으며, 해삼은 성게를 길게 늘인 모양을 하고 있다. 성게는 게걸스러운 초식동물이어서 해조류나 해양성 식물을 모조리 먹어 치운다. 성게는 눈이 없기 때문에 가야 할 방향을 볼 수 없다. 그 대신 관족이라는 감각기관이 있어서 관족을 앞뒤로 흔들며 물속 어디에 먹을 것이 있는지 찾아낸다. 이 관족은 다용도여서 바닷 속을 기어 다닐 때도 사용되며, 떠다니는 해초 조각을 잡는 데도 이용된다. 관족은 별 모양의 입을 향해 끊임없이 먹이를 끌어당긴다. 다섯 개의 날카로운 이빨은 보이지 않는 곳에서 해초를 부지런히 잘라 먹는다.

심해 바닥에 사는 동물 대부분은 해삼류다. 해삼은 바다 바닥을 훑으면서 모래를 퍼먹는다. 모래에는 해삼이 먹는 유기물이 풍부하다. 소화하고 남은 모래는 배설되는데, 어쩌면 바닷 속의 모래는 한두 번씩 해삼의 뱃속을 통과했는지도 모른다.

척색동물Chordata

척색동물Chordate은 척색notochord을 지닌 미색동물류Urochordata, 두색동물류Cephalochordata, 척추동물류Vertebrata로 구분된다. 척색이란 길고 유연한 막대기 같은 신경색nerve cord으로, 신경관의 형성을 자극한다. 척색동물은 평생 척색을 지니는 반면에 척추동물은 척색이 어린 배胚 시기에 일시 나타났다가 나중에 척추의 일부분이 된다. 미색동물의 대표 주자인 멍게우렁쉥이, *Halocynthia roretzi*는 피낭외투막이라고 하는 주머니 모양의 두꺼운 막에 싸여 있다. 유생은 올챙이 모양을 하고 있으며, 부유 생활을 한다. 이 시기에 꼬리에 척색이 있어서 미색류라 한다. 성체가 되면 해수 쪽으로 입이 열린 고착생물이 된다. 이때는 척색이 없어지고, 피낭은 성장해서 셀룰로오스 성분인 투니신tunicin으로 구성된 가죽 같은 껍질로 뒤덮인다. 두색동물에서 가장 유명한 창고기lancelet, *Branchiostoma lanceolatum*는 성체가 돼도 척색을 지니고 있다.

척추동물 가운데 바다에 가장 많은 동물은 어류다. 현재 지구상에 살고 있는 어류는 2만~2만 2,000종으로, 양서류·파충류·조류·포유류 중 그 어느 것보다 많다. 어류는 턱이 없는 무악류Agnatha, 뼈가 물렁뼈로 된 연골어류Chondrichthyes, 딱딱한 뼈로 된 경골어류Osteichthyes로 나눌 수 있다. 무악류에는 칠성장어와 먹장어, 연골어류에는 상어와 가오리가 대표 종이다. 경골어류는 철갑상어, 청어, 고등어, 가자미, 참치 등 우리에게 식품으로 익숙한 수산어류를 포함한다. 대부분의 해양 어류가 경골어류에 속한다.

이 밖에도 바다이구아나·바다거북·바다악어 등 해양 파충류, 갈매기·물수리·바다매·도요새·펭귄 등 해양 조류바닷새, 북극곰·물개·바다사자 등 해양 포유류가 바다에서 먹이를 구하거나 생식을 하면서 바다에 잇대어 살아가는 해양 척추동물이다.

지금까지 살펴본 9가지 동물 이외에도 빗살해파리·오이빗해파리 등 유즐동물Ctenophora, 화살벌레로 알려진 모악동물arrowworm, Chaetognatha, 심해에 살고 있는 거대한 관 모양의 관벌레tube worm로 유명한 유수동물Vestimentifera, 이끼벌레로 대표되는 태형동물moss animal, Bryozoa, 끈벌레로 불리는 유형동물Nemertina, 비벌레로 알려진 추형동물Phoronida, 윤충으로도 불리는 윤형동물문Rotifera 등 새로운 동물들이 끊임없이 바다에서 발견된다.

절지동물

극피동물

미세조류Microalgae

미세조류란 광합성을 하는 단세포 또는 군체 생물이다. 바다에서 가장 흔한 미세조류는 유리규소로 된 껍질을 지닌 규조류돌말류, diatoms, Bacillariophyceae이다. 규조류는 온대 해역에서 가장 흔한 미세조류로, 갯벌·암반·모래 등에 서식하기 때문에 저서생물의 먹이가 되기도 한다. 규조류는 죽은 후 바다에 가라앉아 도자기를 만드는 원료인 규조토가 되기도 한다. 전자현미경으로 본 규조류의 껍질은 정교하고 아름답다. 전 세계에 걸쳐 최소한 6,000종의 규조류가 바다에 살고 있다.

와편모조류쌍편모조류, dinoflagellate, Dinophyceae 역시 중요한 미세조류다. 이들은 두 개의 편모를 지니고 있다. 그 가운데 하나가 허리를 휘감는 모양이어서 와편모라고 부른다. 와편모조류 모두 광합성을 하는 것은 아니다. 종류에 따라서는 광합성을 하지 않고 동물처럼 기존의 유기물을 이용해 생활하는 것도 있다. 대체로 규조류는 수온이 낮아야 잘 번식하는 데 반해 와편모조류는 수온이 높아야 더 잘 번식한다. 와편모조류는 환경 조건이 맞으면 때때로 대량 번식을 해 적조현상을 일으키기도 한다.

이 밖에도 녹조류green algae, 유글레나류euglena, 홍조류red algae, 은편모조류cryptophyte, 착편모조prymnesiophyte 등 미세조류가 바다를 풍요롭게 만들고 있다.

녹조류綠藻類, Chlorophyte

녹조류green algae는 생리 특징과 유전자 조성이 육상식물과 매우 비슷하다. 녹조류는 육상식물과 동일한 광합성 기작을 가지며, 광합성 색소도 육상식물처럼 엽록소 a, b와 보조 색소로 카로틴이나 크산토필을 지니고 있다. 세포벽이 셀룰로오스로 구성돼 있고, 전분starch를 저장물질로 하는 것도 육상식물과 동일하다. 생화학 및 형태상의 특징과 서식지에 따라 담록조류Prasinophyceae, 녹조류Chlorophyceae, 트레복시조류Trebouxiophyceae, 갈파래류Ulvophyceae, 윤조류Charophyceae로 구분된다. 이 가운데 녹조류와 갈파래류가 바다에 살고 있다. 생식 방법은 다양하며, 전 세계에 425속 정도가 서식하는 것으로 알려져 있다. 우리나라의 대표 녹조류로는 홑파래*Enteromorpha*, 갈파래*Ulva*, 청각*Codium*, 깃털말*Bryopsis*, 그물공말*Dictyosphaeria* 등이 있다.

척색동물1

척색동물2

갈조류Phaeophyte

갈조류brown algae는 온대 바다와 한대 바다에 걸쳐 분포한다주로 한대에 분포. 대부분이 해산종이며, 크기는 다소 큰 편이다. 마크로키스티스*Macrocystis*의 경우 30~40m까지 자란다. 광합성 색소로는 엽록소 a와 c, 보조 색소인 갈조소fucoxanthin 등 크산토필을 지니고 있다. 갈조소 때문에 갈색을 띤다. 라미나린이나 만니톨 형태로 탄수화물을 저장하며, 세포벽에 독특한 구조의 다당류인 알긴을 함유한다. 생활사는 무성세대와 유성세대가 세대교번을 하며, 250속이 알려져 있다. 다시마*Laminaria*, 미역*Undaria*, 모자반*Sargassum*, 톳*Hizikia* 등이 우리나라에서 나는 대표 갈조류다.

홍조류Rhodophyte

홍조류red algae는 편모가 없으며, 다양한 생활사를 특징으로 한다. 광합성 색소는 엽록소 a와 보조 색소로 남조소phycocyanin, 홍조소phycoerythrin, 카로틴, 크산토필을 지닌다. 홍조류는 서식지에 따라 다양한 색을 보이지만 빛의 세기가 적당할 때는 홍조소가 우세해 붉은색을 띤다. 세포벽에 탄산칼슘을 침적시키는 덩어리산호말이나 마디산호말과 같은 산호말석회조류도 있다. 최근에 이들 산호말이 죽어서 백색으로 되는 백화현상이 해양 생태계의 큰 문제로 대두되고 있다. 전 세계에 걸쳐 약 500속이 서식하고 있는 것으로 알려져 있다. 김*Porphyra*, 우뭇가사리*Gelidium*, 진두발*Chondrus*, 돌가사리*Gigartina* 등이 우리나라에서 흔히 볼 수 있는 홍조류다.

현화식물flowering plant

바다에 사는 현화식물에는 해초류Sea grass와 홍수림Mangrove forest이 있다. 해초류는 뿌리·줄기·잎의 구분이 뚜렷하며, 꽃이 피고 씨를 맺는다는 점에서 해조류와 명확히 구분된다. 바닷가는 높은 염분으로 인한 삼투압을 극복해야 하기 때문에 식물에게는 혹독한 환경이다. 이 때문인지 전 세계에 60여 종이라는 적은 숫자의 현화식물만이 해양 환경에서 살아가고 있다. 우리나라에 서식하는 해양 현화식물로는 잘피*Zostera*와 말잘피*Phyllospadix*가 있다. 카리브 해의 거북말*Thalassia*과 호주의 홍수림이 세계에 유명한 해양 현화식물이다. 이들은 해양 생태계에서 다양한 동물에게 서식지와 산란지를 제공한다.

맺는 말

바다는 생물 다양성의 풍부한 원천으로, 지금까지 30만 종 이상의 해양 생물이 알려져 있다. 비용 문제로 사람의 손길이 거의 미치지 못한 심해저나 극지를 비롯해 다양한 해양 환경 탐사가 계속된다면 훨씬 더 많은 생물을 찾을 수 있을 것이다. 이와 같은 생물 다양성은 건강한 생태계의 뼈대이자 유용한 신물질의 기반이다. 해양 생물은 새로운 기능의 생물 소재를 제공할 가능성이 무한하며, 육상 생물 연구의 한계를 넘어 해양 바이오의 새로운 돌파구를 마련해 줄 수 있는 중요한 자원이기도 하다. 그러나 아직까지 전체 해양 생물 가운데 극히 일부분이 실험실에서 연구된 상황이다.

해양 생물자원은 무한하지 않다. 우리가 적절하게 관리하고 지속 개발이 가능한 선에서 포획하지 않는다면 소중한 어떤 해양 생물자원은 사라질 수도 있다. 또 기후 변화로 인해 해양이 산성화되고 수온이 높아지는 등 해양 생태계가 변하고 있다. 따라서 이러한 변화가 해양 생물자원의 분포에 어떤 영향을 미치는지에 대해서도 꾸준한 관심이 필요하다. 앞으로 해양 생물의 생물 다양성 파악과 이들의 생명현상 연구, 해양 생물자원의 확보 및 관리와 응용하는 연구가 활성화돼야 할 것이다.

의학 발전에 기여한 해양생물 연구

정재연 한국해양과학기술원

바다는 생명 탄생과 진화가 처음 시작된 곳이며, 다양한 생물의 보고다. 해양 생물은 인류에게 식량이 되기도 하고, 특이하고 아름다운 모습으로 다양한 볼거리를 제공해 주기도 한다. 과학자들은 독특한 해양 생물을 연구해 생물학적 발견과 의학 발달의 신기원을 이뤘으며, 고부가가치 해양생명산업을 발전시키기도 했다. 해양 생물 연구가 어떻게 의학 발전에 기여하고 산업 발전으로 이어질 수 있었는지를 몇 가지 예를 통해 알아보고자 한다.

의학 발전에 기여한 해양생물 연구

지구 표면의 70%이자 지구상 생명 서식처의 90%를 차지하는 해양은 생명이 탄생한 곳이자 20억 년 이상 진화해 온 공간이다. 또 지구상 동식물의 80%, 250,000 종의 생물이 서식하는 생물 다양성의 보고다. 지구상 동물 종의 31개 문Phylum 단위 분류군 가운데 30개가 해양생태계에 서식하며, 그 중 16개 문은 해양생태계에만 존재하는 것으로 알려져있다.

이에 따라 해양에는 육상에서는 볼 수 없는 다양한 원시 형태의 단순한 생물들이 존재한다. 이런 생물들은 생명 현상을 탐구하는 과학자에게 더없이 좋은 연구 모델을 제공하며, 생물학적 발견에서 일대 전기가 될 수 있는 원천도 제공한다.

동물 생리학자이자 노벨상 수상자인 아우구스트 크로그는 "해결해야 할 많은 생리학적 문제가 있지만 세상에는 그 문제를 연구하기에 적합한 동물이 반드시 있다"고 말했다. 실제로 해양생물의 다양성은 매우 단순하면서도 고도로 특화된 모델을 제공함으로써 동물생리학적 근본 문제의 많은 것을 해결하고 인간 질병을 이해하는 데 큰 도움이 됐다.

해양생물관련 노벨상 수상 현황

수상자	수상 분야 (연도)	수상내역
일리야 메치니코프 Élie Metchnikoff	생리의학상(1908)	불가사리 배아에서 식세포작용을 관찰하고, 백혈구가 병균을 잡아먹어서 파괴할 것이라는 세포면역설을 주장
존 켄드루 John Cowdery Kendrew	화학상(1962)	X-선 결정분석법을 이용하여 향유고래에서 분리한 미오글로빈의 삼차구조를 해독함
앨런 호지킨 Alan Lloyd Hodgkin 앤드루 헉슬리 Andrew Fielding Huxley	생리의학상(1963)	오징어의 거대 축색돌기를 이용한 신경자극전달 연구
홀던 하틀라인 Haldan Keffer Hartline	생리의학상(1967)	투구게의 망막 시신경세포를 이용해 시신경 자극 전달 기전 연구
에릭 캔들 Eric Richard Kandel	생리의학상(2000)	군소(바다달팽이)를 이용한 학습과 기억 형성 기전 연구
티머시 헌트 Richard Timothy Hunt	생리의학상(2001)	성게알 연구를 통하여 세포주기를 조절하는 사이클린이라는 핵심 단백질을 발견함. 암세포의 발생원인을 규명하는 데 일조함
시모무라 오사무 しもむら おさむ 마틴 챌피 Martin Lee Chalfie 로저 첸 錢永健	화학상(2008)	해파리로부터 녹색 형광 단백질(green fluorescent protein, GFP)을 발굴하고 생물학 여러 분야에 활용 가능하도록 개발함

예를 들어 세포막 아세틸콜린 수용체 분석과 유전자 클로닝복제, 동일한 DNA를 많이 만들기 위한 방법을 위해 과학자들은 태평양 전기가오리를 사용했다. 아세틸콜린 수용체는 신경 자극을 받아 근육을 움직이게 하는 필수 단백질로, 중증 근무력증myasthenia gravis과 같은 근육신경 질환과 밀접한 관계가 있다. 전기가오리의 전기 생산 근육에는 이 수용체가 매우 높은 밀도로 존재하고 있기 때문에 과학자들은 단백질을 따로 분리할 필요도 없이 단백질 구조를 분석하고 유전자를 클로닝할 수 있었다. 인간 혹은 다른 동물을 이용했다면 불가능한 연구였다. 전기가오리의 근육이 인간의 근육과 형태가 매우 다르게 보이기는 하지만 분자나 세포 수준에서의 근본적인 차이는 없기 때문에 전기가오리의 근육에서 얻은 아세틸콜린 수용체로도 인간의 아세틸콜린 수용체를 이해하는 데 전혀 문제가 없었다.

원시 생물과 고등 생물의 비교 분석은 진화 연구뿐만 아니라 생리학·생화학·발생학 분야에서도 많이 이용됐다. 조금만 변형돼도 생명 유지에 치명타로 작용하는 유전자들은 진화 과정에서도 잘 보존될 수밖에 없기 때문에 비교생물학을 통해 진화를 거치면서 잘 보존된 유전자를 알아내면 생물학적으로 가장 중요한 필수 유전자가 어떤 것인지를 알 수 있다. 해양생물 가운데 포유류와 발생학적 기원이 같은 동물들은 인간 질병 이해에 훨씬 더 중요하다. 인간이 속한 척추동물은 물론 성게나 불가사리 같은 극피동물, 멍게 같은 피낭동물도 발생학적 기원을 거슬러 올라가면 모두 같은 후구동물에 속하기 때문에 이들 생물들 간의 차이나 유사성은 포유류나 척추동물의 진화를 이해하고 생명현상을 밝히는 데 필요한 통찰력을 제공한다.

해양 생물을 이용한 연구는 생물학과 의학 발전에 크게 기여했다. 노벨상을 받은 연구의 많은 수는 해양 생물이 있어서 가능했다. 해양 생물은 앞으로도 생명의 신비를 푸는 데 크게 기여할 것이다. 주요 해양 생물 연구와 산업적 발견들을 살펴보면 위대한 과학적 발견은 철저히 계획된 실험이 아니라 과학자들의 단순한 호기심에 의해 시작되었음을 알 수 있다. 해양 생물을 이용한 연구들을 살펴보면서 해양 생물 연구에 대한 관심을 높이고, 순수 기초연구의 가치를 이해하고자 한다.

해양동물과 면역의 발견

1882년 일리야 메치니코프는 불가사리 유생에 장미 가시를 꽂아놓고 어떤 일이 일어나는지를 연구했다. 하루가 지나자 아메바처럼 생긴 작은 세포들이 가시를 둘러쌌는데, 이를 관찰한 메치니코프는 그 세포들이 외부 침입자에 대한 방어를 담당하는 세포일 것이라 여겼다. 그 당시 루이 파스퇴르는 동물이나 사람의 질병을 일으키는 원인이 세균임을 밝히고, 약화시킨 세균을 미리 동물에게 주입하면 동물의 체액에서 세균에 저항할 수 있는 물질이 만들어진다는 사실을 알아냈다항체에 의한 면역 반응이자 체액성 면역임. 메치니코프가 관찰한 현상은 식균작용으로, 사람의 세포에서도 이미 관찰된 현상이었다. 하지만 파스퇴르를 비롯한 당시 세균학자 대부분은 백혈구가 세균을 제거하기보다 세균을 전신에 퍼뜨릴 것이라고 생각했다. 메치니코프는 세포가 세균을 잡아먹어서 죽일 것이라고 주장했으며세포 면역설, 세균을 잡아먹는 현상이 사람에게만 있는 것이 아니라 모든 동물에 존재하는 원시 형태의 기본 방어 기전일 것이라고 생각했다. 메치니코프의 이런 생각은 외부의 감염에 대항하는 비특이적 일차 방어 체계인 선천성 면역innate immunity에 대한 개념을 확립하고 감염에 대항하는 식균작용에 대한 연구를 촉발시키는 계기가 됐다. 메치니코프는 이 공로로 1908년 노벨 생리의학상을 수상했다.

메치니코프, 1908 노벨 생리의학상

선천성 면역과 함께 면역 체계의 또 다른 축을 이루는 후천성 면역acquired immunity, 획득성 면역도 해양 생물인 멍게*Botryllus schlosseri*를 연구하면서 발견됐다. 같은 종류의 멍게는 서로 접촉하면 하나로 합해지지만 다른 종류의 멍게를 접촉하면 거부반응을 보인다. 이것은 멍게가 자신과 자신이 아닌 것을 구별할 수 있으며, 사람의 조직 이식 때 거부 반응을 보이는 것과 같은 기전을 지니고 있음을 의미한다. 과학자들은 사람의 면역세포가 자기 자신을 인지할 때 사용하는 주조직적합체Major Histocompatibility Complex, MHC class I와 같은 단백질을 인지한 멍게가 자신과 다른 종의 세포를 구별한다는 사실을 밝혔다. 후천성 면역은 조직 이식 때 거부 반응뿐만 아니라 우리 몸의 면역세포들이 평상시와는 다른 암세포나 바이러스에 감염된 세포 등을 제거하는 데 사용되는 매우 정교한 방어 기전이다. 선천성 면역이 우리 몸을 침입하는 세균에 대해 무차별 공격을 가하는 반면에 후천성 면역은 자기 자신은 공격하지 않고 자기 자신이 아닌 것만 공격하도록 잘 교육받은 획득성 면역

불가사리

멍게(Botryllus schlosseri)

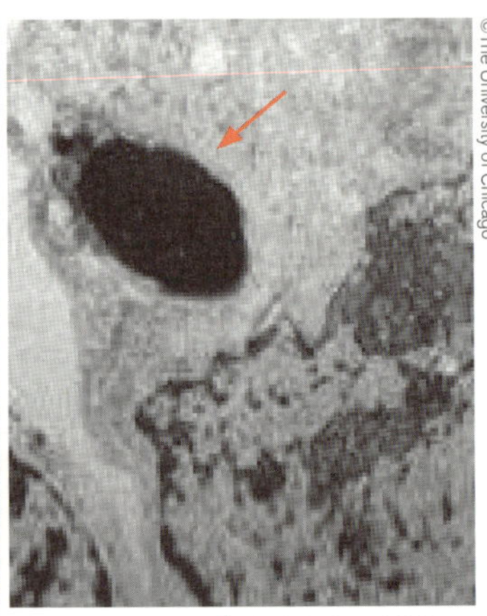

멍게 정자의 머리 부분(화살표)이 다른 개체의 혈구세포 안으로 뚫고 들어온 모습

체계다. 멍게를 이용한 연구는 인간의 면역 체계를 더 잘 이해하고 질병을 치료하는데 크게 기여했다.

멍게는 생식에서도 자기 자신을 인지하는 기전을 사용한다. 멍게는 자웅동체로서 한 몸에서 정자와 난자를 함께 생산하지만 같은 몸에서 만들어진 난자와 정자는 수정이 되지 않는다. 근친 간 교배를 피해 유전적 다양성을 유지하고 치명적 유전병을 피하는 기전이 멍게와 같이 단순한 생물에도 존재하는 것이다. 과학자들은 멍게의 정자가 자신의 혈구 세포에는 붙지 않지만 다른 개체의 혈구 세포에는 매우 잘 붙는 것을 관찰했다. 전자현미경을 이용해 정자가 단순히 혈구 세포에 붙는 정도가 아니라 정자의 머리가 혈구 세포 안으로 완전히 뚫고 들어가는 것을 관찰한 것이다. 이 결과를 접한 후천성면역결핍증AIDS 연구자들은 인간에게도 같은 현상이 일어나는지를 확인했다. 당시 후천성면역결핍바이러스HIV : human immunodeficiency virus가 성교를 통해 전염된다는 것은 알려져 있었지만 정액에 존재하는 바이러스에 의한 것인지, 감염된 백혈구에 의한 것인지, 정자에 붙어 있는 바이러스에 의한 전염인지는 확실하지 않았다.

멍게와 마찬가지로 사람의 정자도 동일인의 백혈구에는 붙지 않지만 다른 사람의 백혈구에는 매우 잘 붙는 것을 확인했으며, 자기 자신을 인지할 때 사용하는 것과 같은 주조직적합체를 이용해 타인의 백혈구에 붙는 것을 알게 됐다. 추가 연구를 통해 HIV가 정자의 머리에 매우 잘 붙는 것을 알게 됐으며, HIV를 가득 실은 정자는 타인의 백혈구에 HIV를 감염시키는 효과가 아주 높음을 알 수 있었다. 정액에서 정자만 제거하면 HIV 감염 차단 효과를 볼 수 있음을 발견한 과학자들은 아프리카 등지의 나라에서 확산되는 AIDS를 예방하기 위해 정관절제술을 시도하고 있다. 인간의 질병과 아무 관계가 없어 보이는 멍게 연구는 AIDS라는 무서운 질병의 확산 이유에 대한 해답을 제공하게 됐다.

성게를 이용한 세포 주기와 칼슘 신호전달 연구

티머시 헌트, 2001 노벨 생리의학상

성게는 실험 모델로 100년 이상 사용됐다. 성게는 외피가 없는 크고 투명한 알을 무수히 많이 낳아 세포 주기cell cycle를 연구하기에 더할 나위 없이 좋은 재료를 제공한다. 세포 주기란 세포가 유전 물질을 복제한 후 똑같은 딸 세포로 분열하는 과정이다. 수정된 성게 알은 동일한 속도로 세포 주기를 반복해 다세포로 구성된 개체로 발생하게 된다. 티머시 헌트는 성게 알이 수정된 후 초기에 분열할 때 생기는 단백질들을 방사성 동위원소로 표지해 이들 단백질이 어떻게 변하는지 조사했다. 대부분의 단백질은 세포 주기가 반복될수록 양이 점점 많아지지만 한 가지 단백질은 세포 주기마다 합성됐다가 파괴되기를 반복했다. 그는 이 단백질을 사이클린Cyclin이라고 불렀다. 함박조개에서 얻은 사이클린 A를 개구리 알에 주입하자 개구리 알의 감수 분열이 시작됐으며, 사이클린의 합성과 분해는 해양 동물뿐만 아니라 효모에서 인간에 이르기까지 모든 진핵생물의 세포 분열을 조절하는 가장 중요한 현상임이 밝혀지게 됐다.

포유류에서 사이클린의 역할을 연구하던 과학자들은 사이클린, 사이클린을 조절하는 단백질, 사이클린에 의해 조절되는 단백질들에 돌연변이가 생기면 암세포가 될 수 있음을 발견했다. 성게 알에서 발견된 사이클린은 포유류 세포의 세포 주기를 이해하는 것뿐만 아니라 암을 진단하고 처방하는 데에도 크게 기여하게 됐다. 사이클린을 발견한 공로로 티머시 헌트는 폴 너스, 릴런드 하트웰과 함께 2001년 노벨 생리의학상을 수상했다.

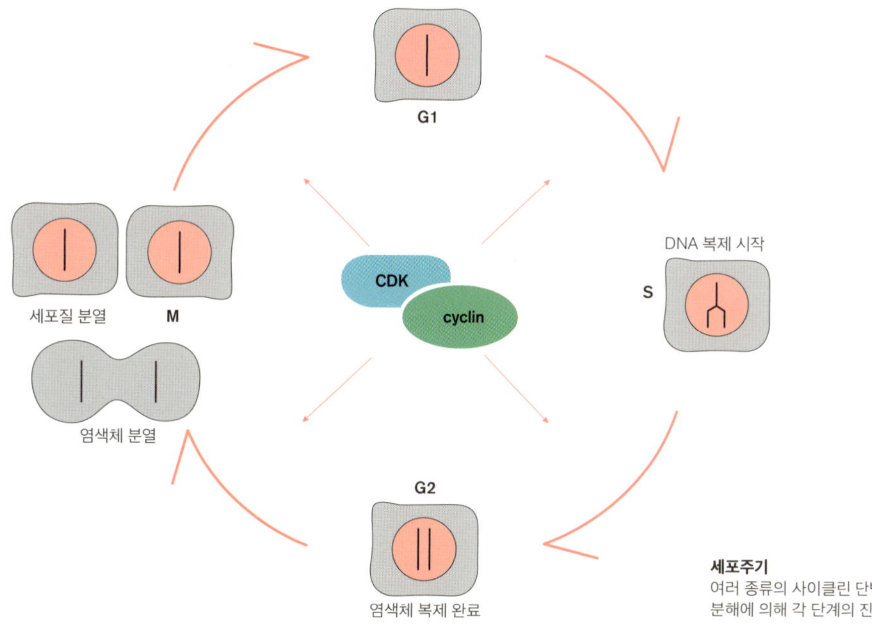

세포주기
여러 종류의 사이클린 단백질의 합성과 분해에 의해 각 단계의 진행이 조절된다

From Physiol Rev. 1997 Oct;77(4):1133-64. Mechanisms of calcium signaling by cyclic ADP-ribose and NAADP. Lee HC.

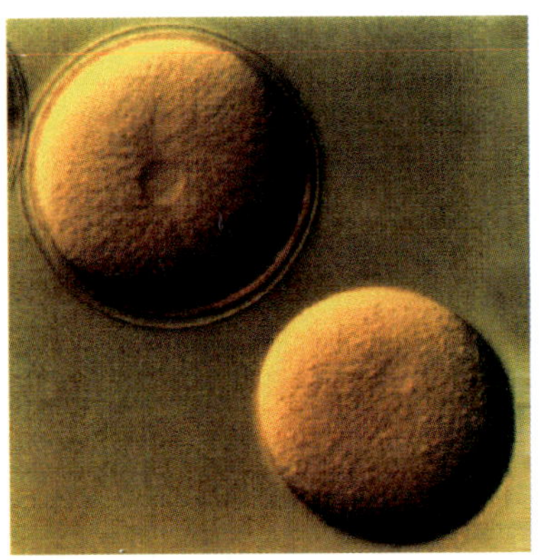

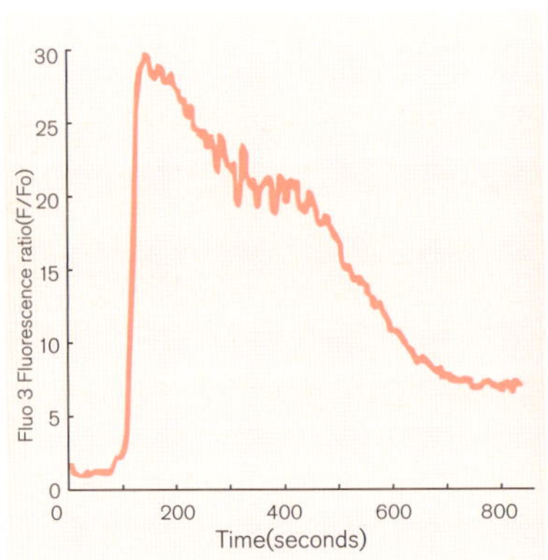

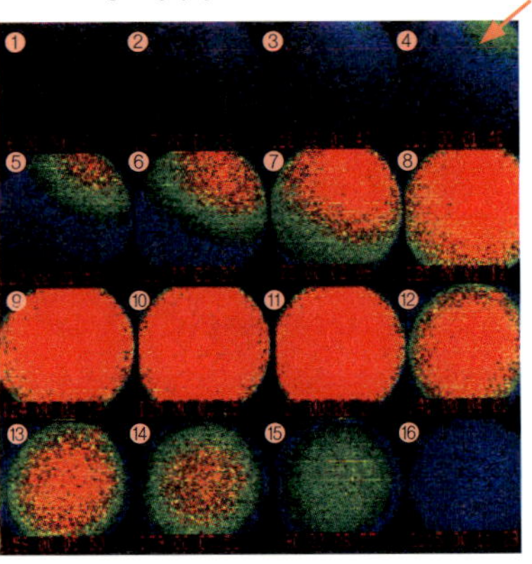

성게알과 세포 내 칼슘 농도의 변화

A. 수정된 성게 알(왼쪽)과 수정 전 성게 알(오른쪽). 수정된 세포는 수정막으로 싸여 있다

B. 수정(정자 첨가) 직후 세포 내 칼슘 농도가 급격히 높아지다 서서히 낮아진다

C. 수정된 세포의 칼슘 농도 전파 과정. 성게 알은 2번 그림 직전 정자를 넣어 수정시켰으며 2-10번 사진은 6초 간격으로 촬영됐었다. 정자와 맞닿은 부분(오른쪽 위 화살표)부터 칼슘 농도가 높아지기 시작해서 점차 전 세포로 퍼지는 것을 볼 수 있다

동물 세포는 세포 내 칼슘 이온의 농도나 위치를 정교하게 조절하면서 다양한 신호를 전달한다. 성게 알은 크고 투명해 세포 내에 단백질이나 필요한 물질을 미세 주입할 수 있고, 염료를 이용해 세포 내 칼슘 농도 변화를 쉽게 관찰할 수 있어 칼슘 신호전달 과정을 연구하기에도 매우 좋은 동물 모델이다.

과학자들은 성게 알이 수정되면 바로 세포 내 칼슘 신호가 전달되면서 투명한 막이 생겨 성게 알을 감싸는 것을 발견했다. 이 막은 하나의 난자가 여러 개의 정자에 의해 수정되는 것을 막는 물리적 장벽으로 작용한다. 칼슘 신호는 수정란의 단백질과 DNA의 합성을 활성화해 초기 세포 분열이 활발하게 일어나게 하여 발생이 진행되도록 함을 알게 됐다. 흥미롭게도 칼슘 신호는 정자와 난자의 결합이 이뤄진 부분부터 생기기 시작해 점차 수정란 전체로 물결처럼 퍼져 나가는 것을 볼 수 있었다. 성게 알을 이용한 추가 연구를 통해 자극받은 부분의 소포체 내에 저장돼 있는 칼슘이 분비되면 분비된 칼슘이 인접한 소포체를 자극해 다시 칼슘을 분비하게 하면서 세포 내로 칼슘 신호가 퍼져 나가게 하는 것을 알 수 있었다. 성게 알에서 분리된 세포 내 칼슘 신호전달 매개 물질 cyclic ADP-ribose cADPR와 nicotinic acid adenine-dinucleotide phosphate NAADP는 식물에서 사람에 이르기까지 모든 생물체에서 세포 내 신호전달에 관여하고 있음이 추가 연구를 통해 밝혀졌다. 특히 cADPR는 심장이나 내장기관, 골격에 있는 모든 근육에서 근 수축을 일으키는 주요 매개체로 작용하고 각종 신경세포에서 칼슘신호 전달에 주요 역할을 하고 있음이 밝혀짐으로써 인간의 신경, 근육계 질환을 이해하고 치료법을 찾는 데 크게 도움을 주고 있다.

X-선 결정분석법을 이용한 세계 최초의 단백질 구조 해독

©Maser

존 켄드루, 1962년 노벨 화학상

단백질의 입체 모양을 이해하는 것은 단백질 기능 이해에 매우 중요하다. 약물은 표적 단백질에 붙어서 그 단백질의 기능을 조절하는데 단백질의 구조를 알면 원하는 단백질에만 붙어서 부작용 없이 약효를 나타내는 약물을 잘 만들 수 있기 때문에 단백질 구조 분석은 생물학이나 의·약학 연구에 필수가 됐다. 2차 세계대전이 끝날 무렵 존 켄드루와 맥스 퍼루츠는 세계 최초로 X-선 결정분석법을 이용해 단백질 구조를 푸는 연구를 시도했다. 헤모글로빈적혈구의 붉은 색을 내는 단백질로 혈중 산소 운반체 역할 구조 연구는 퍼루츠가 먼저 시작했지만 단백질 구조 해독에 먼저 성공한 사람은 근육세포에 산소를 전달하는 미오글로빈근육에 산소를 저장, 공급하는 단백질, 산소와 결합하면 붉은색을 내고, 어류나 포유류 근육이 붉은색을 띠게 하는 물질 의 구조를 뒤늦게 시작한 켄드루였다. 켄드루가 퍼루츠보다 한 발 앞서 단백질 구조를 해독할 수 있게 된 것은 그가 향유고래를 선택한 덕이 매우 컸다고 할 수 있다.

켄드루는 결정을 잘 만드는 미오글로빈을 얻기 위해 지구에 사는 수많은 동물의 근육으로부터 미오글로빈을 추출했다. 하지만 대부분의 동물에서 얻은 미오글로빈은 높은 농도에서 침전이 발생해 좋은 결정이 만들어지지 않았다. 반면에 향유고래의 미오글로빈은 많은 양이 근육에 들어 있을 뿐만 아니라 고농도로 추출해도 침전이 되지 않아 좋은 단백질 결정을 만들 수 있었다. 결국 켄드루와 퍼루츠는 각각 미오글로빈과 헤모글로빈의 구조를 해독한 공로로 1962년 노벨 화학상을 공동 수상했다. 하지만 왜 향유고래의 미오글로빈이 다른 동물의 미오글로빈과 달리 고농도에서도 침전을 일으키지 않는지에 대해서는 그 뒤로도 50년이 넘도록 베일에 가려져 있었다.

향유고래

2013년 과학자들은 향유고래의 미오글로빈 표면에는 다른 동물의 미오글로빈 표면보다 많은 양의 양전하를 띠는 아미노산이 분포하고 있음을 발견했다. 잠수 능력이 뛰어난 회색바다표범이나 비버, 고래와 같은 수상 포유류는 잠수를 못하는 육상 포유류보다 근육 내 미오글로빈 함량이 매우 높다. 미오글로빈에 들어 있는 철은 산소와 결합해 고기의 붉은 색을 띠게 한다. 미오글로빈 함량이 높을수록 고기의 빛깔이 붉으며 고래고기가 쇠고기보다 더 붉은 이유가 여기에 있다. 잠수를 오래 하려면 근육이 산소를 많이 포함할 수 있어야 하는데 미오글로빈 농도가 높으면 서로 엉겨 붙어서 산소 전달 효율이 떨어지게 된다. 이를 방지하기 위해 고래는 미오글로빈 표면에 양전하를 많이 분포시켜서 미오글로빈끼리 서로 달라붙지 않도록 진화한 것이다. 고래는 물고기처럼 바다에서만 진화한 것이 아니라 돼지나 소와 같이 육상에서 생활하던 포유류가 바다로 다시 들어가서 수중 생활에 맞게 진화한 독특한 포유동물이다. 고래는 가장 큰 동물임과 동시에 가장 오래 살며, 또한 잠수를 가장 잘하는 동물 가운데 한 종이다. 사람의 최대 잠수시간이 3분 이내지만 고래는 한 시간 이상도 잠수가 가능하다.

미오글로빈 3차 구조

잠수 능력이 뛰어나다는 것은 체내 산소 함유량이 높기 때문이기도 하지만 낮은 산소 농도에 잘 견딜 수 있기 때문이기도 하다. 사람이나 동물은 심장마비나 뇌졸중과 같이 산소 공급이 일시 중단되면 나중에 산소 공급이 되더라도 다량으로 생긴 활성 산소에 의해 조직이 치명상을 입는다. 하지만 고래는 낮은 산소 농도에서 생기는 조직 손상을 막을 수 있는 효과 높은 방법을 진화시킨 것으로 보인다. 저산소 상태는 암이나 당뇨 등 각종 인간 질병의 진행과도 밀접한 관계를 맺고 있어 고래 잠수의 비밀을 밝힐 수 있다면 의학 발전에 크게 기여할 것으로 보인다.

오징어의 거대 축색을 이용한 신경자극 전달 기전 연구

오징어의 거대 축색은 신경생물학 연구의 신기원을 열었다. 축색을 처음 발견한 L.W. 윌리엄조차 "아무도 이렇게 큰 구조물이 신경섬유일 것이라고는 상상조차 할 수 없었기 때문에 오징어의 거대 축색은 발견되기 힘들었다"라고 쓸 정도로 오징어의 축색은 크다. 이 크기로 인해 신경생물학 연구 초기에 미세전극 없이 큰 전극으로도 신경생리학 실험이 가능했다. 오징어는 자극이 오면 주변 근육을 동시에 수축시켜서 가운데 수관으로 물을 뿜어내며 앞으로 움직인다. 척추동물의 축색은 미엘린 수초로 둘러싸여 있어서 신경자극 전달이 매우 빠르지만 무척추동물인 오징어는 미엘린이 없어서 척추동물에 비해 신경 자극 전달이 느릴 수밖에 없

헉슬리(왼쪽)와 호지킨(오른쪽)의 1963년 노벨상 수상식 프로그램 표지

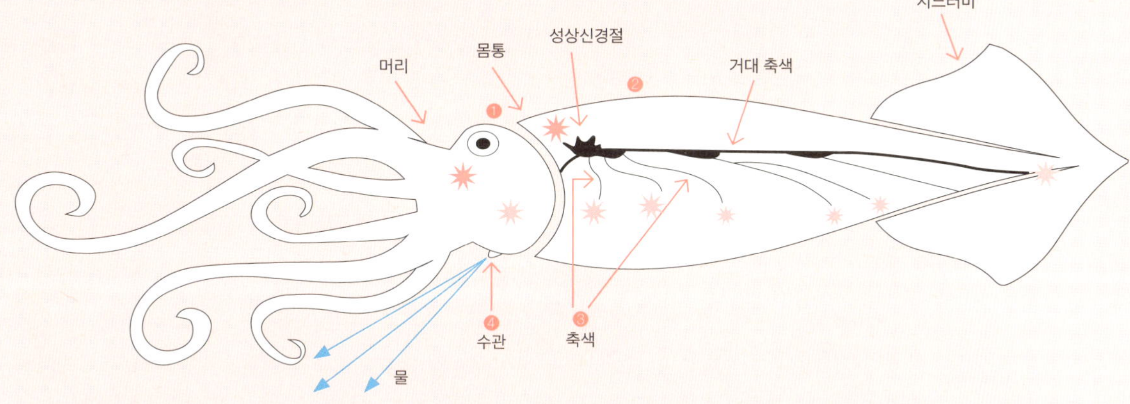

오징어의 신경전달과 운동기전

①오징어의 몸통이 열리면서 물이 몸통 안으로 들어간다. ②머리에 있는 중추신경절에서 몸통의 성상신경절로 자극(✷)이 전달된다. ③성상신경절에서 몸통 곳곳으로 뻗어 있는 축색으로 자극이 전달된다. ④몸통 근육이 수축하면서 머리 쪽으로 열려 있는 수관을 통해 물이 빠져나가면서 오징어가 추진력을 얻게 된다

아무도 이렇게 큰 구조물이 신경섬유일 것이라 상상하기 힘들었기 때문에 오징어의 거대 축색은 발견되기 힘들었다

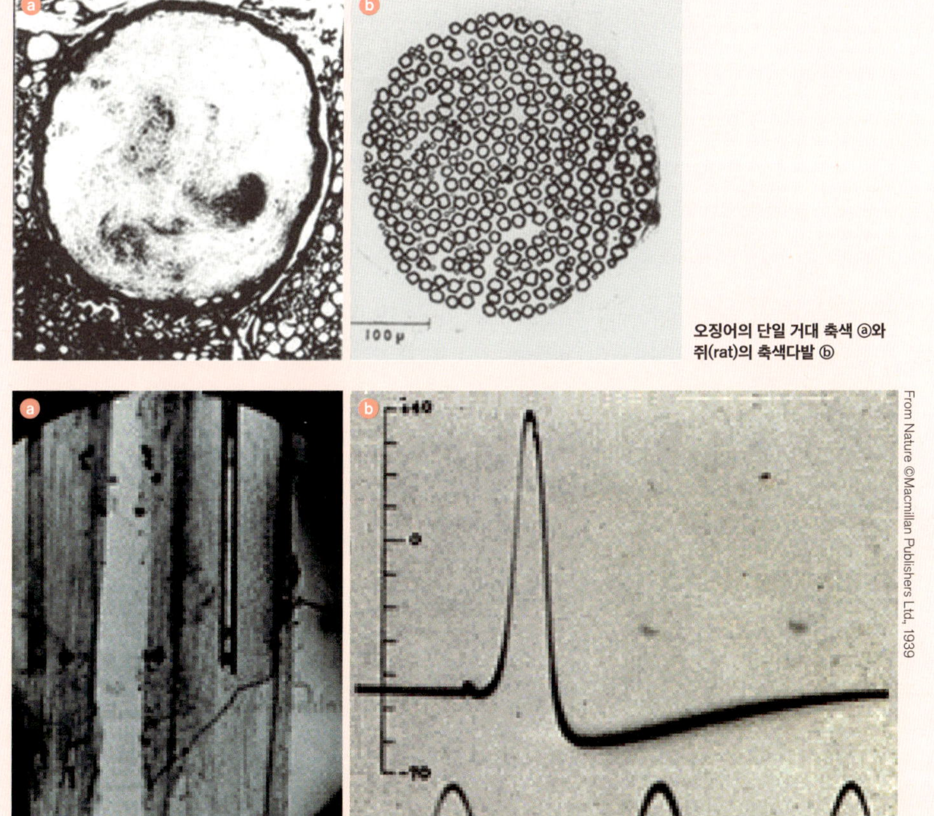

오징어의 단일 거대 축색 ⓐ와 쥐(rat)의 축색다발 ⓑ

호지킨과 헉슬리의 오징어 거대 축색 활동전위 측정

ⓐ오징어 거대 축색(직경~500㎛) 안에 전극이 들어가 있는 모습. 헉슬리가 고안한 거울 덕분에 앞면과 옆면에서 동일한 전극을 보면서 세포막을 망가뜨리지 않고 축색 안에 전극을 삽입할 수 있었음. ⓑ최초로 측정된 세포막 활동 전위

다. 그럼에도 오징어는 매우 빨리 자극에 반응한다. 이는 오징어가 포유동물보다 축색 직경이 1,000배 정도 크기 때문이다. 신경자극의 전달은 활동 전위의 전파로 이뤄지며, 축색의 직경은 클수록 저항이 낮아져서 신호전달이 빠르게 된다. 이 때문에 오징어는 빨리 도망치기 위해 큰 축색을 갖도록 진화된 것이다.

1939년 앨런 호지킨과 앤드류 헉슬리는 오징어의 거대 축색을 연구하기 위해 영국 플리머스 해양연구소를 방문하였다. 헉슬리는 오징어의 축색 원형질 점도 측정하기 위해 수온을 떨어뜨려 봤지만 실패하자 호지킨과 함께 거대 축색돌기에 가는 전극을 삽입해 보았다. 그들은 놀랍게도 신경세포가 자극을 받으면 세포막 안팎의 나트륨과 칼륨 이온 농도가 일시 바뀌는 것활동전위을 발견하게 된다. 이들은 축색을 망가뜨리지 않고 전극을 삽입할 수 있는 거울을 만들어 조심스럽게 전위차를 측정해 신경세포막에 이온채널이 존재하며, 신경전달은 활동전위가 빠른 속도로 전파되면서 일어난다는 사실을 발견하게 됐다. 이들의 발견은 신경생리학 연구의 시발점이 돼 뇌·심장·근육이 어떻게 작동하는지 이해할 수 있게 했고, 많은 질병 치료의 기반을 제공하게 됐다. 이 공로를 인정받은 호지킨과 헉슬리는 존 에클스와 함께 1963년 노벨 생리의학상을 공동으로 수상했다. 오징어의 거대 축색돌기와 순수한 과학적 호기심 덕분에 호지킨과 헉슬리는 신경세포 신호전달의 비밀을 풀고 생물학 역사의 새 장을 열 수 있게 된 것이다.J Physiology 2012, 590:2571-2575

투구게의 망막 시신경을 이용한 신경 자극 전달 기전 연구

투구게horseshoe crab는 공룡보다 2억 년이나 앞서 생겨났으며, 4억 5,000만 년 동안 진화되지 않고 원시의 모습을 유지하고 있어 '살아 있는 화석'으로 불리는 동물이다. 투구게는 이름과 달리 실제로는 게가 아니라 전갈, 거미, 진드기와 같은 협각류에 속한다. 투구게는 1,000개 정도의 낱눈ommatidia이 뭉쳐진 겹눈을 지니고 있다. 각각의 낱눈은 매우 단순하고 커서 다루기가 간편하며, 등딱지 바로 밑을 지나면서 뇌에 신호를 전달하는 시신경섬유는 크고 길이가 10㎝나 돼 시각 신호 전달 연구에 더없이 적합한 시신경 모델이다. 홀던 하틀라인은 대서양창게*Limulus polyphemus*라는 투구게를 이용해 하나의 낱눈에서 나온 신호를 단일 시신경섬유가 뇌에 전달할 때 일어나는 전기 충격을 미세한 전극을 사용해 최초로 기록했다. 그는 시신경이 서로 연결돼 있어 자극을 강하게 받은 시신경은 자극을 약하게 받은 주변의 시신경을 억제해서 실제보다 약한 신호를 뇌에 전달하게 함으로써 대비를 증가시켜 강하게 자극받은 신호가 더 뚜렷이 지각되도록 하는 것을 발견했다. 이를 측면억제lateral inhibition라고 한다. 측면억제란 사람이 바다와 맞닿은 하늘을 볼 때 하늘과 바다의 경계를 뇌가 실제보다 더 명확히 느끼도록 해 주는 기전이다. 측면억제는 컴퓨터

홀던 하틀라인, 1967 노벨 생리의학상

투구게 *Limulus polyphemus*
미국 델라웨어 만은 서반구 제2의 철새 도래지인데, 이는 대서양 투구게가 해마다 막대한 양의 알을 낳아서 철새들에게 좋은 먹이를 제공해 주기 때문이다. 브라질 남부에서 북극까지 이동하는 붉은가슴도요새는 델라웨어 만에 도착할 때쯤이면 축적해 둔 지방을 모두 써 버린다. 델라웨어 만에서 투구게의 알로 몸무게를 두 배 정도 늘린 후 다시 북극까지 날아간다

시신경의 측면 억제 기전
ⓐ어두운 빛에서 투구게 낱눈의 광수용체는 약한 신호를 발생시킨다. ⓑ강한 빛에서 광수용체는 강한 신호를 발생시킨다. ⓒ어두운 빛과 강한 빛이 같이 들어오면 각각 들어올 때와 같은 정도의 신호를 발생시키는 것이 아니라 ⓓ와 같이 강한 신호를 감지한 광수용체에서 주변의 약한 신호를 감지한 수용체를 억제해 주변의 약한 신호가 더욱 약해지게 되며 강한 신호의 경계가 뚜렷하게 뇌로 전달되게 된다

가 이미지의 경계를 명확히 느끼도록 그래픽 프로그램에 사용되기도 한다. 망막에서 받아들인 신호가 어떻게 시각 정보로 통합돼 뇌로 전달되는지에 대한 이론과 작용기전을 분석한 공로로 하틀라인은 조지 월드, 랑나르 아르투르 그라니트와 함께 1967년 노벨 생리의학상을 공동 수상했다.

투구게는 또한 의학산업에도 크게 기여하고 있다. 1796년 에드워드 제너가 천연두 예방을 위해 인체의 피부에 백신을 접종한 이후 사람들은 면역이 생기게 하려고 죽이거나 약화시킨 세균을 인체에 주입했다. 그런데 끓여서 완전히 죽인 세균을 사람에게 투여해도 엄청난 고열을 일으키며 생명까지 위협하는 것을 알게 됐다. 세균은 완전히 죽었으며, 죽은 세균은 병을 일으키지 못한다는 것은 이미 알려져 있었다. 사람들은 이 죽인 세균용액 안에 존재하면서 사람에게 고열을 일으키는 물질을 '발열물질파이로젠, pyrogen' 또는 '내독소endotoxin'라고 불렀다.

세균은 두꺼운 세포벽으로만 둘러싸인 그람 양성세균, 얇은 세포벽 밖에 얇은 지방막이 하나 더 둘러싸고 있는 그람 음성균으로 나뉜다. 건조한 환경에 강한 그람 양성균은 주로 육지에서 서식하고, 그람 음성균은 주로 수분이 많은 곳에 서식한다. 나중에 발열물질내독소은 그람 음성균의 외막에 존재하는 지질다당류LPS, lipopolysaccharide임이 밝혀지게 됐다. 그람 음성균은 움직이면서 LPS를 조금씩 흘리고 다니며, 죽거나 부서지면 더 많은 LPS가 나오게 된다. 하지만 LPS 자체는 독소가 아니다. 이로 인해 LPS를 감지한 사람 몸의 면역세포들이 병균이 침입했다고 파악하고 과도한 면역 반응을 보이기 때문에 열이 발생하는 것이다. 동물은 침입한 병균에 대항하는 예민한 면역 시스템을 갖추고 있어서 반드시 세균이 아니라 세균이 흘리고 간 적은 양의 LPS만 있어도 세균의 침입에 대비할 수 있다. 대부분의 세균은 높은 온도에서 잘 활동하지 못하기 때문에 동물의 면역세포는 체온을 높이고 다른 면역세포들에게 세균 침입을 알려서 감염에 대비하게 한다.

주사제나 수술 도구가 LPS에 오염돼 있으면 내독소혈증이라는 전신성 염증반응을 일으킬 수 있기 때문에 주사제나 주삿바늘, 수술 도구, 수혈제 등의 LPS 오염 정도를 확인하는 것은 임상에서 매우 중요한 문제가 됐다. 회사들은 LPS 검출 방법을 고안하기 위해 많은 돈을 들였다. 하지만 가장 많이 사용된 방법은 토끼를 이용한 방법이었다. 토끼에게 테스트하려는 적은 양의 용액을 주사해 열이 나는지를 확인하는 방법이다. 비용과 윤리 문제는 제외하더라도 검출까지 48시간이나 걸리기 때문에 더 예민하고 빠르게 검출할 수 있는 방법이 절실했다.

미국 우즈홀 해양생물학연구소의 프레드 뱅은 투구게의 혈액 순환에 대한 연구를 하다가 비브리오에 감염된 투구게가 전체 혈액이 반고체 상태로 굳으면서 죽는 것을 발견했다. 이 반응은 그람 음성균에서만 일어났으며, 죽은 세균을 처리해도 마찬가지로 혈액 응고 반응이 일어나는 것을 확인할 수 있었다. 투구게의 혈액에서 분리한 면역세포를 갈아서 LPS와 섞어 주면 용액이 응고되는데 이 반응은 매우 예민

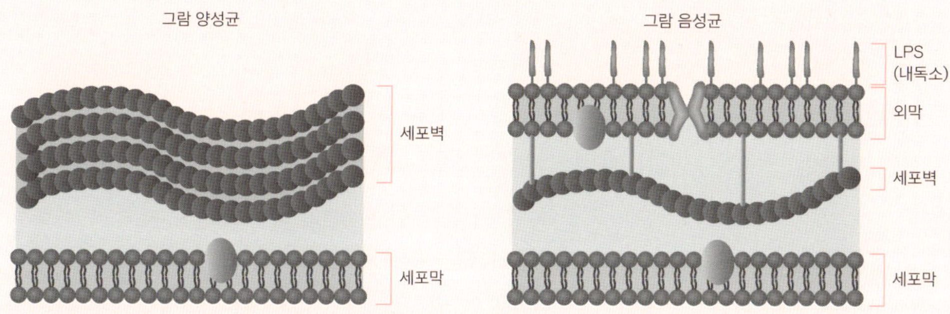

그람 양성균과 그람 음성균의 세포벽 구조

시신경은 측면 억제를 통해 물체 경계의 대비를 증가시켜 뇌가 물체의 경계를 명확히 인지하게 한다

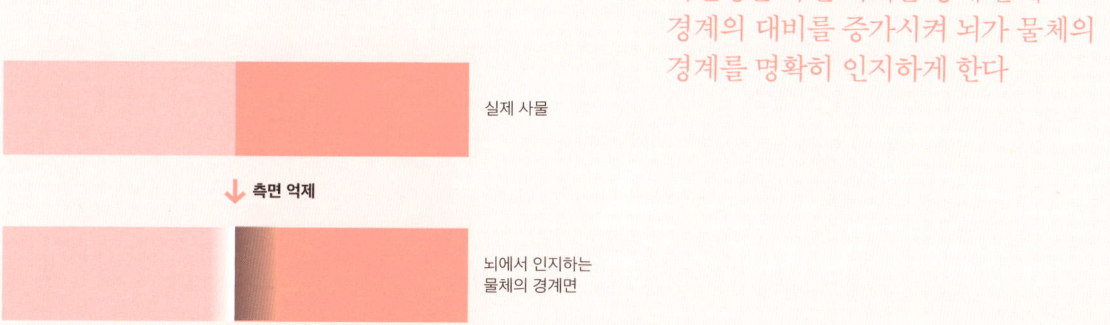

투구게에서 혈액을 채취하는 모습
척추동물의 피는 헤모글로빈의 철분이 산소와 결합해 붉게 보이지만 투구게는 헤모시아닌의 구리 때문에 파랗게 보인다

하고 빨라서 아주 적은 양의 LPS도 45분 만에 검출이 가능했다.

투구게가 이렇게 예민하게 LPS에 반응하는 것은 투구게의 생활 환경을 보면 당연한 일이라는 것을 알 수 있다. 투구게가 살고 있는 바다 밑은 ml당 10억 개가 넘는 그람 음성균이 우글대는 환경이다. 투구게는 개방 혈관계를 지니고 있어서 세균이 상처를 통해 침입하면 바로 혈액을 따라 온 몸으로 퍼질 수 있다. 투구게는 냉혈동물이어서 사람처럼 체온을 높여 세균을 죽일 수 없고, 원시 형태의 면역체계를 갖추고 있어서 항체를 만들 수도 없다. 이 때문에 투구게는 침입한 세균이 혈액 내에서 자유롭게 돌아다니지 못하도록 매우 빠르고 예민하게 세균을 묶어 둘 필요가 있었다. 상처 부위의 빠른 응고는 더 이상의 세균이 침입하지 못하도록 물리적 장벽을 만드는 역할도 수행한다. 투구게의 혈액에는 아메바 모양으로 된 단 한 종류의 혈액세포가 있다. 이 세포는 용액을 응고시키는 단백질이 들어 있는 과립으로 가득 차 있다. 투구게의 혈액세포는 평소에는 타원형 모양으로 자신의 죽은 세포를 잡아먹음으로써 청소하거나 상처를 치유하거나 소화시킨 물질을 운반하는 역할을 한다. 세균을 만나면 모양이 아메바처럼 부정형으로 변하면서 침입자를 잡아먹고, LPS를 만나면 과립 안에 들어 있는 응고인자를 분비해 침입한 세균을 격리시킨다.

투구게 혈액세포액을 이용한 LPS 검출법은 약과 수혈제, 수액, 주사기, 수술 도구 등 임상에서 사용되는 모든 물품의 LPS 오염 여부를 검사하기 위한 표준 방법으로 사용되는 등 수백만 달러의 의학산업을 창출했다.

투구게는 수혈을 끝낸 뒤 다시 바다로 돌려보내진다. 수십 년 전까지만 해도 투구게는 조개 양식을 망치는 동물로 인식돼 마구잡이로 포획당했다. 프레드 뱅의 뜻하지 않은 발견은 신산업을 창출했을 뿐만 아니라 투구게를 멸종의 위기에서 구해내고, 이 오래된 화석 생물이 번창할 수 있도록 환경 보전까지 끌어내게 됐다. 투구게의 예는 계획하지 않은 실험에 의해서도 엄청난 가치가 창출될 수 있으며, 기초 연구가 산업 발전에 얼마나 중요한지를 잘 보여 준다.

군소를 이용한 학습과 기억 저장 과정 연구

에릭 캔들은 미국 하버드 대학에서 역사와 문학을 전공했지만 지크문트 프로이트에 심취해 심리학과 신경학 간 관계를 알기 위해 의과대학으로 진학했다. 당시 과학자들은 포유류의 작은 신경세포 내부로 전극을 삽입해 전기적 활동을 측정하는 데 노력하고 있었다. 캔들은 해마hippocampus를 절제한 후 새로운 기억을 형성하는 능력을 잃어버린 환자를 알게 된 후 해마에서 기억이 저장되는 장소를 알기 위한 실험을 했다. 그는 해마 신경세포에서 세포 내 전기적 활동 측정에는 성공했다. 하지만 기억 저장과의 관련성은 찾을 수가 없었다. 캔들은 학습과 기억의 형성 기전을 연구하기 위해서는 사람의 뇌와 같이 복잡한 모델이 아니라 오징어의 축색과 같이 좀 더 단순한 모델이 필요하다는 것을 깨닫게 된다. 당시 많은 과학자들은 하등동물의 학습을 이해하는 것은 인간의 기억 연구에 도움이 될 리 없다고 믿고 있었다. 이 때문에 캔들의 선택은 용기를 필요로 했다.

에릭 캔들, 2000 노벨생리의학상

캔들은 바다달팽이 군소*Aplysia californica*가 매우 단순한 뇌를 지니고 있어서 신경계 연구에 좋은 모델 생물이 될 것이라고 생각했다. 포유동물의 뇌가 약 천억개의 신경세포로 구성돼 있는 반면 군소의 뇌는 약 2만 개의 신경세포로 이뤄져 있다. 또 군소의 신경세포는 크고 특정 위치에 분포하고 있어 신경 회로 파악과 전기적 반응 관찰이 쉬웠다.

캔들은 군소의 아가미와 수관이 수축하는 반응이 학습의 기본 형태인 습관화, 예민화, 조건부 학습에 의해 변형됨을 관찰했다. 또 이런 형태의 학습이 자극의 반복 횟수에 따라 단기 기억과 장기 기억으로 바뀌는 것을 알 수 있었다. 캔들은 단기 기억 형성 시 기존에 존재하는 시냅스 사이의 결합이 강화되고 신경전달물질의 분비가 증가하며, 장기 기억으로 바뀔 때는 시냅스 연결 수가 증가함을 밝혔다. 기억 형성 과정을 생화학적으로 분석한 결과 단기 기억은 신경절에서 cAMP의 증가에 의해 일어나며, 신경전달물질 세로토닌이 cAMP의 합성을 증가시킴을 알 수 있었다. 단기 기억이 장기 기억으로 바뀔 때는 cAMP 의존형 인산화효소PKA, cAMP-dependent protein kinase가 CREB라는 전사인자를 활성화해 새로운 시냅스 형성에 필요한 단백질들을 만들어 낸다는 것을 발견하게 됐다. 캔들은 현대 뇌과학 연구의 기초를 닦은 공로를 인정받아 2000년 아르비드 칼손, 폴 그린가드와 함께 노벨 생리의학상을 공동 수상했다.

해파리와 녹색형광단백질GFP

미국 우즈홀 해양생물학연구소의 시모무라 오사무는 해파리의 자체 발광 연구를 위해 수만 마리의 해파리Aequorea victoria로부터 단백질을 추출했다. 먼저 발견한 것은 에쿼린aequorin으로, 칼슘이온과 결합하면 파란 빛을 내는 발광 단백질이었다. 이후 녹색형광단백질GFP도 분리하게 된다. GFP는 스스로는 빛을 내지 못하고 에쿼린의 청색 광에 의해 전자가 들뜨면 비로소 녹색 형광을 띠는 단백질임을 밝힐 수 있었다. 시모무라는 GFP를 분리해 냈지만 GFP의 용도를 처음 발견해 낸 사람은 같은 연구소에 근무하던 더글러스 프래셔였다. 그는 단백질에 GFP를 달면 세포 내에서 그 단백질이 언제 만들어지는지를 알 수 있을 것이라고 생각했다. 프래셔는 GFP 유전자 서열을 분석하고 GFP 유전자 복제에 성공하지만 연구비가 부족해 더 이상 연구를 진행하지 못하고 연구 생활을 접었기 때문에 끝내 노벨상 수상도 함께하지 못했다.

프래셔로부터 GFP 유전자를 받고 그의 아이디어를 구현한 사람은 마틴 챌피였다. 당시 사람들은 GFP가 해파리에서 만들어지려면 특별한 효소가 필요하다고 믿고 있었고, 다른 생물에서 발현시켰을 때 녹색 형광을 내리라고 믿는 사람은 거

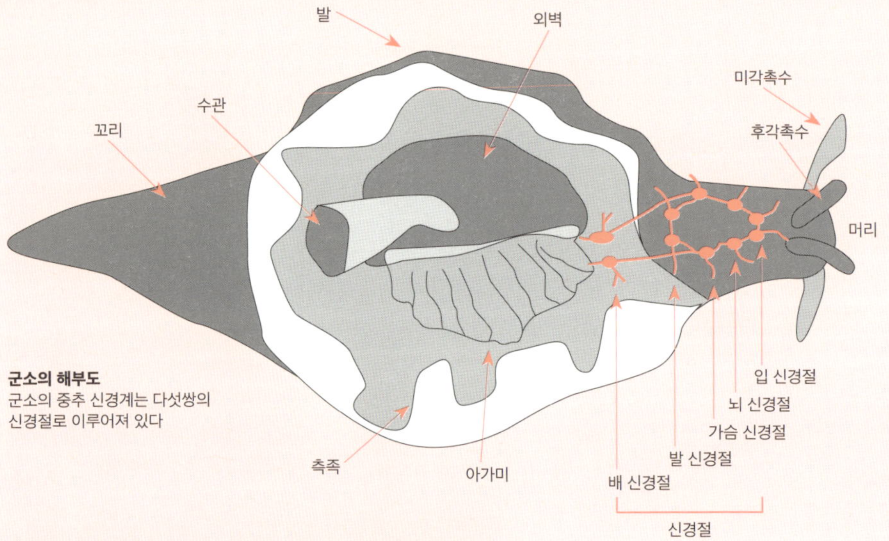

군소의 해부도
군소의 중추 신경계는 다섯쌍의 신경절로 이루어져 있다

군소는 위험이 닥치면 색소를 뿜어낸다
촉수가 토끼 귀처럼 생겨 바다토끼 라고도 불리는 바다민달팽이다

포유동물의 뇌가 약 천억개의 신경세포로 구성되어 있는 반면 군소의 뇌는 약 2만개의 신경세포로 이루어져 있다

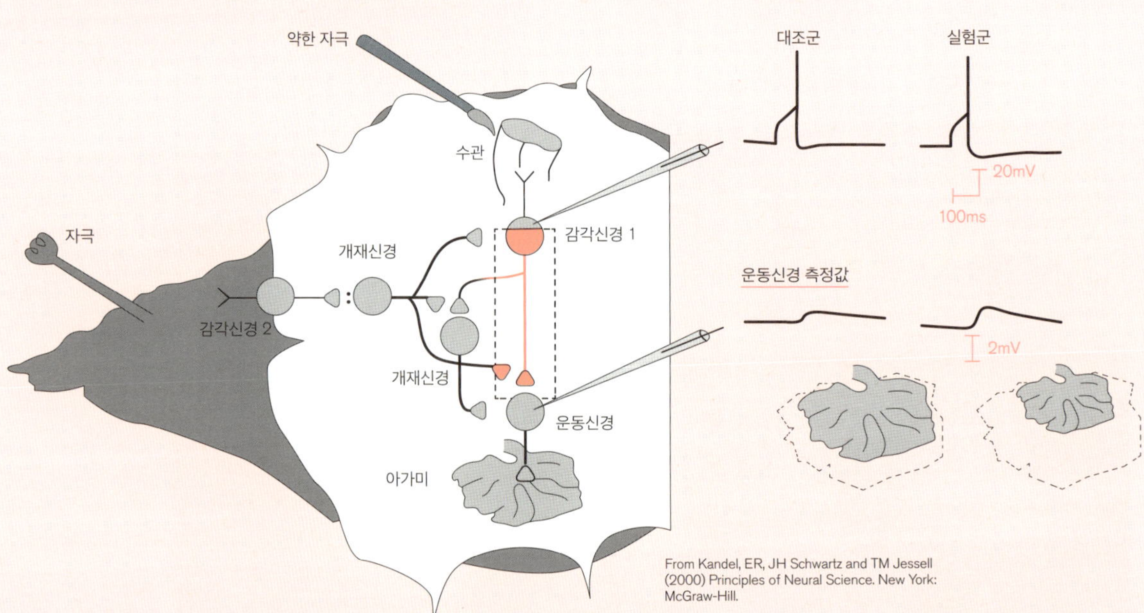

From Kandel, ER, JH Schwartz and TM Jessell (2000) Principles of Neural Science. New York: McGraw-Hill.

신경세포의 감작화 (sensitization)
군소의 수관을 붓으로 살살 건드리면 아가미가 조금 수축한다. 하지만 꼬리를 살짝 찌른 후 수관을 건드리면 아가미는 빨리 강하게 수축한다. 이것은 꼬리의 자극이 개재신경을 자극하여 세포토닌을 방출하게 하고, 세포토닌이 운동신경으로 하여금 더 많은 신경전달물질을 분비하도록 해 같은 양의 감각이 감각신경 1로부터 전달되더라도 더 강하게 반응하게 되는 것이다의 없었다. 하지만 챌피는 대장균과 예쁜꼬마선충에서 GFP를 발현시켜 청색 광이나 UV로 쬐어 주면 녹색 형광을 낸다는 것을 증명했다. 하지만 해파리의 GFP는 여러 단점을 안고 있어서 바로 연구에 적용되기는 어려웠다. 조금만 빛을 쬐어 주어도 금방 형광이 사라지고, 단백질 형성도 낮은 온도에서만 가능하며, 대장균이나 사람의 체온인 37℃에서는 단백질 구조 형성이 되지 않았다. 또한 방출 스펙트럼이 넓어서 실험에 사용하기에 여러 단점이 있었다. 로저 첸은 GFP가 형광을 내는 형태로 바뀌려면 산소가 필요하다는 것을 밝혔으며, 여러 돌연변이체를 만들어서 높은 온도에서도 단백질이 구조 형성을 빨리 할 수 있도록 했다. 또한 돌연변이를 이용해 녹색뿐만 아니라 청색과 노란색 등 다양한 형광을 내는 단백질을 만들어서 GFP가 생명현상 연구에 널리 이용될 수 있게 했다.

이제 과학자들은 현미경을 통해 살아 있는 생명체의 세포 내 활동을 눈으로 직접 확인할 수 있게 됐다. 다양한 형광색으로 여러 단백질이 상호작용하는 것을 볼 수도 있으며, 형광으로 표지한 세포나 조직이 어떻게 변하는지도 관찰할 수 있게 됐다. 암세포를 형광으로 표지하면 암세포가 얼마나 빨리 자라고 어디로 전이되는지를 동물을 죽이지 않아도 바로 알 수 있고, 신경세포가 활성화되는 것도 실시간 눈으로 볼 수 있게 된 것이다. 생물학 연구에 혁신 기술을 제공한 공로로 시모무라, 챌피, 첸은 2008년 노벨 화학상을 공동 수상했다. 해파리의 자체 발광에 관한 순수한 관심이 생물학 역사를 새로 쓰게 한 것이다.

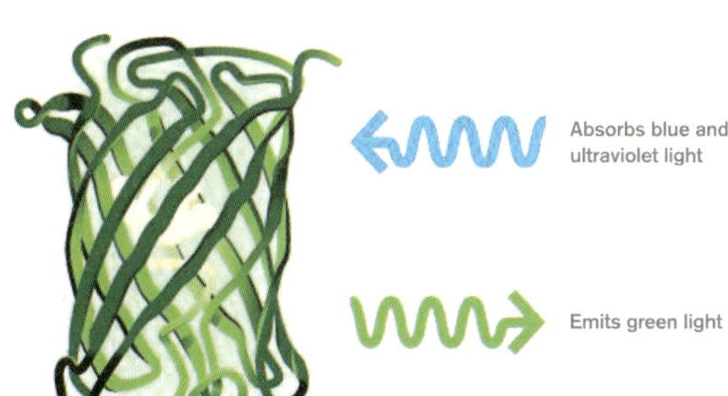

녹색형광단백질 GFP의 구조
청색 자외선 계열의 빛을 받으면 녹색 형광을 낸다

Photo of Aequorea Victoria, Kevin Raskoff

해파리 Aequorea victoria

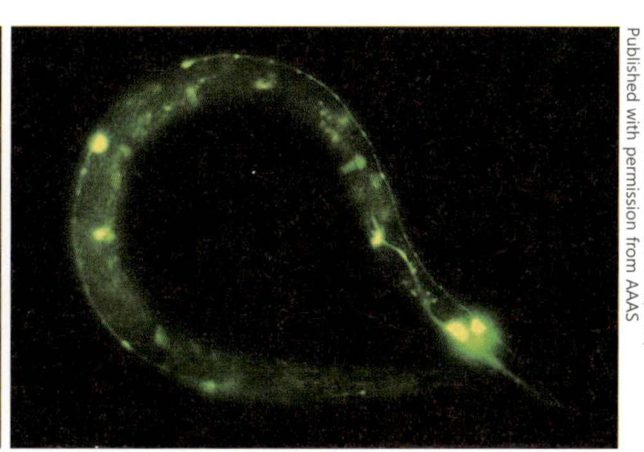

From M. Chalfie, Science 263, 5148(1994) Published with permission from AAAS

챌피가 만든 형질전환 예쁜꼬마선충
촉각신경이 GFP로 표지됐다. 둥근 신경세포체에서 나온 신경섬유가 온몸으로 뻗어 있는 것을 볼 수 있다

차세대 염기서열 분석기술을 이용한 해양 유전체 연구

임형순 한국해양과학기술원

해양생명공학의 한계는 여러 가지 이유로 연구 대상에 접근하기 어렵기 때문이다. 그러나 연구 대상의 유전 정보가 확보되면 실제 연구 대상을 확보하거나 배양하지 않아도 많은 연구가 가능해진다. 따라서 해양 유전정보의 확보는 해양생물의 다양성과 특이성을 연구하고 활용하는 중요한 시발점이 된다.

해양생명 연구의 새로운 도약

2001~2013년 2년에 걸쳐 약 3조 원이 투입된 인간유전체 염기서열 연구가 발표되면서 맞춤의학Personalized Medicine의 도래를 예견했다. 맞춤의학은 "질병의 예방·진단·치료에 관해 의사결정을 내리는 도구로 개인의 개별 유전 프로필을 사용하는, 새로이 떠오르는 의학 실천"미국 국립게놈연구소을 의미한다. 그러나 당시의 기술과 경비를 고려할 때 맞춤의학이 실현되기 위해서는 더 많은 시간이 소요될 것으로 예상됐다. 개개인의 정확한 유전 정보가 필수지만 이를 얻기 위한 한계가 있었기 때문이다.

이 같은 시기에 등장한 것이 차세대 염기서열분석NGS, Next Generation Sequencing기술이다. 이를 이용하면서 임상 분야에서 맞춤의학이 빠르게 적용돼 가고 있다. NGS는 대량의 염기서열을 동시에 해독하는 기술로, 유전자를 신속하고 저렴하게 해독·분석하는 것을 가능해지도록 했다. 여기에는 생물정보학의 발전도 크게 기여했다. 2004년 처음으로 454 FLXRoche사를 시작으로 HiSeqIllumina사, SOLiDLife Technologies사 등이 개발되고 꾸준히 후속 기기가 발전되면서 생명과학 및 의학 분야의 연구에 지대한 영향을 미치게 됐다.

이로 인해 NGS는 생명과학 연구의 패러다임을 바꾼 기술로 평가받는다. 이 같은 NGS가 해양생물 및 환경 연구에도 도입되면서 다양하고 무궁한 해양 생물 연구와 활용에도 기여하고 있다.

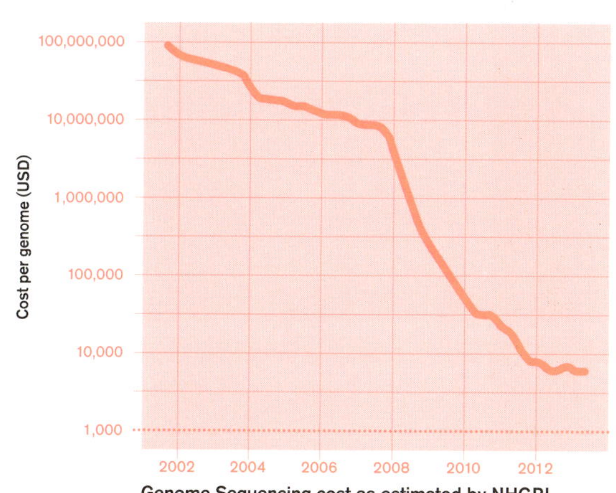

Genome Sequencing cost as estimated by NHGRI
(September 2001 to April 2013)

유전체 해독비용 변화 추이

NGS 기기들

환경유전체학metagenomics 연구

환경유전체학metagenomics란 환경에서 얻은 시료로 부터 바로 추출한 유전정보에서 직접 해독 연구하는 분야다. 과거 미생물학에서는 해양이나 토양 등의 환경에서 배양 가능한 미생물을 분리·동정해 미생물 다양성을 연구했다. 그러나 배양 가능한 미생물은 전체 미생물의 1%에 지나지 않아 환경에서 미생물의 분포와 역할을 정확하게 파악하는 데 한계가 있을 수밖에 없었다. 환경유전체metagenome 해독은 배양 과정 없이 환경에서 DNA 혹은 RNA를 바로 분리해서 해독하기 때문에 이런 문제를 해결하게 해 줬다.

메타게놈 연구 초기인 1990년대에는 특정 염기서열주로 16S rRNA만 해독해 미생물 다양성을 연구하는 수준이었다. 그런데 인간 유전체 프로젝트를 주도하던 크레이그 벤터Craig Venter 박사가 2003년 사르가소 해Sargasso Sea, 서인도제도 북동를 시작으로 세계해양자원표본탐사GOS, Global Ocean Sampling Expedition를 하면서 해양 메타게놈 연구는 관심을 모으게 됐다. 이 탐사 연구를 통해 148개의 신종 bacterial phylotype을 비롯한 최소 1800 genomic species를 발견하고 120만 개의 새로운 유전자를 찾았다. 이후 NGS가 도입되면서 메타게놈 정보를 신속·정확하고 저렴하게 해독하는 것이 가능해지고, 해양 생태계 전반을 좀 더 정확하게 이해하게 됐다.

최근까지 자연에서 바이러스virus의 역할에 관한 연구는 바이러스의 숙주host를 함께 분리·동정해야 했기 때문에 많은 진전을 볼 수 없었다. 그러나 NGS를 이용한 메타게놈과 생물정보학 분석으로 숙주를 분리하지 않고 바이러스 게놈을 분석할 수 있게 됐다. 이 같은 방법으로 열수구hydrothermal vent와 심해에서 바이러스가 황 순환sulfur cycle에 어떻게 기여하는지, 해양 광합성 대표 세균인 프로클로로코쿠스 *Prochlorococus*가 바이러스와 공존하는지를 규명했다.

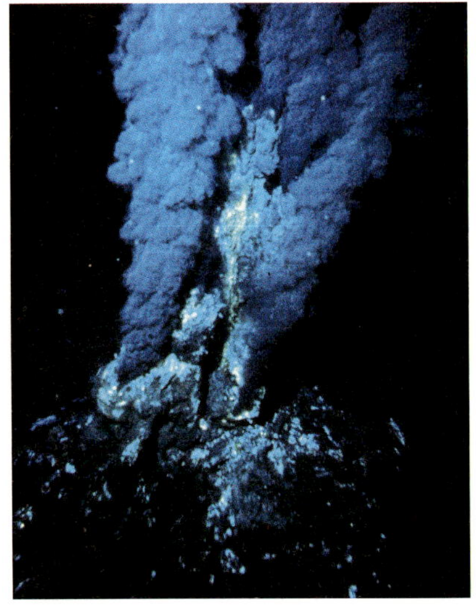

열수구(hydrothermal vent)

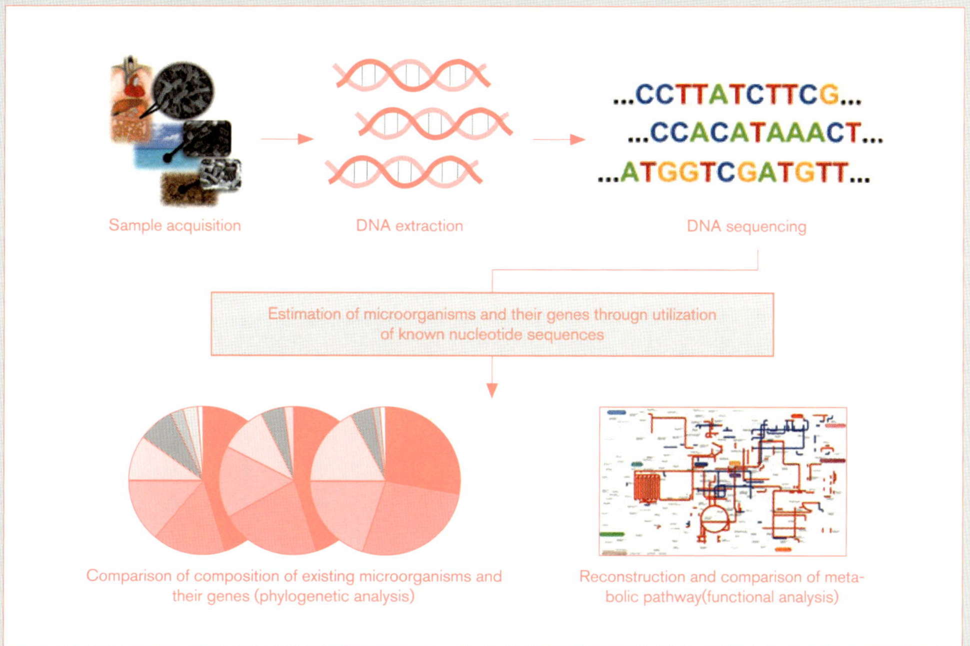

메타게놈(metagenome) 분석

RNA-seq 전형 실험(Nature reviews Genetics 10, 57-63)

메타게놈 결과는 유전 정보로부터 환경에 어떤 유전자가 있으며 어떤 기능을 할 수 있는지 확인하는 것이라면 메타전사체metatranscriptome 분석은 환경에서 mRNA를 분리해 분리 시점의 환경에서 생물이 갖는 실제 활성을 측정하는 것이다. 기존의 유전자미세배열microarray이나 중합효소연쇄반응PCR, polymerase chain reaction을 이용한 전사체transcriptome 분석에는 사전에 게놈 정보가 있어야 가능하지만 NGS를 이용한 RNA-seq로는 게놈 정보 없이도 정확한 분석이 가능하며, 새로운 유전자 기능 발굴에도 매우 유용하다. 이 같은 기술을 이용해 페루 해변의 159m 해저 침전물의 전사체 분석으로 아미노산, 탄수화물, 지방, 황의 혐기성 대사 과정을 밝혀서 해양에서 미생물 대사가 생지화학적 순환에 미치는 역할을 밝힐 수 있었다.

전장유전체 해독 *de novo* sequencing of whole genome

생물의 생리, 생태, 진화 특성 이해에 전장유전체 해독은 매우 유용하다. 그러나 고등생물의 경우 유전체 크기가 수 기가바이트Gb에 이르는 경우도 있어서 해독뿐만 아니라 분석에도 어려움이 따른다. 해양 동식물 가운데에는 척추동물에서 2002년에 처음으로 게놈 크기가 작은 복어*Fugu rubripes*, 365Mb의 유전체 정보가 발표됐다. 2010년에 NGS만으로 판다*Ailuropoda melanoleuca*와 같은 큰 게놈2.25 Gb도 전장 유전체 해독이 가능하다는 것이 발표된 이후 동식물의 전장 유전체 해독이 본격 이뤄졌고, 다양한 해양생물종의 전장유전체 해독이 완성되거나 진행되고 있다.

게놈 10K 프로젝트Genome 10K project는 전장유전체 해독 대표 프로젝트 가운데 하나로, 1만 종의 척추동물을 대상으로 한다. 이 가운데 4,000종은 어류 유전체를 목표로 하고 있다. 반면에 세계무척추동물유전체학연대Global Invertebrate Genomics Alliance는 동물의 95%를 차지하는 무척추동물 가운데 7,000여 종의 비곤충noninsect/비선충nonnematode을 분석 대상으로 하고 있으며, 특히 해양 무척추동물은 독특한 계통분화의 다양성 때문에 집중 분석할 예정이다. 미국 에너지부는 바이오 에너지의 원료로 주목받고 있거나 유해조류 녹조화 대발생algal blooming를 일으키는 조류algae의 전장유전체 분석도 활발히 진행하고 있으며, 다양한 조류의 유전체 비교를 통해 유전자 수평 이동horizontal gene transfer이나 세포 내 유전자 공생 이동endosymbiotic gene transfer 같은 조류algae의 진화 과정을 설명하고 있다.

복어

판다

주요 해양 동물 게놈 분석 내용

일반명	학명	유전체 크기(Gb)	연도	특이 사항
복어	*Fugu rubripes*	0.365	2002	포유류와 경골어류의 진화 연구
상어	*Callorhinchus milii*	~1	2007	대표 연골어류. 경골어류와 달리 전장 유전체 복제(whole genome duplication)가 없음
대서양 대구	*Gadus morhua*	0.83	2011	특이한 면역 체계 보유(MHCII 없음)
굴	*Crassostrea gigas*	0.559	2012	스트레스 적응과 껍데기 형성 과정 규명
실러캔스	*Latimeria chalumnae*	2.86	2013	사지동물 진화 연구
밍크고래	*Balaenoptera acutorostrata scammoni*	2.44	2013	유전자 수준에서 고래의 해양 적응 기전에 대한 이해
추억빗해파리	*Mnemiopsis leidyi*	0.15	2013	초기 동물 진화 분석
빗해파리	*Pleurobrachia bachei*	0.156	2014	특이한 신경계, 근육계, 발생계 보유

NGS를 이용한 조류(algae)의 진화 연구

Taxa	유전체 크기(Mb)	연도	NGS Platform
Chlorarachniophyta			
Bigelowiella natans	94.7	2012	Sanger454
Chlorophyta			
Chlamydomonas reinhardtii	121	2007	WGS
Chlorella variabilis NC64A	46	2010	WGS
Coccomyxa subellipsoidea	48.83	2012	WGS
Ulva linza	-	2012	454
Volvox carteri	137.68	2010	WGS
Micromonas pusilla CCMP1545	21.9	2009	WGS
Micromonas sp. RCC299	20.9	2009	WGS
Ostreococcus lucimarinus	13.2	2007	WGS
Ostreococcus tauri	12.6	2009	WGS
Cryptophyta			
Guillardia theta CCMP2712	87.2	2012	Sanger, 454
Glaucophyta			
Cyanophora paradoxa	70.2	2012	Sanger, 454, GAIIx
Haptophyta			
Emiliania huxlcyi CCMP1516	167.68	2013	Sanger
Heterokonta			
Amphora sp.	-	2012	SOLiD3
Attheya sp.	-	2012	SOLiD3
Aureococcus anophagefferens	56.66	2011	WGS

Ectocarpus siliculosus	214	2010	-
Nannochloropsis gaditana	33.99		-
Thalassiosira oceanica	92.04	2012	454
Thalassiosira pseudonana	32.44	2004	WGS
Phaeodactylum tricornutum	27.45	2008	-
Rhodophyta			
Chondrus crispus	104.98	2013	Sanger
Cyanidioschyzon merolae	16.55	2004	WGS
Galdieria sulphuraria	13.71	2013	Sanger, GS20
Porphyra yezoensis	43		454, GAIIx
Porphyridium purpureum	19.7	2013	GAIIx

국내에서는 세계 최초로 해양 포유류인 밍크고래의 전장 유전체를 해독하고 분석해 해양 포유류의 해양 적응 기전을 유전자 수준에서 규명했으며, 2014년부터 2022년까지 국가 연구개발 사업으로 100종의 국내 해양 생물의 전장 유전체 해독을 진행할 예정이다.

단세포 염기서열 분석 기술single cell sequencing

세계적 과학 전문지 네이처 메소즈Nature Methods가 2013년 '올해의 실험방법Method of the Year'으로 단세포 염기서열 분석 기술single cell sequencing을 선정할 만큼 이 기술은 다양한 분야에 많은 결과물을 내고 있다. 하나의 세포를 분리해 이 세포가 지니고 있는 DNA 혹은 RNA를 증폭시켜서 각 서열을 분석하는 기술이다. 최근 미세유체공학microfluidics과 마이크로웰microwell 기술 발달로 단일 세포를 분리·획득해 얻는 결과의 재연성이 향상되고 있다. 특히 암 연구에서 활용도가 많아지고 있다. 해양 생태계에서는 미생물의 역할, 미생물 간 상호작용에 대한 연구 결과를 제공하고 있다.

해양 침전물에 우점하는 고세균Archaea의 종류는 알려져 있었지만 배양이 불가능해 생태계에서의 그들 역할은 알려지지 않았다. 해양 침전물에서 얻은 고세균 가운데 4종에 대한 단세포 염기서열 분석 기술로 고세균이 침전물 내의 단백질을 분해할 수 있음을 확인했고, 이로써 해양 침전물의 탄소 순환carbon cycle에 기여하는 고세균의 새로운 역할을 밝혀냈다. 해양 시료에서 메타게놈 분석으로는 미생물 다양성을 알 수 있지만 함께 존재하는 미생물군 내에서 각 미생물 간 유전성 구성에 대해서는 확인할 수 없다. 해양 우점종인 프로클로로코쿠스속*Prochlorococus*에 있는 계군subpopulation들의 단일균single cell에 대한 염기서열을 분석해 이들이 최소 수백만 년 전에 분화됐고, 구별된 유전자들을 보유하고 있음을 밝혔다.

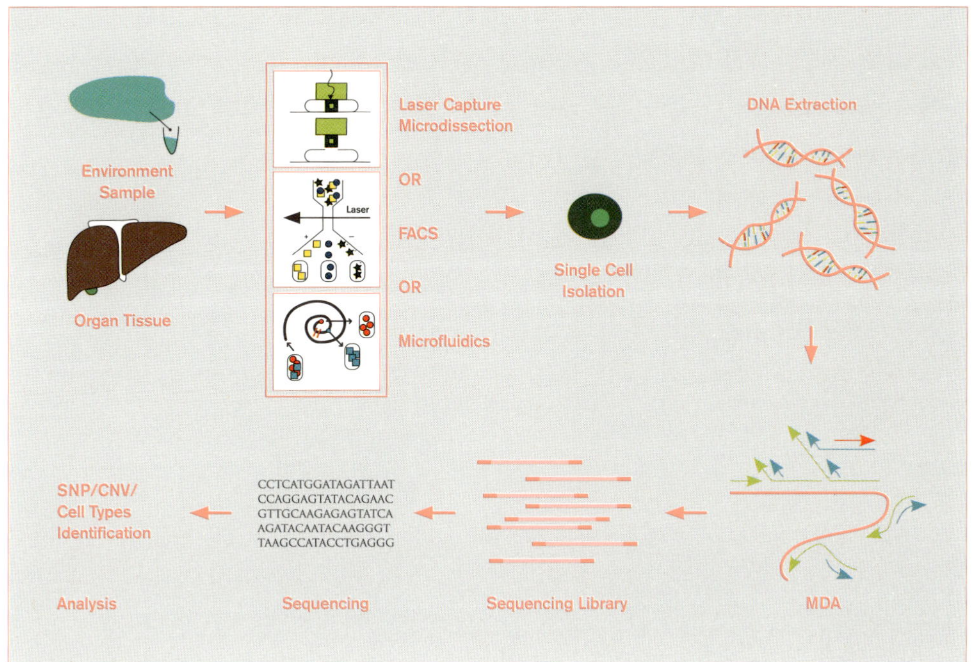

단일세포 연기서열 분석

공생 연구host-microbiome/microbiome-microbiome interaction

인간 유전체 연구와 더불어 인간 장내 세균 연구는 NGS의 도입으로 균총의 다양성뿐만 아니라 장내 세균이 인체에 미치는 영향도 연구되기 시작했다. 앞에서 기술한 심해미생물-바이러스의 경우와 같이 NGS는 해양에서 숙주와 공생하는 미생물 혹은 미생물 간 공생 기능 및 역할 정보도 많이 제공하게 됐다.

해면동물sponge, 산호coral, 서관충tube worm 같은 해양 동물이 다른 미생물들과 공생하고 있다는 사실은 오래전부터 알려져 왔다. 공생관계를 통해 생존에 필요한 대사 과정을 공유하거나 생리 활성 물질을 생산해 환경으로부터 보호한다. 산호초바다수세미*Theonella swinhoei*라는 해면동물과 공생하는 미생물들은 다양한 천연 생리 활성 물질을 만드는 데 메타게놈과 단일세포 게놈single cell genome 연구로 관련 미생물군과 유전자군 정보를 알게 됐다. 구강, 장腸이 없이 생물 내부에 존재하는 공생미생물이 변환시키는 영양분으로 생활하는 서관충tube worm은 해저 등 생존에 적절한 환경에 부착해 자란다. 또 유충이 해양에 부유하다가 해저에 부착할 때도 미생물에 의해 유도된다는 사실이 NGS 기술 도입으로 밝혀졌다.

메탄은 이산화탄소보다 20배 이상 지구 온난화를 유발하는 효과가 있는 것으로 알려져 있다. 이에 따라서 메탄 순환은 인류에게 큰 관심사이다. 메탄은 해저 침전물에서 생성돼 대기로 확산되면서 나오는데, 대부분의 메탄을 생성하고 산화oxidation해 대사시키는 역할을 하는 것이 바로 미생물이다. 해저에서 미생물anaerobic methanotropic archaea이 메탄을 혐기성으로 산화시킬 때 황산염sulfate, 질산염nitrate, 금속 등을 환원시키는 다른 미생물들과 연계돼 있다. 환경유전체학metagenomics, 단세포 유전체학single cell genomics, 발현체학transcriptomics을 이용해 이 과정에 관여하는 미생물을 새롭게 찾아내고 반응을 규명했다.

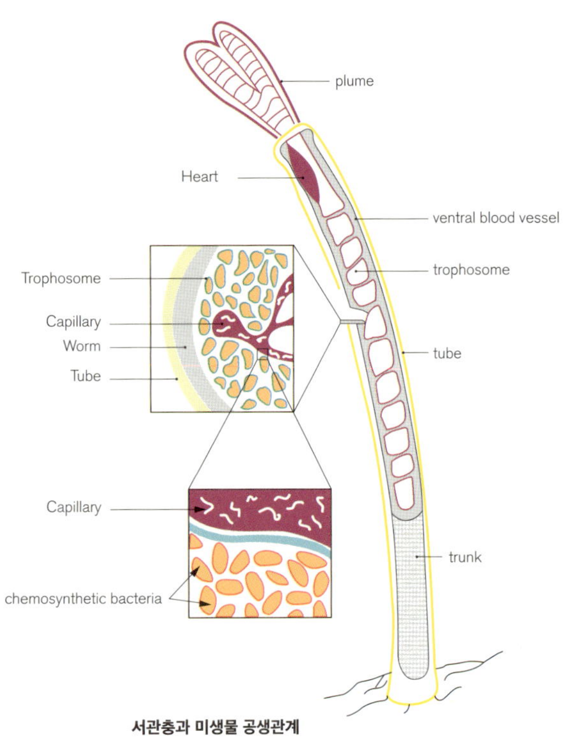

서관충과 미생물 공생관계

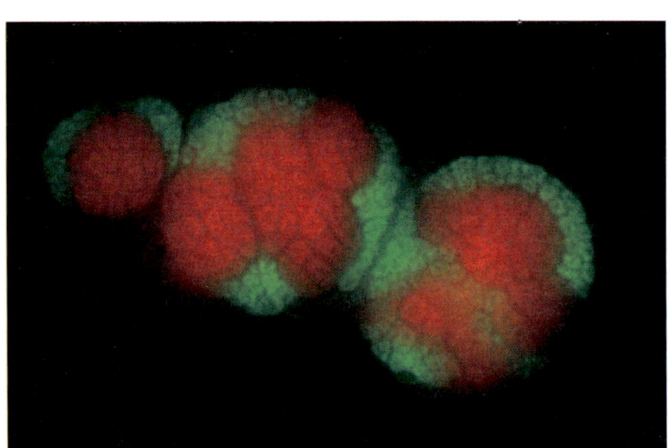

메탄의 혐기성 산화에 관여하는 미생물 군집
(적색: 혐기 메탄산화 고세균, 녹색: 황산화세균)

공생미생물 연구의 모델 해면동물(sponge)

맺는 말

진화 및 생태계에서의 중요성에도 해양 생물은 채집 및 배양의 어려움, 낮은 분포도 때문에 연구 대상으로 적절하게 이용되지 못했다. NGS의 장점들이 이러한 연구의 어려움을 상당 부분 해결해 주고 있다. NGS는 매년 새로운 버전의 기기가 출시되고 '게놈 1,000달러 시대'인간 게놈을 1000$에 분석하는 시대가 현실화되면서 해양 과학에도 연구 방법론에서 변화를 일으키며 많은 기여를 할 것이 기대되고 있다.

이 같은 변화는 해양 과학의 발전을 넘어 이를 바탕으로 해양 생물을 이용한 산업에도 발전 동력이 될 것이다. 유전 정보를 이용하는 합성생물학synthetic biology을 기반으로 하는 해양 바이오 에너지 산업, 분자 육종을 통한 양식 산업의 발전, 해양 천연 추출물을 대량 생산하는 신약·신소재 산업 등 다양한 해양 바이오산업의 발전을 견인할 전망이다.

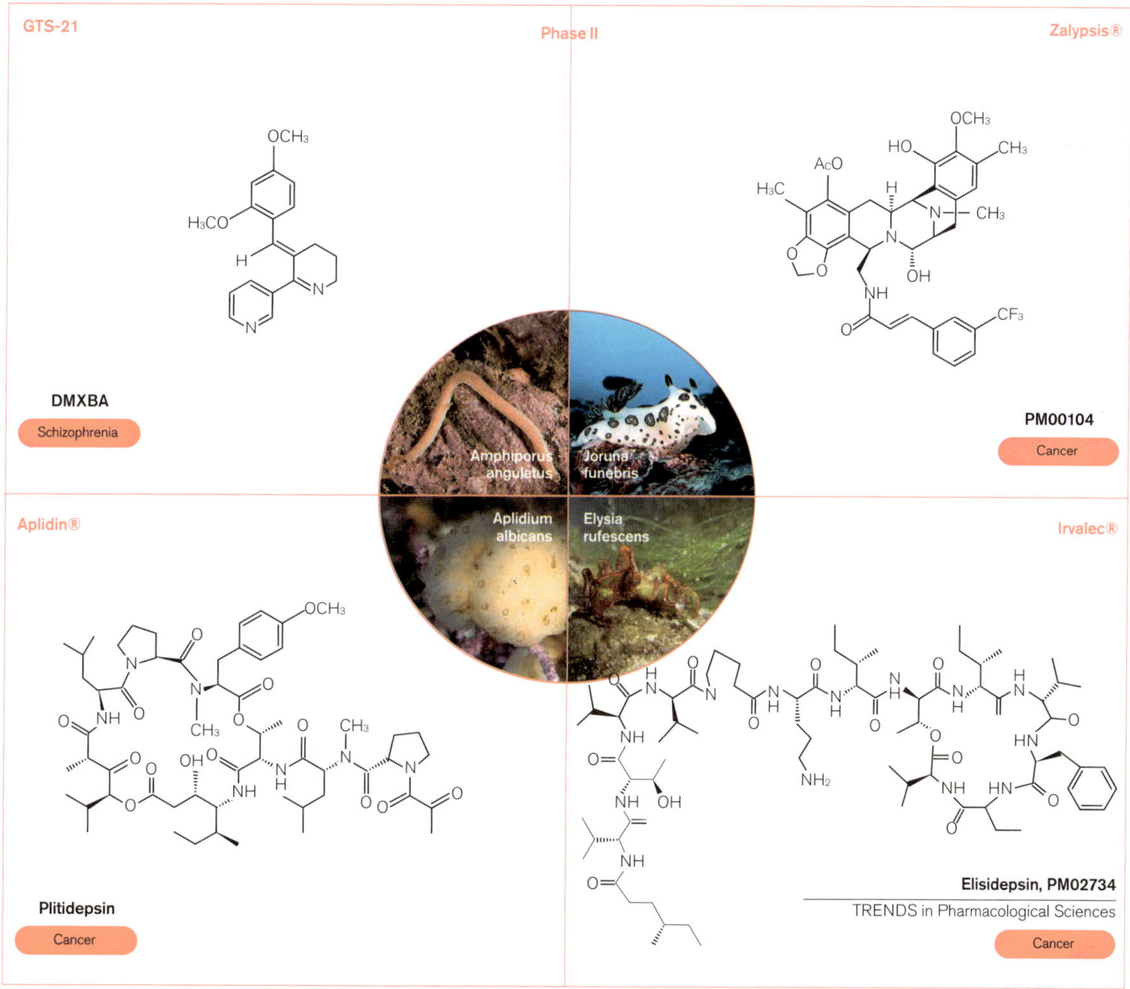

해양천연물신약

해양천연물의 분리와 구조 규명

이희승 한국해양과학기술원

생물의 대사 과정에서 생성되는 수많은 유기물은 화학 구조에 따라 물리화학 성질이 서로 다르기 때문에 정해진 분리 정제 방법이 있을 수 없다. 따라서 천연물의 분리 정제에는 풍부한 경험과 이론이 요구된다. 신속한 분리 정제 효과를 보기 위해서는 여러 종류의 흡착제resin와 용매 성질, 이들 사이의 상호관계를 이용하는 크로마토그래피 이론 및 유기화학 지식을 갖춰야 한다.

고대로부터 해양 생물은 인류의 중요한 식량자원이었다. 해양 생물이 생산하는 물질은 염료, 의약품 등으로 다양하게 이용됐다. 해양 생물체들은 생존을 위해 복잡한 군집을 형성하거나 다른 종과의 공생관계를 만들기도 하지만 각기 다른 필요에 의해 체내에 생리 활성 물질을 보유해 생존 경쟁의 도구로 사용하기도 한다. 또 현대 해양과학기술 발달과 더불어 해양 생물이 생산하는 물질의 화학 구조와 생화학 기능이 속속 밝혀지고 있다.

이러한 생리 활성 물질뿐만 아니라 생물체 내 생화학 대사 작용으로 합성된 유기물질을 총칭해 천연물이라 한다. 그러나 흔히 쓰이는 개념으로는 이들 유기물질 가운데 일차 대사물질, 즉 생물체의 골격을 유지하거나 에너지 대사에 관련되는 일반 물질을 제외한 나머지 이차 대사물질을 천연물로 정의하기도 한다.

해양 생물에서 매년 수백 종의 새로운 천연물이 발견·보고됐다. 그 가운데 일부는 의약품으로 실용화되고 있다. 따라서 천연물을 탐색하는 연구는 목적이 명확한 응용과학이라 할 수 있어 생물학, 생화학, 약학, 화학, 의학 등 다방면에 걸친 종합 연구가 요구된다.

천연물 연구는 또 유기화학, 물리화학, 생화학의 기초 위에 식품화학 및 미생물학 등의 지식을 응용하는 생명과학의 한 분야다. 이러한 해양천연물 개발에서 가장 기본이 되는 과정은 바로 해양 생물로부터 생리 활성 천연물을 분리하고 천연물의 화학 구조를 결정하는 연구라 할 수 있다.

천연물 연구의 주요 대상인 해양 무척추동물

해양천연물의 분리·정제

천연물의 분리·정제 방법은 분리를 원하는 화합물의 물리 및 화학 성질에 따라 달라야 하며, 각기 다른 원리에 바탕을 둔 여러 분리 방법을 유효적절하게 조합할 때 비로소 원하는 결과를 얻을 수 있다. 대체로 동일한 원리에 근거한 분리·정제 방법을 반복 사용할 경우 원하는 물질의 순도는 어느 정도 높일 수 있지만 완전한 분리는 어렵기 때문이다. 또 해양 생물이 생산하는 물질로부터 생리 활성 유기물질을 분리·정제하는 방법은 유기화학 분야에서 수행하는 분리 방법과 상당한 차이가 있다. 이미 구조를 예상하고 있는 생성물을 반응 혼합물로부터 분리하는 유기합성화학 분리법과 달리 천연물의 분리는 수천 종의 생물 대사산물 가운데 오직 생리 활성을 지표로 원하는 성분을 찾아 나가야 한다. 따라서 생리 활성 물질 탐색이 목표인 천연물 연구에서 화합물의 생물 활성 분획과 물리화학 특성 사이의 빠르고 간단한 연결 방법을 찾는 것이 중요하다.

생물의 대사 과정에서 생성되는 수많은 유기물은 화학 구조에 따라 물리화학 성질이 서로 다르기 때문에 정해진 분리 정제 방법이 있을 수 없다. 이에 따라서 천연물의 분리 정제에는 풍부한 경험과 이론이 요구된다. 신속한 분리 정제 효과를 보기 위해서는 여러 종류의 흡착제resin와 용매 성질, 이들 사이의 상호관계를 이용하는 크로마토그래피 이론 및 유기화학 지식을 갖춰야 한다.

통상 생리 활성 해양천연물은 대부분 생물의 전체 질량 가운데 10ppm백만분율 미만의 농도로 함유된 것이다. 이와 같이 미량으로 존재하기 때문에 탐색 초기 단계에서 활성 물질 분리 정제를 제대로 하지 않으면 좋은 결과를 기대하기 어렵다.

해양천연물 연구 방법은 대체로 다음과 같은 순서를 따른다.

1. 해양 생물의 채집과 분류
2. 유기용매를 이용한 추출
3. 추출물의 생화학적 검색
4. 분배를 이용한 생리 활성 물질의 농축
5. 물질의 성질(극성, 크기 등)에 따른 크로마토그래피
6. HPLC 등을 이용한 정제
7. 분광 분석 기기를 이용한 구조 분석

해양 생물을 채집하는 모습

채집된 해양 생물은 화학 분석이 시작될 때까지 냉동 보관된다

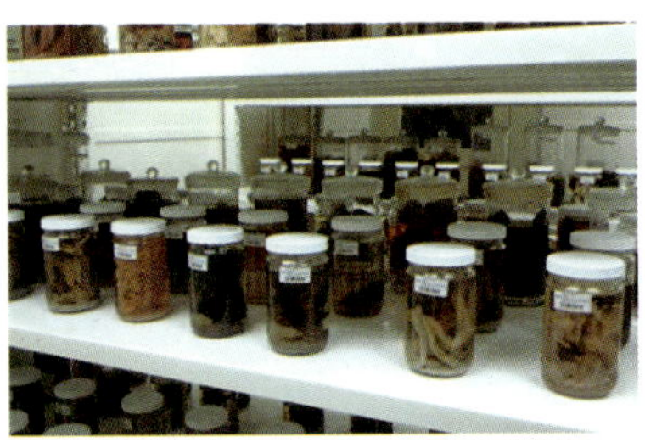

해양 생물 표본

해양생물 채집

해양천연물 연구는 스쿠버 다이빙을 통해 수심 5~40m에 서식하고 있는 무척추동물 해면, 연산호, 군체멍게 등, 해조류, 미생물박테리아, 방선균, 곰팡이. 미세조류 등을 채집하는 것으로부터 시작한다. 때에 따라 수심 수백m 아래에 서식하는 해양 생물을 대상으로 연구하기도 한다. 채집한 해양 생물이 함유하고 있는 화합물들은 산화 또는 효소 반응에 의해 분해될 수도 있어 빠른 시간 내에 건조하거나 낮은 온도에 보관해야 한다. 이와 더불어 채집한 해양 생물의 분류 동정을 취해 표본을 알코올로 고정하고, 실물 사진 자료를 확보해야 한다. 실제로 대부분의 해양천연물 연구 그룹에서는 해양 생물 채집 즉시 영하 20℃ 이하로 얼려서 연구가 본격 진행될 때까지 냉동 보관한다. 해양천연물 연구를 위한 미생물은 주로 해면동물·퇴적토·해수 등에서 채집하며, 순수 균주 분리 및 배양 과정을 거쳐 생리 활성 물질을 얻는다.

생리 활성 성분 분리 및 정제

① 유기용매를 이용한 추출과 분배

채집된 해양 생물 가운데 천연물 연구 대상으로 선정된 생물은 동결 건조한 다음 분쇄해 유기용매로 추출한다. 해양 미생물의 경우 미생물의 배양액을 유기용매로 추출한다. 이때 사용하는 유기용매는 실험실에 따라 다르지만 극성 용매와 비극성 용매를 순차 반복해서 사용한다. 비극성 용매로는 디클로로메탄, 에틸아세테이트 등을 쓴다. 극성 용매로는 메탄올, 에탄올, 아세톤 등이 사용된다. 거름종이로 추출물을 거른 다음 혼합 용액을 감압해 증발시켜 농축한다.

분리하고자 하는 활성 물질이 산성 또는 염기성의 지용성 물질인 경우 유기용매 추출 시 물층의 pH를 조정함으로써 효과 높게 분리할 수 있다. 즉 염기성 물질인 경우 물층의 pH를 2~5로 조정해 유기용매로 추출해서 제거한 다음 남은 수용액을 pH 9~10로 조정해 유기용매로 추출하면 활성 물질을 유기용매층에서 쉽게 얻을 수 있다. 또 산성 물질인 경우 이와 반대로 행하면 유기용매층에서 활성 물질을 얻을 수 있다. 이때는 반드시 활성 물질의 pH 안정성을 우선 확인해야 한다.

생리 활성 결과에 따라 화학 분석 추가 진행 여부가 결정되면 수kg에 해당하는 해양 생물을 대상으로 분리 정제에 본격 들어간다. 동일한 방법으로 다량의 추출물이 모이면 추출물에 포함된 천연물의 극성에 따라 분리를 시작한다. 대부분의 경우 해양천연물은 n-부탄올과 물을 이용해 우선 분배한다. 이는 바닷물에 많이 포함된 소금을 비롯한 수용성 유기물을 쉽게 제거할 수 있기 때문이다. 수용성 유기물이 제거된 n-부탄올층 유기물은 농축한 다음 다시 n-헥산과 물-메탄올15:85의 혼합 용액으로 분배해서 n-헥산층으로 비극성 지질화합물을 제거하면 극성이 중간 정도 되는 천연물 혼합 분획을 얻을 수 있다. 그러나 간혹 추출물을 물과 디클로로메탄을 써서 분배한 다음 다시 물층을 n-부탄올로 추출하는 방식으로 분배하기도 한다. 이 경우 비극성 화합물은 디클로로메탄층, 중간 정도의 극성 화합물은 n-부탄올층, 소금을 포함한 각종 염과 아미노산 등 물에 잘 녹는 물질은 물층으로 각각 분배된다.

이러한 연속된 분배는 추출물에 포함된 천연물을 극성에 따라 분류함으로써 이어지는 여러 분리법의 효과를 증가시킨다. 이어서 각 분액의 생리 활성을 다시 측정해서 어느 분액으로 원하는 화합물이 농축됐는지를 판단하고, 특정 분액에 대해 추가 분리를 시도한다. 용액의 극성에 따른 분배가 잘 진행됐을 경우 생리 활성 천연물의 농도가 특정 분액으로 농축되기 때문에 생리 활성은 조추출물에 비해 훨씬 강하게 나타난다.

② 크로마토그래피를 이용한 분리 정제

분배를 통해 분리한 분획 가운데 생리 활성이 있는 분획의 추출물은 크로마토그래피를 이용해 추가 분리를 진행한다. 크로마토그래피는 종류와 기능에 따라 여러 가지로 나뉘지만 주로 실리카겔 크로마토그래피와 역상 크로마토그래피가 많이 사용된다. 이들 모두 고정상과 이동상 사이의 극성 차이에서 나타나는 화학 평형이 적용되는 방식은 동일하지만 고정상의 극성에 따라 순상실리카겔 크로마토그래피 또는 역상 크로마토그래피로 분류된다. 이 밖에도 겔 여과 크로마토그래피, 이온교환 크로마토그래피, 분취 실리카겔 박층preparative thin layer 크로마토그래피 등이 천연물 분리에 자주 사용된다.

실리카겔 크로마토그래피는 칼럼column에 시료량의 20~30배에 해당하는 실리카겔을 채우고 나서 실리카겔에 흡착한 시료를 올린 다음 비극성 용매와 극성 용매의 조성을 변화시키면서 흘려주는 방식으로 진행된다. 흔히 사용되는 용매계로는 클로로포름과 메탄올 혼합, n-헥산과 아세트산에틸 혼합 등이 있다. 기본으로는 박층 크로마토그래피TLC, thin layer chromatography로 각종 전개 용매를 검토해서 분리능이 양호한 전개 용매를 결정한다. 전개 용매의 극성이 낮은 용매계에서 점차 높은 용매계로 변화시켜 가며 흘려주고, 마지막에는 극성 용매인 메탄올을 흘려서 실리카겔에 흡착돼 있는 물질을 완전히 용출한다. 이때 실리카겔의 양, 전개 용매, 유속 등이 잘 조절돼야 분리 효과를 볼 수 있다. 얻은 분획은 어느 분획에 활성이 있는가를 확인한 후 활성 분획을 모아 농축하고 다시 칼럼 크로마토그래피 또는 고성능 액체 크로마토그래피HPLC, high performance liquid chromatography로 정제해 순수물질을 얻는다.

실리카겔은 반응성이 강하고 극성이 커서 여러 가지 극성 관능기를 지닌 천연물이 쉽게 결합하는 단점이 있다. 이 경우 실리카겔의 극성 표면을 화학 처리해 C18, C8, 알킬기, 페닐기, 시아노cyano기 등 관능기를 결합시켜 그것을 고정상으로 이용하는 역상 크로마토그래피를 이용한다. 극성 실리카겔 표면에 비극성 관능기가 결합되면 고정상 실리카겔의 표면은 비극성으로 바뀌게 되기 때문에 역상이라 부른다. 이 경우 실리카겔 크로마토그래피와 달리 이동상으로 메탄올, 물 등 극성 용매를 사용한다. 대체로 실리카겔 크로마토그래피와 같이 고정상이 이동상보다 극성이 큰 경우를 순상 크로마토그래피, 이동상이 고정상보다 극성이 큰 경우를 역상 크로마토그래피라고 한다. 역상 크로마토그래피에서는 시료 가운데 극성이 작은 성분일수록 극성이 큰 시료 성분보다 늦게 용출된다. 이동상으로는 물, 메탄올, 아세토니트릴, 테트라히드로푸란THF, 완충용액 등과 이들의 혼합 용액이 사용된다.

겔 여과 크로마토그래피는 고정상에 해당하는 다공성의 고분자 흡착제resin 성질을 이용해 분자 크기에 따라 분리하는 방법이다. 가장 흔히 사용되는 겔 여과 크로마토그래피는 세파덱스Sephadex LH-20로, 극성이 큰 알코올성 물질의 분리에 효과가 크다. 용매는 주로 메탄올을 쓴다. 때에 따라 물, 클로로포름, 아세톤 등을 섞어 쓰기도 한다. 세파덱스는 분자체 작용에 의해 시료 성분을 분자 크기별로 분리해서 용출시키는 방법으로 분리능을 증가시키기 위해 가늘고 긴 칼럼을 사용하고, 실리카겔 칼럼보다 느린 유속으로 용출시킨다.

이온교환 크로마토그래피는 추출물의 활성 성분이 수용성 물질로 판단될 경우 분리하고자 하는 물질의 성질염기성, 산성, 양쪽성, 중성을 조사한 후 사용한다. 이 크로마토그래피는 담체에 결합돼 있는 이온ion의 성질에 따라 양이온 교환과 음이온 교환으로 분류한다. 양이온 교환 수지에 적용되는 작용기는 황산염과 초산염이고, 음이온 교환 수지에는 암모늄염이 주로 이용된다.

분취 실리카겔 TLC는 지용성 물질에 많이 이용되는 정제 수단이다. TLC는 활성 물질을 관 크로마토그래피를 행해 분리할 때 용출 용매 선택 등에 중요하게 이용된다. 또한 Rf 값의 재현성과 분해능이 좋으며, 분석 소요 시간이 짧고, 용매 및 발색시약에 제한이 없기 때문에 여러 종류의 물질 분석에 이용할 수 있다. 대체로 실리카겔 TLC의 두께가 0.25mm인 것은 분석용, 0.5mm와 1.0mm인 것은 분취용으로 각각 사용되고 있다. TLC 상에서 목적하는 성분의 분리능은 사용하는 용매계에 따라 현저하게 영향을 받는다. 이에 따라 적절한 용매계를 찾는 것이 물질 분리에 중요하다. 자주 쓰이는 실리카겔 TLC의 용매계는 n-헥산·아세트산에틸 혼합, 클로로포름·메탄올 혼합, 클로로포름·메탄올·물 혼합 등이 있다. 분취 실리카겔 TLC로 분리한 시료는 순도가 높지만 실리카겔에 흡착·용출 과정에서 분해되는 경우가 자주 있기 때문에 주의가 필요하다. 또한 TLC 판plate에 포함된 불순물이 들어 있거나 용매 추출 시 이들 불순물이 용해되는 경우가 있으므로 추출 후에는 HPLC 등을 이용해 다시 정제하는 것이 좋다.

천연물 성분의 화학 구조 결정

채집, 추출, 분리, 정제 과정을 거쳐 순수하게 분리된 천연물의 화학 구조 결정은 분광학과 분석 기기의 눈부신 발달로 과거에 비해 짧은 시간 안에 미량의 물질만으로도 가능하게 됐다. 하지만 발전된 분석 기기를 사용해도 여전히 여러 기기분석법을 조합하고, 전통 화학 방법을 응용할 때야 비로소 완성된 구조를 결정할 수 있다. 화합물의 구조 분석을 위해 사용되는 분광학 분석 방법NMR, IR, UV, MS 등의 결과는 스펙트럼 형태로 표현된다. 이들 스펙트럼의 해석으로 얻은 정보는 상호 보완하는 특징이 있다. 따라서 천연물의 구조를 효과 높게 밝히기 위해서는 NMR, IR, UV, MS 등을 이용해 획득한 자료로부터 화학 구조 해석을 위한 폭넓은 지식을 습득해야 한다.

① 핵자기공명분광분석법

천연물은 주로 탄소, 수소, 산소, 질소 등 원소로 구성돼 있어 핵자기공명 분광기NMR, Nuclear Magnetic Resonance Spectrometer를 이용한 구조 분석이 널리 이용된다. NMR는 유기화합물이 강한 자기장 속에 놓여 있을 때 시료의 핵과 자기장 간 상호작용을 측정해 분자 구조를 밝히는 데 쓰이는 장비다. 성질이 아주 작은 자석과 같은 원자핵에 강한 자기장을 걸면 무질서하게 흩어져 있던 핵들이 몇 가지 에너지 상태로 배열된다. 원자핵은 이들 각 상태의 에너지 차이에 해당하는 전자기파를 흡수해 낮은 에너지에서 높은 에너지 상태로 옮겨 간다. 이것은 일종의 공명 현상으로 일어난다고 볼 수 있다. 원자핵이 공명 상태가 되면 이에 해당되는 특정 주파수의 신호를 만드는데 이것을 측정하는 장치가 NMR이다.

천연물은 일반 유기화합물과 마찬가지로 물질의 고유한 성질을 나타내는 최소 단위인 분자로 구성돼 있고, 이들 분자는 다시 원자로 구성돼 있다. 원자는 원자핵과 전자로 구성됐다. 이처럼 모든 물질은 여러 개의 원자핵을 포함하고 있다. 그리고 원자핵을 구성하고 있는 양성자와 중성자 둘 가운데 하나의 수가 홀수인 경우는 원자핵이 자기모멘트라는 물리량을 지니게 돼 마치 나침반의 자침과 같은 성질을 띠게 된다. 자기모멘트를 갖는 원자핵이 강한 자기장 속에 있으면 핵의 에너지 상태는 핵의 자기모멘트가 자기장과 상호 작용함으로써 두 개 이상의 에너지 상태로 분리된다. 자연계에는 약 250종의 안정된 원자핵이 존재하고, 그 가운데 100여 종의 원자핵은 자기모멘트를 지니고 있기 때문에 이를 포함하는 물질은 핵자기공명 방법의 적용 대상이 된다. 특히 이들 핵종 가운데 천연물에 많이 포함된 수소^{1}H와 탄소^{13}C가 구조 분석에 주로 이용된다.

특정 원자의 핵이 강한 외부 자기장 속에 놓여 있을 때 다른 행동을 보이는 현상은 1902년 네덜란드 물리학자 피터르 제이만Pieter Zeeman이 발견했다. 이를 이용한 핵자기공명 기술은 1946년 에드워드 퍼셀Edward Purcell과 펠릭스 블로흐Felix Bloch에 의해 처음 보고됐다. 이들 세 사람은 모두 이러한 공로를 인정받아 노벨상을 받았다. 이후 1970년대에는 펄스-푸리에 변환 기법이 NMR에 응용돼 감도가 낮은 핵종의 신호를 기록할 수 있게 됐고, 1980년대에 이르러 초전도 자석과 컴퓨터 기술이 이용돼 고자장high magnetic field FT-NMR가 개발됨으로써 급속한 발전이 거듭돼 왔다. 특히 2D-NMR 기법 개발은 천연물 구조 규명에 필수 기술로 자리 잡고 있다. 나아가 고체 상태 NMR 및 영상 NMR MRI 기술 등도 눈부시게 발전해 NMR를 이용한 연구 분야는 기존의 화학뿐만 아니라 생물학, 재료공학, 의학에까지 응용되고 있다.

핵자기공명분광법을 이용해 천연물의 화학 구조 결정이 가능한 것은 천연물의 화학 구조에 많이 포함된 ^{1}H와 ^{13}C가 스펙트럼 상에서 분자의 부분 구조 정보를 제공하기 때문이다. 분자 내에서 동일한 핵종이라 하더라도 화학 환경에 따라 스펙트럼 상에 각기 독특한 화학 변위 값을 갖게 되는데, 이들 간의 상관관계로부터 구조에 관한 중요한 정보를 얻을 수 있다. 또 가까이 있는 자석들이 서로 영향을 주고받는 것처럼 한 핵의 자기모멘트는 같은 분자에 있는 이웃한 핵에 영향을 미친다. 이러한 상호 작용을 *J*-커플링이라 부른다. 이러한 현상으로 일어나는 복잡한 신호들은 스펙트럼으로 나타나며, 이들로부터 다양한 구조 정보를 얻을 수 있다. 분자량이 큰 시료의 스펙트럼 해석에는 많은 어려움이 따르기 때문에 2차원-NMR 기법을 이용해 해결할 수 있다. 천연물 분자의 3차원 구조는 핵 오버하우저 상승 NOE, Nuclear Overhauser Enhancement 효과를 이용해 밝힐 수 있게 됨으로써 생물학적 활성 천연물의 공간 구조 연구가 가능하게 됐다.

천연물의 구조 결정에 주로 이용되는 핵자기공명 스펙트럼은 일차원 스펙트럼과 이차원 스펙트럼으로 분류할 수 있다. 일차원 스펙트럼에는 ^{1}H, ^{13}C NMR 스펙트럼이 있다. 이들은 각각 유기물 분자 내에 존재하는 수소 또는 탄소의 화학 환경 정보를 제공한다. 그리고 복잡한 스펙트럼을 이차원 공간에 펼침으로써 해석이 쉽게 구성된 COSY, HMQC, HMBC, NOESY, TOCSY 등의 평면 스펙트럼은 구조 해석에 매우 중요한 정보를 준다. 이들은 각각 수소와 수소 또는 수소와 탄소 간 상호작용 정보를 제공하거나 서로 다른 핵종 간의 장거리 결합 long-range coupling 값을 통해 2-, 3-bond 관계에 있는 탄소와 수소의 연결 상태 확인에 도움을 주기도 하고 수소들 간 공간상의 근접 정도 또는 분자 내 수소들의 연결 상태 정보를 제공해 천연물의 구조 규명에 중요한 도움을 준다.

천연물 분석에 사용되는 핵자기공명장치
(700MHz, 기초과학지원연구원 소재)

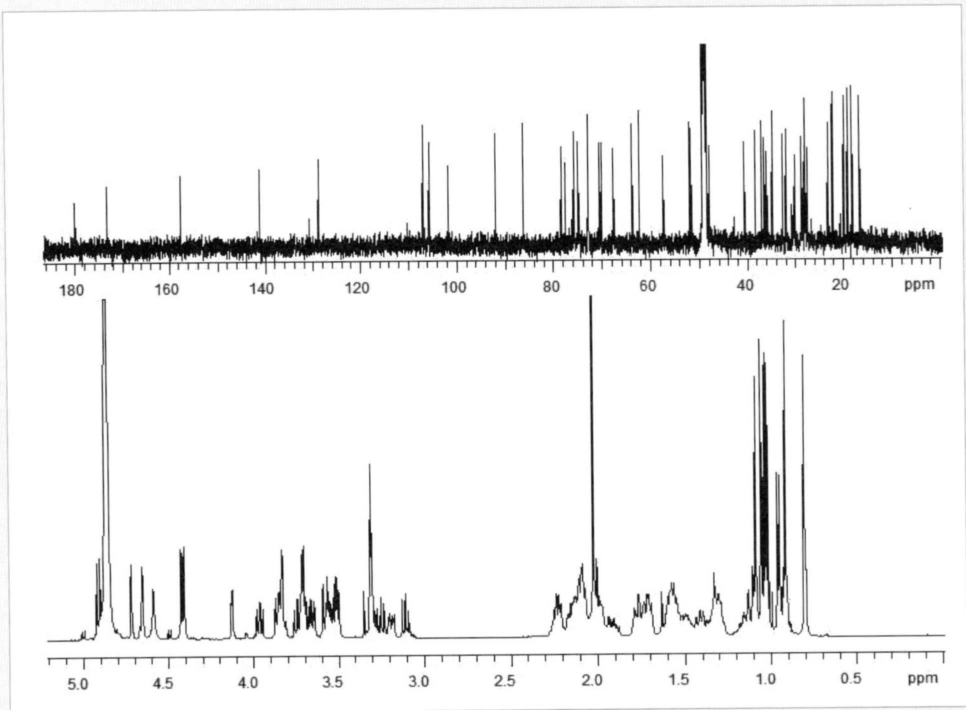

구조가 복잡한 해양천연물 NMR 스펙트럼(상 ^{13}C NMR spectrum, 하 ^{1}H NMR spectrum)

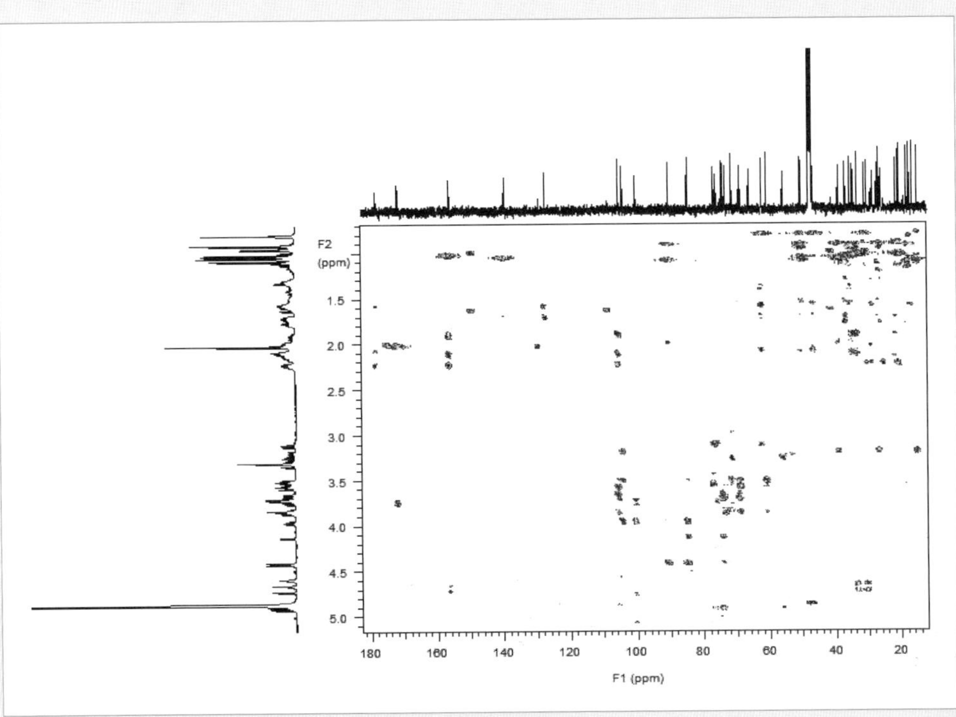

해양천연물의 2D-NMR 스펙트럼(HMBC)

② 자외선 및 가시광선 분광분석법

핵자기공명분광기 이외에도 다양한 분석 장비가 천연물의 구조 결정에 이용되고 있다. 분리 정제한 천연물이 이중결합, 삼중결합, 카르복시기 등 작용기를 갖거나 페닐기 같은 방향족의 구조를 포함하면 이 화합물은 자외선 영역200~380nm이나 가시광선 영역380~800nm의 특정한 에너지 범위 안에서 빛을 흡수하는 성질을 띤다. 이 원리는 원자나 분자가 외부에서 흔히 '빛'이라고 부르는 전자기 복사 형태의 에너지를 받으면 나타내는 다양한 에너지 전이 현상을 이용한 것이다.

천연물 분자는 종류에 따라 자외선-가시광선 에너지 가운데 서로 다른 특정한 파장의 에너지를 흡수하면서 전자 전이를 일으킨다. 따라서 흡수하는 파장을 알게 되면 그 천연물 분자가 어떤 구조 특성을 하고 있는지 알아 낼 수 있다. 이 원리가 천연물의 분자 구조 규명에 이용하는 자외선 및 가시광선 분광분석법uv-vis spectrophotometry이다. 대표적 사례로 천연물 가운데 이중결합이 연속으로 연결된 카로티노이드류는 400~500nm 영역에서 빛을 흡수하는 반면에 포화지방산이나 이중결합이 불연속성인 불포화지방산은 자외선 및 가시광선 분광 분석에서 빛을 흡수하지 않거나 아주 짧은 파장200nm 근처의 빛을 흡수하는 경향을 나타낸다.

③ 적외선 분광분석법

분자의 작용기 특성에 의한 스펙트럼을 다소 쉽게 얻을 수 있는 적외선 분광 분석기IR, Infrared Spectroscopy도 천연물의 구조 분석에 없어서는 안 될 장비다. 각 유기분자의 적외선 스펙트럼은 분자의 작용기 특성에 의한 스펙트럼을 대체로 쉽게 얻을 수 있을 뿐만 아니라 특히 광학 이성질체를 제외한 모든 물질의 스펙트럼이 서로 차이가 있어서 분자 구조 확인에 중요한 정보를 얻을 수 있다.

적외선은 파장에 따라 짧은 파장의 근적외선 영역near IR, 중간 정도의 적외선 영역mid IR, 원적외선 영역far IR으로 크게 나눌 수 있다. 이들 가운데 중간 정도에 해당하는 적외선의 빛을 쬐어 주면 진동, 회전, 병진과 같은 여러 분자 운동을 일으키게 된다. 특히 이 에너지 영역에서는 분자 진동에 의한 작용기의 특징인 흡수 스펙트럼이 나타난다. 이것을 적외선 스펙트럼IR spetrum이라고 한다. 따라서 물질의 적외선 스펙트럼을 잘 해석하면 천연물이 지니고 있는 여러 작용기를 확인함으로써 분자 구조를 추정할 수 있게 된다.

④ 질량분석법

위에서 서술한 핵자기공명, 자외선 및 적외선 분광기에 의한 분석법이 비파괴 분석법인 데 비해 질량분석법MS, Mass Spectrometry은 화합물을 여러 개의 이온으로 분해해 화합물의 분자량을 측정하는 장비다. 질량 분석은 구조 분석을 하려는 분자에 에너지가 강한 전자를 충돌시켜서 분자를 이온으로 만든 후 질량 대 전하 비를 검출하는 방식으로 진행된다. 질량 분석의 주목적은 특정 분자의 분자 이온을 찾아 그 물질의 분자량을 알아내는 데 있다. 전자의 충격으로 분자가 쉽게 분해돼 분자 이온의 검출이 어려운 경우 이들 분자를 좀 더 낮은 에너지로 이온화하는 여러 방식의 질량분석기가 개발돼 있다. 질량분석기는 시료를 이온화시킬 때 사용되는 이온원에 따라 EI, CI, FAB, ESI, MALDI 등으로 구분된다. 최근 발전된 질량 분석 장비는 두 개의 질량 분석 장치를 연이어 이용하는 탠덤 기법을 도입함으로써 단백질, 지질, 당과 같은 생체고분자 물질의 구조 분석이 가능하게 됐다.

역사로 보면 1912년 조지프 존 톰슨Joseph John Thomson이 고안한 방사선형 질량분석기가 질량 분석 장치의 시초라 할 수 있다. 이후 많은 발전을 통해 개량된 장비들이 개발됐으며, 동위원소 발견과 유기화합물의 구조 분석에 크게 기여했다. 특히 원자량의 상대 값 측정정밀도를 1억분의 1까지 구분하는 고분해능을 갖게 돼 원소분석법을 대체하기에 이르렀다.

⑤ 엑스선분광분석법

대부분의 천연물 구조는 앞에서 설명한 여러 분광분석법을 종합 활용하면 해석할 수 있다. 그러나 난관에 부닥칠 경우에는 엑스선분광분석기X-ray Spectrometer를 이용한다. 이는 엑스선이 결정에서 회절하는 성질을 이용해 결정 구조를 조사하는 엑스선결정학을 천연물 구조 분석에 응용한 것이다. 엑스선결정학은 역시 노벨 수상자인 막스 폰 라우에Max von Laue가 1912년에 엑스선의 회절 현상을 발견한 이래 많은 발전을 거듭해 천연물이나 단백질의 구조 규명에 널리 쓰이고 있다.

엑스선은 전파나 빛과 마찬가지로 전자기파이며, 물질에 충돌할 때 역시 회절이 생긴다. 단결정으로 만들어진 물질에 엑스선을 입사시키면 각각의 원자로부터의 산란파가 서로 간섭현상을 일으켜서 특정한 방향으로만 회절파엑스선 회절가 진행된다. 이러한 특징을 이용해 엑스선 회절을 조사함으로써 물질의 미세한 구조를 알 수 있다. 엑스선분광분석법은 핵자기공명분광법과 상호보완 또는 경쟁하면서 천연물 분자의 화학 구조를 결정하는 데 중요한 도구로 이용돼 왔고, 단백질과 같은 생체 고분자의 구조 규명에 핵심 역할을 하고 있다.

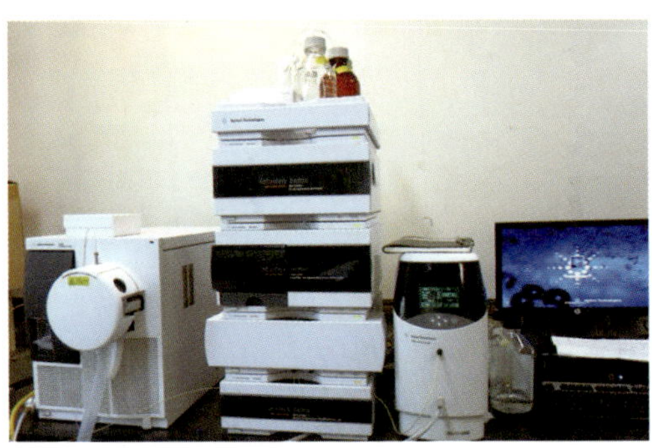

천연물 구조 규명에 사용되는 LC-MS

한국해양과학기술원에서 분리 정제해 구조가 밝혀진 주요 해양천연물

구조생물학

차선신 이화여자대학교

DNA가 유전정보를 담고 있는 생체고분자라면 단백질은 복잡한 생명 현상을 직접 담당하는 생체고분자라고 할 수 있다. DNA가 보여주는 이중나선 구조의 보편성과는 달리 각각의 단백질들은 특유의 입체구조를 통해 기능적 다양성을 구현한다. 따라서, 단백질의 3차 구조는 단백질 기능을 이해하기 위한 가장 중요한 정보이다. 구조생물학은 단백질 3차 구조 규명을 통해 생명의 신비를 탐구하는 학문 분야이다. 본 장에서는 구조생물학 분야를 간단히 소개하고 해양의 특이 환경에 적응하여 살고 있는 해양생물유래 단백질들의 3차 구조 연구를 소개하고자 한다.

유전 정보와 단백질

방대한 양의 유전 정보가 축적된 게놈 정보는 인간을 포함한 다양한 생명체의 유전자 기본 정보를 알려 주었고, 유전자를 인위로 조절할 수 있는 기본 토대를 마련해 주었다. 유전자 정보의 해독과 조작은 생명현상의 이해를 통한 생명 연장이나 삶의 질 향상 등에 크나큰 공헌을 하게 될 것으로 기대된다.

각 생명체에는 고유의 유전자 정보가 있다. 예를 들어 인간은 23쌍의 염색체 안에 유전자 정보가 존재한다.

유전자 정보는 DNA라고 하는 이중 나선 구조를 한 생체 고분자에 저장돼 있다. DNA는 아데닌A, Adenine, 시토신C, Cytosine, 구아닌G, Guanine, 티민T, Thymine이라는 염기들로 구성돼 있다. 이들 염기가 배열돼 있는 순서에 따라 유전자 특유의 정보는 결정된다.

3개의 연속된 염기 서열은 하나의 아미노산 정보를 담고 있다. 예를 들면 ATG라는 3개의 연속된 염기 서열은 메티오닌methionine이라는 아미노산 정보를 담고 있는 것이다. ATGGGACCA의 경우에는 메티오닌-글리신-프롤린methionine-glycine-proline 아미노산 정보를 담고 있다. 이런 방식으로 20가지 아미노산 정보가 DNA에 담겨 있는 것이다. DNA에 있는 아미노산 정보는 전사transcription, 번역translation이라는 2개 과정을 거쳐 구현된다.

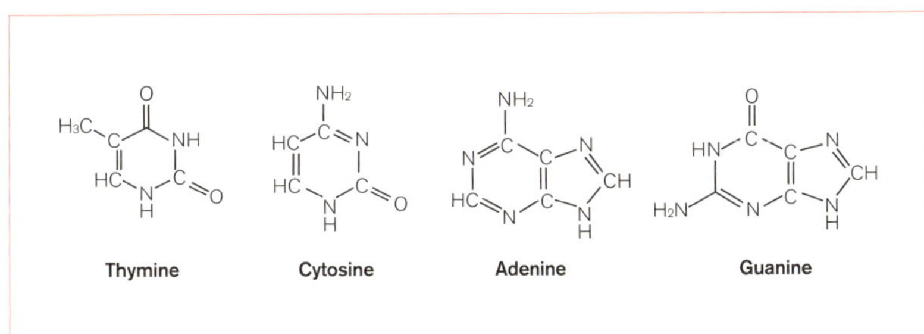

DNA를 구성하는 4개 염기의 화학 구조

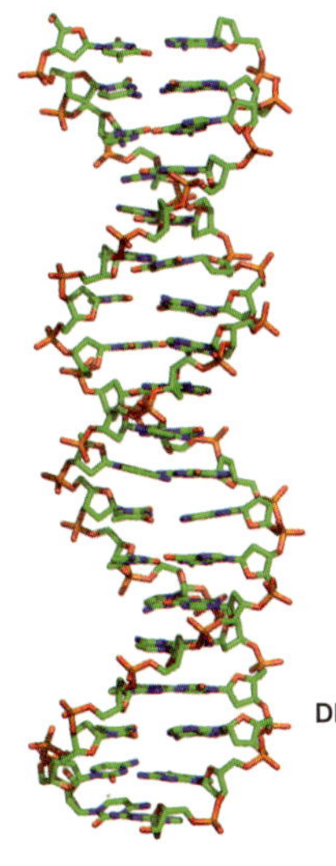
DNA의 구조

단백질은 아미노산으로 구성된 생체 고분자다. DNA 염기 서열에 담겨 있는 아미노산 서열 정보는 바로 단백질에 관한 정보다. 각각의 단백질은 아미노산 서열에 따라 특유의 입체 구조를 가지며, 이는 기능의 다양성을 제공한다. 이에 따라서 서열이 다른 단백질은 다른 입체 구조를 가지고 있지만 기능에서도 차이가 나타나게 된다.

단백질의 계층적 구조

단백질을 구성하는 단위분자인 좌수형 아미노산은 중앙의 탄소원자α-Carbon가 수소원자, 아미노기-NH_2, 카르복실기-COOH, 그리고 R로 표시되는 곁사슬side chain과 결합된 구조를 가지고 있다.

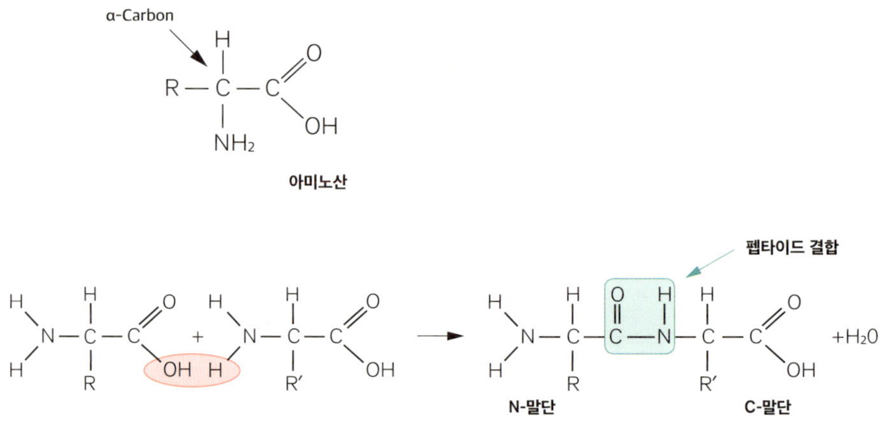

α-Carbon

아미노산

펩타이드 결합

N-말단

C-말단

단백질에서 인접한 두 개의 아미노산은 펩타이드 결합으로 연결되어 있는데 이 결합은 카르복실기와 아미노기 사이의 축합반응을 통해 형성된다. 인접한 그리고 펩타이드 결합으로 연결된 두 개의 아미노산에서 아미노기가 남아 있는 아미노산을 N-말단으로 명명하고 카르복실기가 남아 있는 아미노산을 C-말단으로 명명한다. 즉, 펩타이드 결합에 의해 단백질의 서연은 N-말단 및 C-말단의 방향성을 가지게 된다. 이러한 N-말단에서 C-말단까지의 아미노산 서열을 단백질의 1차 구조라 한다. 단백질의 2차 구조에는 특정 펩타이드 결합의 산소 원자와 다른 펩타이드 결합의 질소원자 사이에 형성되는 수소결합에 의해 구성되는 α-helix와 β-strand가 있다. α-Helix는 나선 형태의 구조로서 n번째와 n+1번째 아미노산간의 펩타이드 결합과 n+4와 n+5번째 아미노산간의 펩타이드 결합간의 수소결합을 통해 구조가 안정화된다. β-strand는 직선 형태의 구조로서 단백질에서 단독으로 존재하기보다는 다른 β-strand와 나란히 배열되어 β-strand간의 수소결합을 통해 β-sheet를 형성한다. 이러한 β-sheet는 주름이 잡힌 평면의 형태를 가지고 있어 β-pleated sheet라고도 불린다. Sheet내에

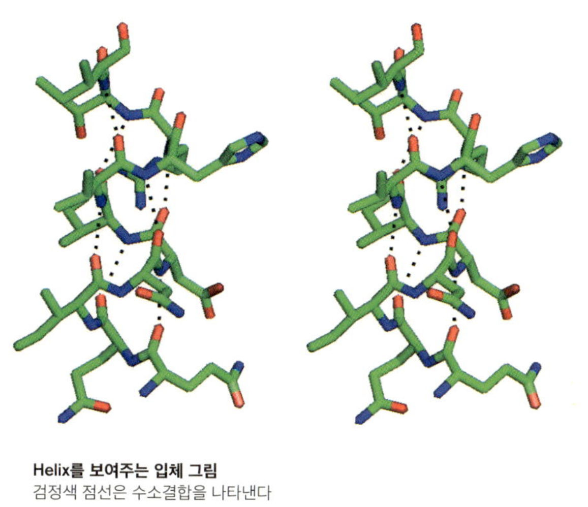

Helix를 보여주는 입체 그림
검정색 점선은 수소결합을 나타낸다

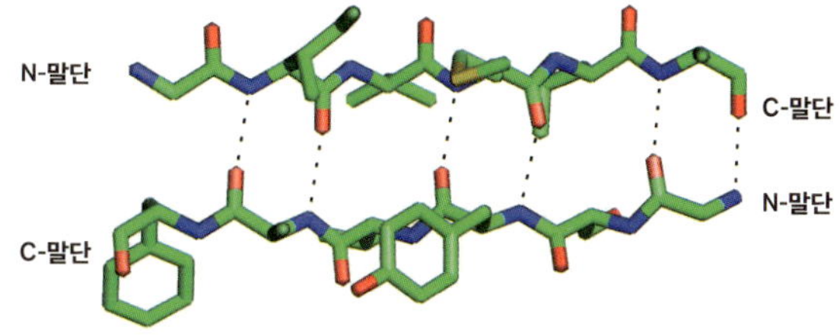

Anti-parallel β-sheet 그림
검정색 점선은 수소결합을 나타낸다

서 인접한 strand의 방향성이 일치할 때 parallel sheet라고 하며 방형성이 반대이면 anti-parallel sheet라 한다. 단백질에서 2차 구조를 구성하지 않는 부분들은 통칭하여 random coil구조를 가지고 있다고 할 수 있다. 단백질의 3차 구조는 α-helix들, β-sheet들, random coil 부분들이 공간적으로 배열되어 있는 것을 말한다. 각 단백질들은 α-helix의 개수와 공간적 위치, β-sheet의 개수와 공간적 위치, random coil 부분의 개수와 공간적 위치가 서로 다르므로 특유의 입체구조를 가지게 되는 것이다. 단백질의 4차 구조는 3차 구조를 가지는 독립적인 단백들이 2개 이상 모여 복합체를 형성하고 있는 것을 지칭한다.

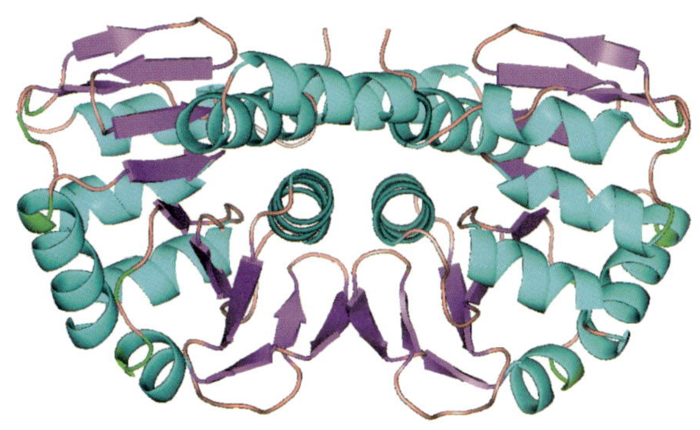

복잡한 단백질의 3차 구조
1차원의 아미노산 서열이 조금 달라져도 기능이 다르게 될 수 있다

해양생물 유래 단백질의 3차 구조를 통한 생명현상 이해

단백질의 3차 구조와 기능은 밀접하게 연관돼 있다. 이에 따라서 생명현상을 담당하는 단백질의 3차 구조를 규명하면 그 기능을 이해할 수 있다. 구조생물학이란 3차 구조 규명을 통해 단백질의 작동 원리를 원자 수준에서 이해하고 이를 바탕으로 생명현상을 탐구하는 학문이다. 생명현상 탐구에서 구조생물학의 중요성은 지난 60년 동안 16번의 노벨상이 구조생물학 분야에 수여된 것에 잘 나타나 있다.

단백질의 3차 구조를 원자 수준에서 규명하기 위해 사용되는 실험 기법에는 엑스선결정학X-ray crystallography, NMR, 전자현미경 등이 있다. 이 가운데 단백질 3차 구조 규명에 가장 강력한 실험 기법은 엑스선결정학이다. 이 방법의 장점은 단백질 크기와 상관없이 구조 규명이 가능하고, 2Å 안팎의 고해상도로 구조 규명이 가능하다는 것이다. 단점은 단백질 결정을 성장시키지 못하면 구조를 규명할 수 없다는 것이다.

해양은 생명 탄생의 장소이자 생명체 진화의 모태다. 이 때문에 해양 생물유래 단백질 연구는 생명 현상 이해에 기초가 된다고 할 수 있다. 구조생물학 분야에서도 해양 생물유래 단백질은 주요 표적으로서 인식돼 활발히 연구되고 있다. 세계에서 최초로 3차 구조가 규명된 단백질은 향유고래의 근육에서 추출한 미오글로빈myoglobin이라는 단백질이다. 이 단백질의 3차 구조를 통해 지구 생명체가 살아가는데 가장 중요한 분자인 산소가 어떻게 미오글로빈에 결합돼 세포 안으로 이동하는지 기전을 자세하게 이해할 수 있게 됐다.

인체에 침투한 병원성 세균과 바이러스는 치명적인 질병을 일으킨다. 인간의 몸에는 면역 시스템이 발달돼 있어 이러한 감염 질환에 대응할 수 있다. 항체 생

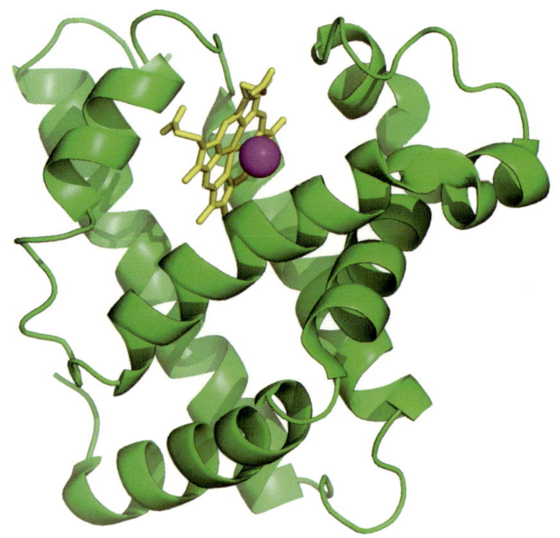

향유고래의 미오글로빈 구조(PDB code: 1GDJ)
노란색 부분이 산소와 결합하는 헴(heme) 부분이고, 붉은색 구는 산소를 나타낸다

산은 우리 면역 시스템의 대표적 작용이다. 상어에서 유래한 항체의 3차 구조 규명을 통해 인간과 같은 고등 생물의 항체가 원시 형태에서 어떻게 현재와 같은 복잡한 형태로 진화돼 왔는지에 대한 분자적 기전을 이해할 수 있었다.

극지방의 바다에 사는 어류들은 냉혈동물임에도 영하의 온도에서 얼지 않고 생존이 가능하다. 이러한 어류들은 부동화antifreeze 단백질을 만들어내 체내에서 얼음이 생성되지 않도록 한다. 단백질의 3차 구조 규명을 통해 부동화 단백질이 작은 얼음 결정에 결합해 더 이상 얼음이 성장하지 못하도록 하는 작용 기전을 원자 수준에서 이해할 수 있었다.

단백질 3차 구조를 기반으로 한 신약 개발

단백질 3차 구조 정보는 생명현상의 근원을 이해하는 데 기여할 뿐만 아니라 의학 응용 또한 무궁무진해 신약 개발과 같은 고부가가치 산업과 직접 연계될 수 있다. 예를 들어 세균 및 바이러스에 의해 일어나는 감염성 질환, 암, 치매 등과 같은 질병과 관련된 많은 신약이 단백질의 3차 구조를 기반으로 개발되고 있다. 비아그라, 글리벡, 타미플루와 후천성면역결핍증AIDS 치료제인 다루나비르 등은 단백질 구조 기반 신약 개발의 대표적 성공 사례다. 기존의 신약들은 무작위 검출 과정을 거쳐 개발됨으로써 많은 시간과 자본이 소비됐다. 그러나 질환 단백질의 구조와 기능을 알게 된다면 단시간에 구조를 기반으로 한 분자 설계를 통해 신약을 개발할 수 있다.

구조를 기반으로 하는 신약 설계는 단백질의 자물쇠-열쇠 반응 모델을 기초로 하여 활성 부위의 구조 정보자물쇠로부터 단백질 전체 기능을 제어하는 작은 분자

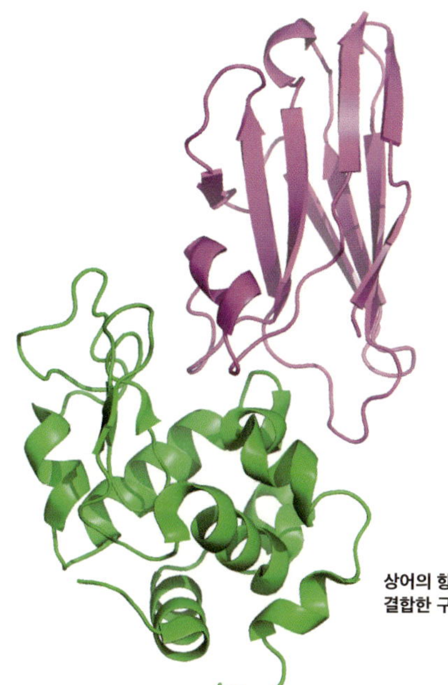

상어의 항체(자주색 부분)가 항원(녹색 부분)과 결합한 구조(PDB code: 1T6V)

어류의 부동화 단백질의 3차 구조 (PDB code: 4UR4)
주황색 부분이 얼음 결정에 결합해 얼음의 성장을 억제한다

열쇠를 설계해 내는 것이다. 현재 선진국에서는 여러 신약이 이러한 방법으로 개발돼 있다. 약 500개의 질병 관련 단백질로 제약 회사들이 올리는 매출 실적은 연간 3,000억 달러에 이른다. 게놈 프로젝트로 인해 앞으로 새로 발견될 질병 관련 단백질을 고려하면 신약 산업의 성장 잠재력은 충분히 짐작할 수 있다. 질병 관련 단백질의 3차 구조는 단백질 기능의 규명뿐만 아니라 신약 개발과 직접 연결돼 제약시장 성장을 가속시킬 것이다. 더구나 경기 불황에 연동되지 않는 높은 신약 수요는 질병 관련 단백질 연구가 21세기 국부 창출의 초석임을 보여 준다.

X-선 결정학 기법을 이용한 단백질 구조 규명 과정

단백질의 3차 구조를 규명하기 위해서는 구조를 규명하고자 하는 표적단백질을 대량으로 확보하여야 된다. 단백질을 대량으로 확보하기 위해서는 생명체에 존재하는 단백질을 직접 추출하거나 대장균을 활용하여 재조합 단백질을 생산하여야 된다. 현재는 표적단백질의 유전자를 대장균에 도입하여 단백질을 과량으로 생산하는 방법이 주로 사용되고 있다. 대장균에서 과량 발현된 단백질을 순수 분리하기 위해서는 단백질마다 다른 물리화학적 특성을 이용하여야 된다. 즉, 표적단백질과 대장균의 다른 단백질들간의 표면 전하, 크기등의 차이를 이용하여 크로마토그래피 방법을 통해 표적단백질을 순수 분리하여야 된다. 순수 분리된 표적단백질은 수용액내에서 10-100 mg/ml 정도로 농축되어야 한다. 그 이유는 x-선 결정학 방법을 통한 구조 규명에 있어서 가장 중요한 단계인 단백질 결정을 성장시키는 실험을 수행하기 위해서이다.

단백질 결정을 성장시키기 위해서는 고농축된 표적단백질 용액을 결정화 성장 용액과 혼합한 후 vapor diffusion을 통해 과포화상태를 유도하는 과정이 필수적이다. 현재 상업적으로 이용가능한 단백질 결정 성장 용액은 2000여 가지가 있으므로 적어도 2000여개의 혼합용액을 통해 단백질 결정 성장 조건을 탐색하여야 된다. 단백질 결정 성장 실험은 주로 4℃ 혹은 22℃에서 이루어진다. 표적단백질의 결정이 얻어진다면 x-선을 활용한 회절 실험을 수행하여야 된다. 이를 위해서는 x-선

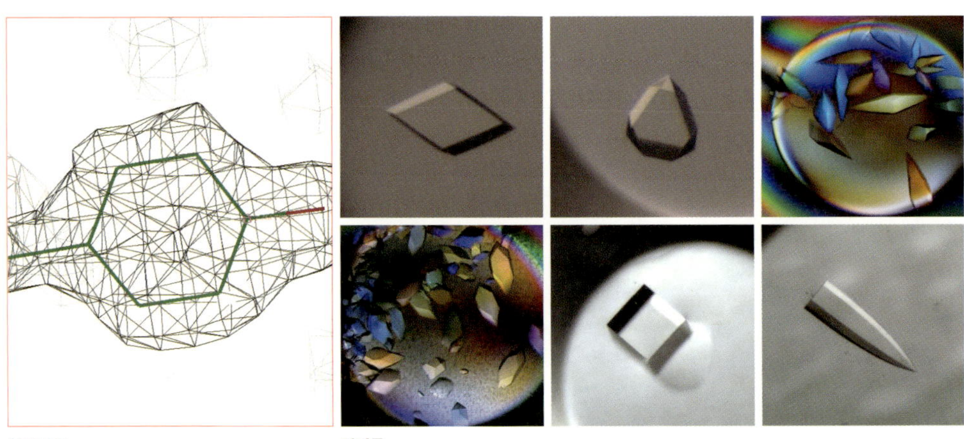

전자밀도

결정들

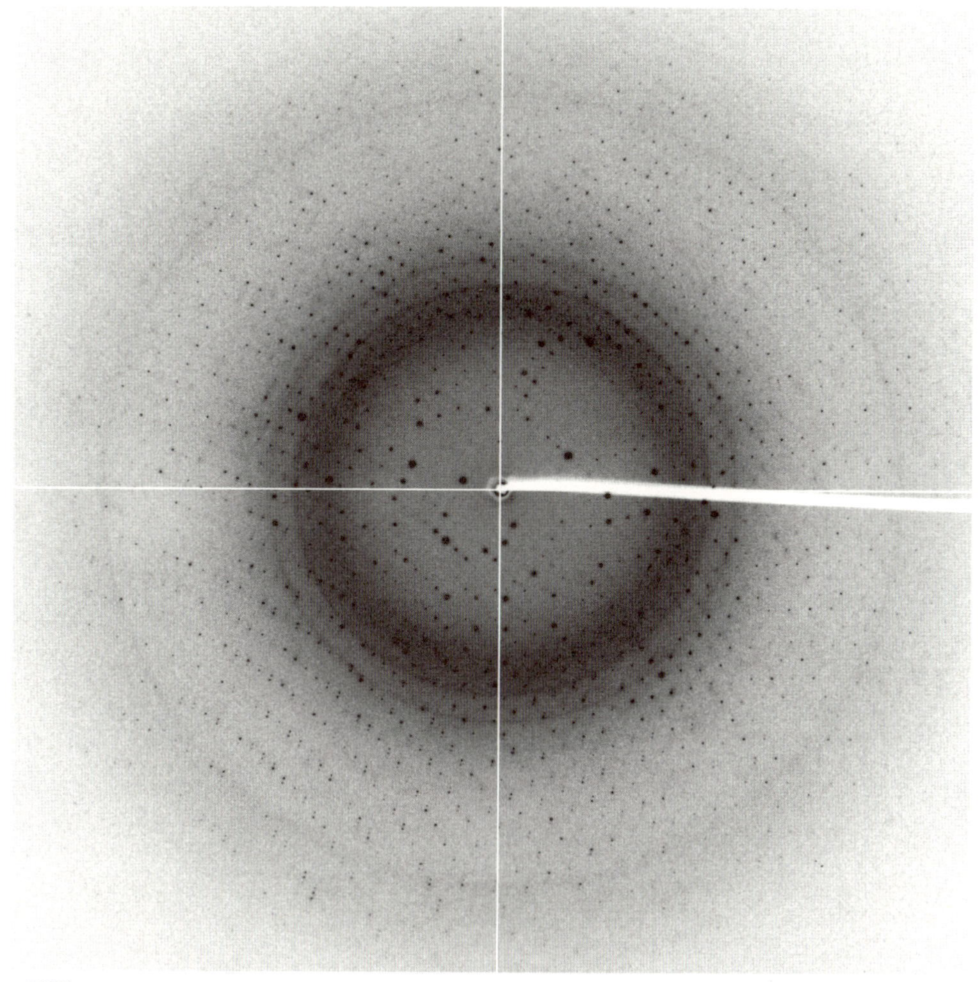

x-선 회절

발생장치를 활용하여야 되는데 현재 거의 모든 단백질 결정 회절실험은 방사광을 활용하여 이루어지고 있다. 방사광을 생산하는 가속기는 국내의 포항가속기연구소뿐만 아니라 호주, 일본, 캐나다, 미국, 유럽에서 다수가 운영되고 있으며 전 세계의 구조생물학자들은 이러한 방사광 설비를 무료로 혹은 아주 저렴한 이용료를 지불하며 회절실험을 수행하고 있다. 실험을 위한 전 세계 가속기연구소로의 실험여행은 고되지만 다양한 연구 문화를 접할 수 있는 구조생물학자의 장점이라 할 수 있다. 우리가 흔히 접하는 보석처럼 생긴 단백질 결정을 x-선에 노출하면 점 형태의 회절패턴을 보인다. 회절점들을 수학적 기법역푸리에 변환을 통해 분석하면 결정내부의 전자 밀도 분포를 알 수 있고 이를 통해 단백질을 구성하는 각 원자들의 공간좌표를 얻게 된다. 얻어진 원자들의 공간 좌표를 이미 알려진 아미노산의 화학 결합을 바탕으로 연결하면 단백질의 3차 구조가 규명되는 것이다.

해양생물의 화학생물학

이종석 한국해양과학기술원

화학생물학chemical biology은 생명현상을 생물학 관점의 분자 수준에서 이해하기 위해 화학 기술을 도입하고, 화학의 확장과 발전을 위해 생물학 지식을 이용하는 학문이다. 본 장에서는 21세기 들어 화학과 생물학의 경계에서 생물학 난제에 대한 새로운 관점과 해법을 성공적으로 제시해왔던 화학생물학의 외연과 내연을 해양천연물 연구 분야가 어떻게 더욱 풍부하게 할 수 있을지 몇 가지 연구사례를 통해 알아보고자 한다.

19세기 분자혁명을 이끈 3대 발견으로 조지프 프리스틀리의 아산화질소NO, nitrous oxide 발견, 프리드리히 뵐러의 요소urea 합성, 파울 에를리히의 아닐린을 이용한 세포 염색법을 들 수 있다. 이 3대 발견은 20세기 과학기술의 르네상스기를 거쳐 21세기 화학생물학 시대의 도래를 견인한 주요 과학 기술의 출발점이었다.

화학생물학은 불과 25년 전에 저분자 화합물을 이용해 생물 시스템을 교란하고 이를 통해 생물 시스템 전체를 깊이 있게 이해하고 조절할 수 있다는 작은 아이디어에서 시작됐다. 화학생물학은 21세기 들어와 과학계에 던져진 세계화와 융합이라는 화두에 부합하는 새로운 실용 연구 분야로 확고히 자리 잡아 가고 있다. 화학생물학은 의약화학, 분자생물학, 약학, 생물리화학, 생화학, 유기화학, 구조생물학, 생물정보학, 단백질체학, 유전체학 등이 융합된 학문으로서 각각의 구성 요소가 제각기 다른 과학 주제와 접근 방식을 제공함으로써 내용을 풍성하게 해 왔다. 이러한 다학제 특성으로 인해 이 분야의 선구자라 할 수 있는 미국 하버드 대학교 스튜어트 슈라이버 교수조차도 명확한 정의를 내리는 데 어려움을 겪을 정도로 광범위하고 역동성 강한 분야가 바로 화학생물학이다. 최근 '네이처 화학생물학'이 내린 정의에 따르면 화학생물학은 생명 현상을 생물학 관점의 분자 수준에서 이해하기 위해 화학 기술을 도입하고, 화학의 확장과 발전을 위해 생물학 지식을 이용하는 학문이다.

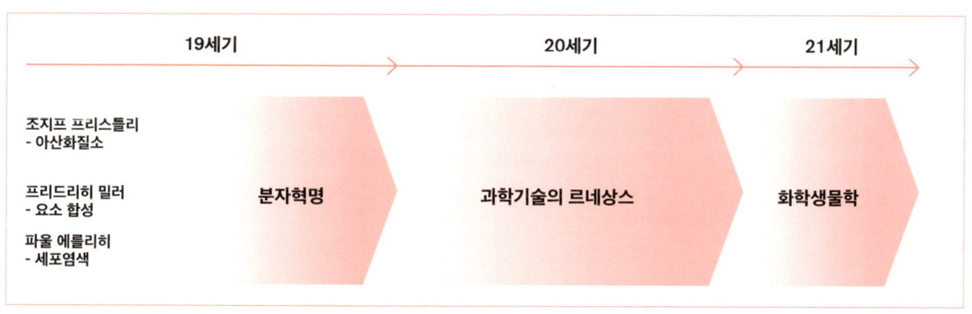

화학생물학의 역사

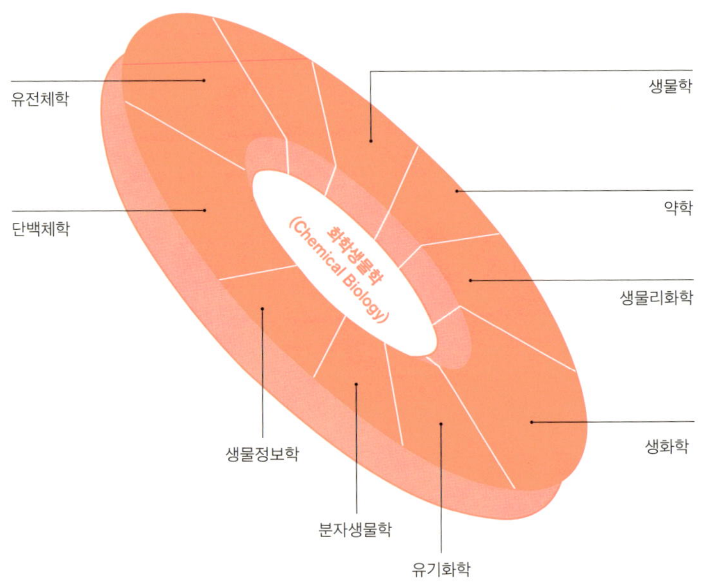

융합 학문으로서의 화학생물학

'시스템을 이해하기 위해서는 그 시스템을 교란해야 한다'라는 기본 원칙은 모든 과학 탐구의 근저를 이루고 있다. 이 원칙은 복잡한 생물 시스템 연구에도 적용돼 특정 단백질의 발현을 제거하는 유전자 '녹아웃knocking out' 기술, 유전자의 복제수copy number를 높이거나 활성이 강한 촉진제promoter를 이용해 특정 단백질 농도를 증가시키는 '과발현overexpression', 유전자 변이를 통한 단백질 기능 변환 등 분자유전학 기술을 적용해 생명 현상에 대한 분자 수준에서의 이해를 추구하고 있다. 하지만 이러한 전통 방식의 유전 연구 접근은 생식 주기가 느리고 유전 정보를 대량으로 갖고 있는 포유동물에 적용시키기에는 많은 한계가 따른다. 이에 따라 최근에는 유전학 연구 전통 기법 대신 단백질에 결합해 해당 단백질의 기능을 저해 또는 활성화시킬 수 있는 분자량 500~700 Da 이하의 저분자 유기 화합물을 활용한 화학생물학 연구 방법이 생물 연구의 주류에 진입해 점차 입지를 넓혀 가고 있다.

단백질 기능을 연구하기 위해 특정 단백질 발현 유전자를 비가역적으로 삭제하거나 돌연변이 시키는 전통 유전학 연구에 비해 저분자 화합물은 단백질의 여러 기능 가운데 선택적으로 하나만 제어가 가능하고, 한시로 단백질 기능을 가역적으로 제어할 수 있다. 또 투여량에 따라 표현형 발현의 강도를 조절할 수 있으며, 연구 대상 모델 생물 선택의 다양성 및 후속 연구를 통해 치료용 약물로 개발할 수 있다는 장점이 있다.

저분자 물질의 세포 내 단백질 표적 규명에 흔히 사용되는 물질은 형광물질 또는 분자친화성을 기반으로 화학 합성을 통해 개발되는 분자 탐침이다. 이런 이

역방향 화학생물학

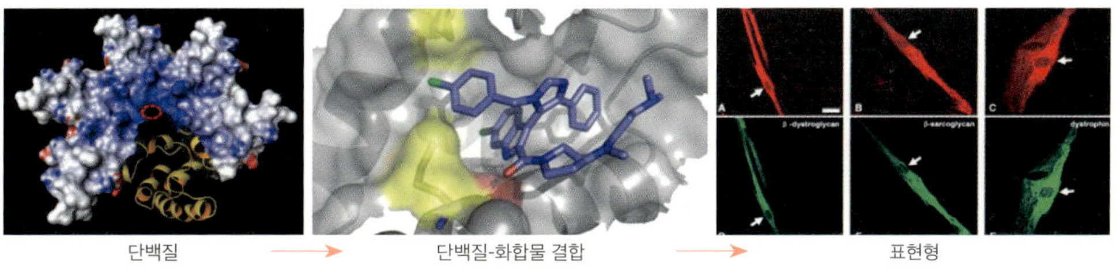

정방향 화학생물학

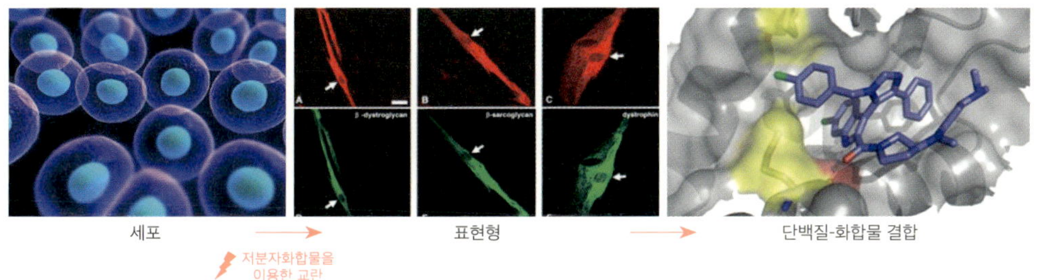

저분자 화합물을 이용한 화학생물학

종 이합 분자는 한쪽에는 주어진 단백질과 결합하고 다른 한쪽은 단백질 표적과 결합한다. 이와 관련된 대표 사례로 비오틴biotin과 스트렙타아비딘streptavidin 사이의 강한 결합력을 이용한 단백질 표적 규명 연구나 고분자에 고정된 아비딘 크로마토그래피 칼럼을 이용한 단백질의 분리·정제를 들 수 있다. 만약 비오틴이 갖고 있는 세포막 투과성 부족으로 인해 생체 외 적용에만 국한된다면 그 대안으로 저분자 물질이 단백질 표적과 상호결합할 때 세포 용해 이후 2단계에서 비오틴을 적용시키는 방법이 있다. 비오틴/스트렙타아비딘 기반의 분자 탐침 기술은 화학합성을 통해 특정 화합물에 비오틴을 쉽게 도입할 수 있다는 장점으로 분자 탐침 설계에 널리 사용되고 있다.

수십 년 동안 축적된 화학 반응성과 반응 메커니즘에 관한 정보들은 이제 세포 내 대사체 간 화학반응과는 무관하게 화학 결합 반응을 선택할 수 있는 '생물직교 반응bioorthogonal reaction'을 개발하는 데까지 이르렀다. 생물직교 반응의 하나인 '클릭Click' 반응은 구리Cu$^+$ 촉매 아래 아지드azide와 알킨alkyne 간 Huisgen 1,3-이극성dipolar 고리화 반응을 일으켜 열역학적으로 안정된 트리아졸 고리를 형성하는 반응이

해양천연물을 이용한 다기능 분자 탐침

다. 이 반응은 일차 대사 산물에는 존재하지 않는 기능기인 아지드와 알킨을 사용함으로써 생체 내 대사와는 무관하게 두 작용기만 선택돼 반응하게 고안됐다. 이에 따라 화학 합성을 통해 특정 단백질과 상호 작용하는 저분자 화합물에 알킨기를 도입하고 아지드가 도입된 형광물질반대의 경우도 가능을 도입하면 해당 화합물의 정확한 세포 내 이미징 분석이 가능하다. 최근 '클릭 반응'은 더욱 진화해 세포 독성이 문제가 되는 구리 촉매 없이 시클로옥틴cyclooctyne에서처럼 스스로 고리 스트레인ring strain이 걸려서 아지드기와 자발 반응을 할 수 있는 '클릭 반응' 시스템이 개발됐다.

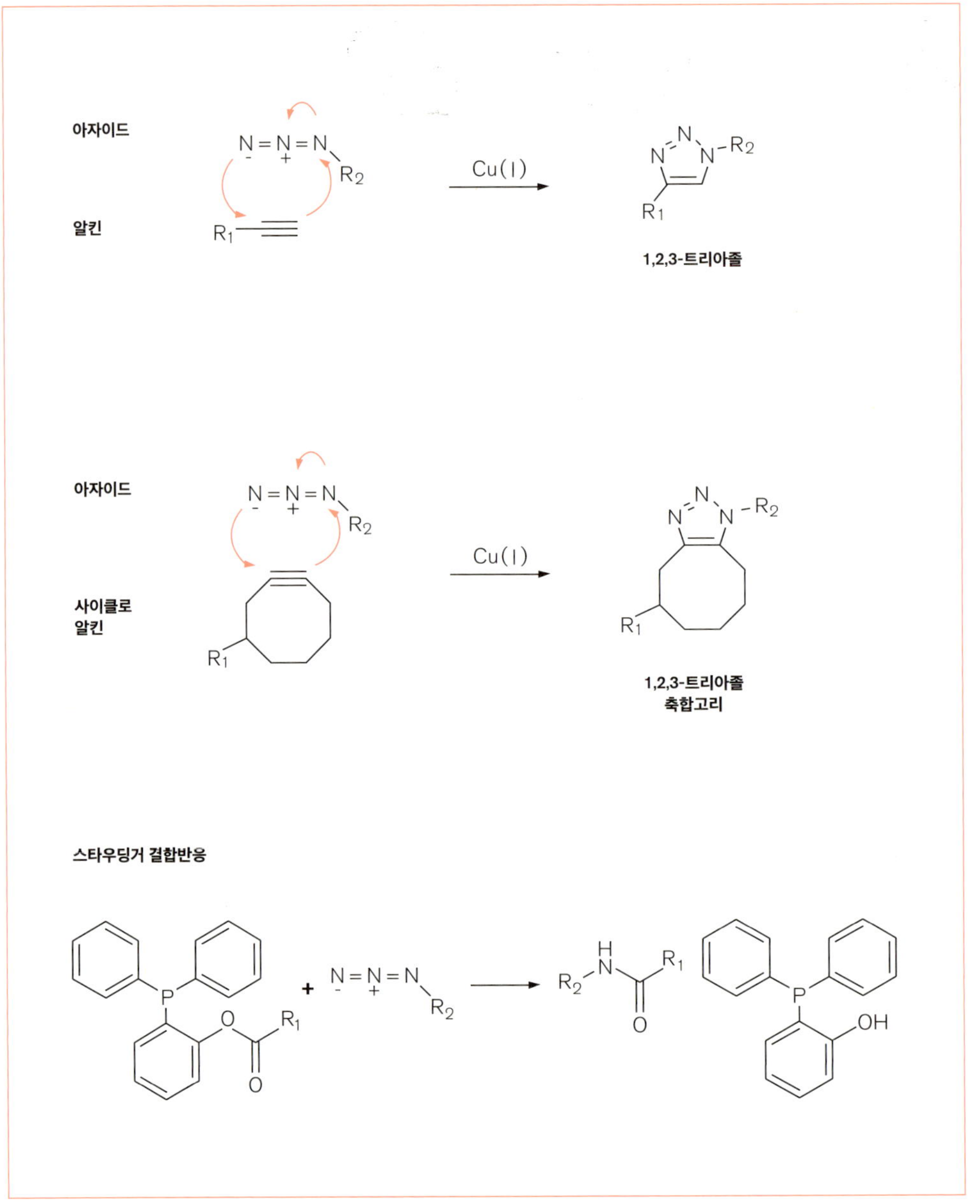

아자이드

알킨

Cu(I)

1,2,3-트리아졸

아자이드

사이클로 알킨

Cu(I)

1,2,3-트리아졸 축합고리

스타우딩거 결합반응

생물직교 클릭 반응

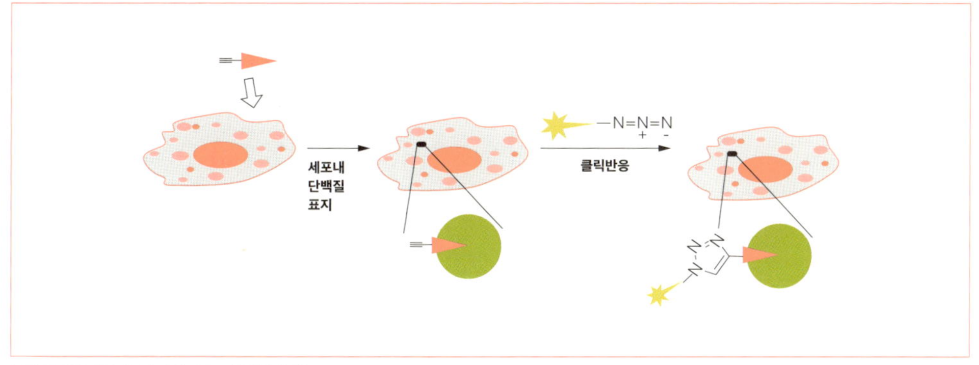

클릭 반응을 이용한 분자의 세포 내 위치 추적

트리페닐포스핀triphenylphosphine을 이용해 아지드기를 아민amine으로 변환시키는 슈타우딩거Staudinger 반응을 응용한 생물직교bioorthogonal 반응은 미국 캘리포니아 버클리대학의 캐럴린 버토지Carolyn Bertozzi 교수가 개발했다. 이 기술을 이용해 세포 표면에 존재하는 글리칸glycan을 선택해서 시각화할 수 있는 세포 표면 공학 기술이 확립돼 현재 이와 관련해 다양한 생명현상 탐구에의 응용이 이뤄지고 있다.

이와 같이 '클릭 반응'과 슈타우딩거 반응은 오늘날 생화학 프로세스 연구와 단백질 제어제의 발굴 연구에 이용 가능한 생물직교 반응의 기초를 다졌으며, 다양한 생분자 표지 시스템으로도 널리 사용되고 있다. 이 기술을 통해 생분자의 표지labeling가 가능해 특수한 생명현상을 탐구하기 위한 맞춤형 탐침 분자 설계에 응용될 수 있게 됨으로써 화학생물학 연구에 독특하고 유용한 분자 도구를 제공하고 있다.

천연물은 자연 선택의 생명 진화 과정을 통해 생물이 외부 생태 환경의 도전으로부터 자신을 보호하기 위한 화학 방어 수단으로 35억 년 동안 공동 진화시켜 온 이차 대사물질로서 화학 공간 측면에서 화학종의 다양성이 다른 소스와는 비교할 수 없을 정도로 풍부하다. 이 때문에 구조가 복잡하고 다양한 저분자 화합물에 대한 접근과 이용이 관건인 화학생물학에서 천연물이 매우 중요한 연구 도구로 활용될 것으로 기대를 모으고 있다.

특히 지구 표면의 70%를 차지하고 전 지구 생물종의 80% 이상이 서식할 정도로 생물 종 다양성이 풍부한 해양은 산소 농도, 온도, 압력, 염분 농도, 태양광 강도, 영양물 조성 등 여러 면에서 육상과는 전혀 다른 생태 환경 속에 있다. 해양 생물은 이런 극한 환경에 적응하기 위해 육상 생물과는 전혀 다른 진화 과정을 겪어 왔다. 실제로 해양천연물 사전에 등록된 약 71%의 분자 골격은 오직 해양 생물에 의해서만 생성되는 것으로 밝혀졌다. 해양천연물은 화학 구조의 신규성 면에서 육상천연물에 비해 월등히 뛰어난 것으로 밝혀지기도 했다. 또 대부분 연조직이며, 이동하지 않고 착생하는 생태 특성을 갖는 해양 생물은 생존을 위해 극미량으로 해수라는 매질에 빠르게 용해돼 위협 생물의 특정 단백질에 결합할 수 있는 유효 물질을 생성해 왔기 때문에 해양천연물은 생리 활성 강도가 매우 뛰어나다.

이러한 해양천연물의 뛰어난 다양성과 생리 활성, 단백질 표적에 대한 선택성은 생물 시스템의 교란을 통한 생명현상의 탐구를 목적으로 하는 화학생물학에 다양한 화학 도구를 제공할 수 있는 높은 잠재력을 지니고 있다.

초기 해양천연물 연구는 해양 생물에 접근하기 위한 채집 기술의 한계로 말미암아 채집이 비교적 쉬운 해양 생물에 집중됐고, 이는 육상천연물 연구에 비해 발전 속도가 확연히 뒤떨어지는 결과를 초래했다. 하지만 최근 기술 진보로 인해 스쿠버SCUBA, 자율무인잠수정AUV, autonomous underwater vehicle, 원격제어무인잠수정ROV, remotely operated vehicle, 드레지 등 잠수 기술과 해저 탐사 장비가 속속 개발되면서 그동안 접근이 어렵던 다양한 해저 생물을 이용한 해양천연물 연구가 가능하게 됐다. 이런 기술 발전에 힘입어 최근 들어서는 매년 1,000종 이상의 해양천연물이 학계에 보고될 정도로 괄목할 발전 추세를 보이고 있다. 지난 50년 동안 전 세계 해안, 특히 열대 해안을 중심으로 이뤄진 해양천연물 연구는 초기 홍조류, 해면, 연산호 등 크기가 커서 눈에 잘 띄는 해양 생물에 함유된 테르펜terpene, 아세토게닌acetogenin, 폴리케티드polyketide, 프로스타글란딘prostaglandin 등 해양천연물과 삭시톡신saxitoxin, 테트로도톡신tetrodotoxin, 브레베톡신brevetoxin 등 주변에서 쉽게 경험할 수 있는 해양 독소들의 화학 기초정보 수집에서 출발해 점차 해양 생물의 생태 특성을 화학으로 표현하려는 수준까지 이르게 됐다.

최근에는 해양천연물 기원 연구에 의해 지금까지 해면과 멍게를 비롯한 해양 생물에서 분리된 대부분의 해양천연물이 사실은 이들의 공생세균 대사체임이 밝혀졌다. 이에 따라 전 세계 많은 연구진은 천해 및 심해의 퇴적토, 다른 해양 생물의 표면 또는 조직으로부터 분리된 해양 박테리아를 통해 유용 물질을 도출하려는 노력을 하고 있다. 그 결과 해양미생물 유래 천연물 연구에서 의미 있는 결과가 나오고 있지만 아직 해양에 존재하는 미생물 가운데 단지 1%의 박테리아만이 실험실 수준에서 배양이 가능하고, 배양과 무관한 방법으로 분리된 많은 주요 미생물이 아직 배양되지 않은 상태로 남아 있어 해양 미생물 연구는 시작 단계에 불과하다고 할 수 있다.

이러한 해양미생물 연구의 뚜렷한 한계는 생명공학기술 발전으로 가능해진 신속·저렴한 DNA 염기서열 분석 기술을 바탕으로 도입된 군체 유전체학metagenomics이라는 새로운 연구 분야의 출현을 통해 극복될 것으로 기대되고 있다. 군체 유전체학은 배양이 불가능한 미생물을 포함하고 있는 전체 생물군체의 유전자 염기서열을 분석해 신규 해양천연물을 도출하고 천연물과 관련된 신규 생합성 유전자군gene cluster과 생합성 경로를 규명하려는 새로운 시도다.

예를 들어 2007년에 처음으로 해양 방선균류actinomycete 계열인 살리니스포라트로피카*Salinispora tropica*의 유전체 해독이 완성돼 약 500만 염기쌍 서열이 분석됐으며, 이를 통해 유전자 정보의 적어도 약 10%에 해당하는 17개의 천연물 생합성 경로가 밝혀졌다. 그 결과 규명된 생합성 경로를 기반으로 해양천연물 살리노스포라마이드salinosporamide, 스포롤라이드sporolide, 림포스틴lymphostin 등의 분자 복제가 이뤄졌다. 또 매크로락탐macrolactam 계열의 신규 해양천연물인 살리닐락탐Asalinilactam A와 살리노스포라마이드 유도체가 발견됐다. 결과적으로 살리니스포라 트로피카에 대한 군체유전체 접근은 생합성 경로와 관련된 다양한 효소와 이들에 의해 합성되는 천연물을 규명했으며, 이는 외부 환경 변화에 적응하기 위해 유발된 생합성 경로 변화에 대한 연결점을 과학 원리로 설명하는 데 크게 기여했다. 앞으로 군체유전체 연구는 해양 무척추동물의 천연물 생합성과 관련된 유전 청사진을 제시하는 것과 임상 개발에서 발생하는 해양천연물의 공급 부족 문제를 생명공학으로 해결할 수 있는 길을 제시할 것이다.

화학생물학 연구는 특성상 특정 단백질 기능 제어를 목표로 저분자 생리활성 분자의 탐색과 개발에 초점이 맞춰져 있어서 새로운 질병 치료제를 도출하기 위한 신약 개발 연구와도 많은 부분이 관련돼 있다. 실제로 화학생물학 연구에서 효율 높은 유기 합성 기술과 천연물로부터 얻어진 다양한 저분자 화합물들을 사용하고 물질의 생리 활성 측정을 위해 고효율 탐색기술HTS이 사용되고 있는 점은 이 사실을 증명한다. 모든 해양천연물이 인간 단백질과 원만한 상호 작용을 하는 것은 아니지만 천연물이 선택 결합하는 대부분의 단백질 표적은 인간 단백질과 매우 유사한 영역이 있어서 질병치료제 개발 잠재력이 크다. 표에서 정리된 것과 같이 현재 키나아제 및 포스포리파아제 등 효소 저해, 미세소관 중합 저해, DNA 결합, 이온채널 활성 저해 등 다양한 생리 활성을 보이는 해양천연물들이 분자 탐침으로 사용되고 있다. 또 이들을 이용한 항암, 항바이러스, 항염, 대사성 질환 신약 개발 연구가 활발히 진행되고 있다. 이러한 일련의 노력들은 해양천연물로부터 현재까지8종의 미국식품의약국FDA 및 유럽 의약품기구EMEA 허가 신약과 11종의 임상시험 단계 신약후보 물질들을 도출할 정도로 두드러진 결실을 낳았다.

군체유전체학

단백질 표적이 규명된 해양천연물

분자표적			이름	원천생물	생리활성	적용
효소	단백질 세린/트레오닌 키나아제	단백질 키나아제 (PKC)	Bryostatin-1	*Bugula neritina*	항종양 활성, PKC 활성제	FDA에 의해 난치성 의약품으로 지정, 유럽에서는 탁솔과 병용 요법의 식도암 치료제로 지정
		GSK 3b, 시클린 의존성 인산화 효소-CDK1, CDK2, CDK5, 카세인인산화효소1(casein kinase 1), MAPK1(mitogen-activated protein kinase kinase-1)	Hymenialdisine	*Hymeniacidon aldis*	인간 미세소관결합 단백질tau의 체외 인산화 저해제 인간세포에서 인터류킨-8과 프로스타그란딘 E2 분비 억제	알츠하이머병, 항염증
		인간 PLK(pololike kinase), checkpoint kinase 1, CDK1	Scytonemin	*Stigonema* sp.	방추체 형성 제어 인간 섬유아세포와 내피세포 증식 저해 TPA 유발 귀부종 억제	항증식제와 항염증제로 단백질 키나아제의 저해
	단백질 티로신 키나아제	상피세포성장인자(EGF) 수용체 티로신 키나아제	Aeroplysinin-1	*Verongia aerophoba*	상피세포성장인자(EGF) 유도 암세포주 증식 억제 혈관 생성 억제	항암
	포스폴리파아제 A2		Manoalide	*Luffariella variabilis*	진통 및 항염 작용 인간 활액막 PLA2의 저해 인간 호중성 백혈구의 과립 소실 저해, 슈퍼옥시드 생성 억제, 류코트리엔 B4 (LTB4) 분비 억제 (variabilin)	항염증
			Variabilin	*Ircinia variabilis*		
			Cacospongionolide B	*Fasciospongia cavernosa*		
			Petrosaspongiolide M	*Petrospongia nigra*		
			Bolinaquinone	*Dysidea* sp.		
미세소관			Discodermolide	*Discodermia dissolute*	다제내성 P-당단백질을 과다 발현하는 세포에 활성	항암
			Laulimalide	*Cacospongia mycofijiensis*		
			Halicondrin B	*Halichondria okadai*	유방암 치료제로 시판 중	

분자표적			이름	원천생물	생리활성	적용
DNA			ET743 (Yondelis)	*Ecteinascidia turbinata*	DNA 소홈(minor groove)에 결합해 세포 주기를 G2/M 상태에서 차단 HSP70, p21의 발현에 해당하는 유전자 전사 저해 다제내성 유전자(MDR1)의 발현을 저해해 병용 항암제 효과를 증진	항암
기타			APL (dehydrodidemnin B)	*Aplidium albicans*	산화스트레스 유발과 JNK, p38, 상피세포성장인자(EGF) 수용체, Src 등의 활성화를 통해 신속하게 세포 사멸 유도 지속	
			Kahalalide F	*Elysia rufescens* *Bryopsis* sp.	전립샘, 결장, 폐암 세포주의 리소좀 기능 교란	
			KRN7000	*Agelas mauritianus*	항원표출 세포 기능 강화를 통한 면역 자극과 항전이 활성	
			Squalamine lactate	*Squalus acanthias*	칼모듈린 분리, 세포 내 수소이온 농도를 조절하는 나트륨/수소이온의 역수송 저해를 통해 내피세포 증식 저해	
이온채널	니코틴성 아세틸콜린 수용기(nAChR) 5-HT3 세로토닌 수용체 칼슘, 칼륨, 나트륨 채널 a7 nAChR		Conotoxins	Cone snail	저해제 길항물질 차단제	마취제, 진통제, 뇌전증, 심혈관질환, 정신질환
			GTS21	*Amphiporus lactifloreus*	학습 능력과 기억 보존 개선 베타아밀로이드 또는 글루탐산에 의한 대뇌 신피질 세포 손상 감소	알츠하이머병, 정신분열증

Bryostatin 1

Hymenialdisine

Scytonemin

Petrosaspongiolide M

Variabilin

Manoalide

Bolinaquinone

(+)-Cacospongionolide B

Discodermolide

Halicondrin B

Trabectedin(Yondelis)

GTS21

Squalamine lactate

단백질 표적이 규명된 해양천연물 화학 구조

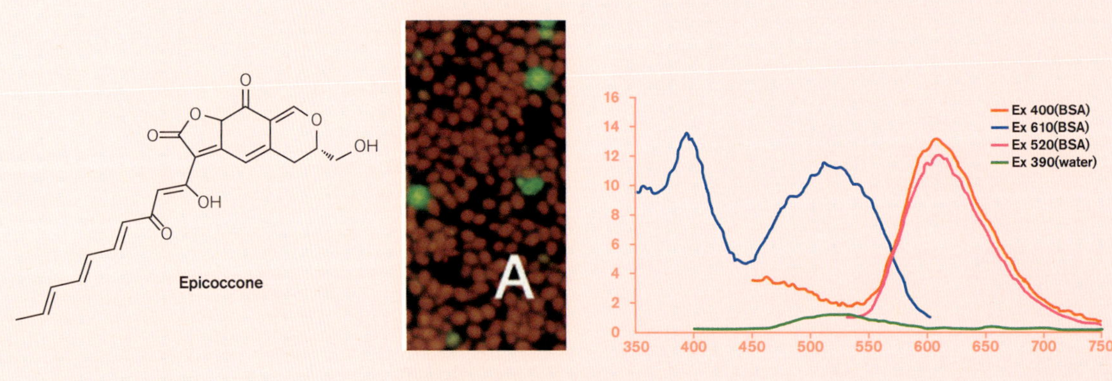

형광 해양천연물 에피코코논

J. Am. Chem. Soc. 2003, 125, 9304.

해양천연물의 물성 자체가 형광이어서 탐침 개발에 응용되기도 한다. 최근 해양 곰팡이 에피코쿰 니그룸*Epicoccum nigrum*에서 분리된 에피코코논epicocconone은 약 100nm 정도의 스토크 시프트Stokes' shift를 갖고 있고, 아르곤488nm이나 Nd:YAG 532nm 또는 트랜스일루미네이터transilluminator 등 일상에서 사용되는 레이저에 여기excitation되는 장점이 있다. 이에 따라서 에피코코논을 비오틴/스트렙성 아비딘 또는 클릭반응 기반의 분자 탐침으로 개발해 세포 추적, FACSfluorescence activated cell sorter, 세포 자동 분석·분리 장치, 현미경, 단백질 분석과 세포 다중 염색 등을 위한 분자 탐침으로 활용하려는 연구가 진행되고 있다.

지금까지 화학생물학은 화학과 생물학의 경계에서 생물학 난제에 대한 새로운 관점과 해결 방법을 성공리에 제시해 왔으며, 이를 바탕으로 하나의 융합 학문 영역으로의 입지를 확고히 다져 왔다. 화학생물학은 오늘날 우리가 갖고 있는 원자 수준과 세포 수준 사이의 엄청난 지식 격차를 메울 수 있는 잠재력 큰 학문 분야다. 이런 관점에서 화학생물학은 앞으로 생명현상 탐구를 위한 분자 도구 개발에서 나아가 자연계에서 일어나는 모든 생명현상을 아우르는 거대 학문으로의 진화를 지속할 것으로 예상된다.

비록 해양천연물을 이용한 화학생물학 연구는 아직 초기 단계에 머물러 있지만 최근 생물 채집 기술, 화학 분석 기술, 분자 합성 기술, 분자 생물학 기술 등의 놀라운 발전에 힘입어 참신한 화학 골격과 생리 활성을 지속하고 있는 해양천연물을 발굴해 내고 있다. 동시에 이들과 관련된 신규 생합성 유전자군gene cluster과 생합성 경로들도 규명되고 있다. 이런 결과들은 생체 기능 제어에 효과가 있는 해양천연물 기반 분자 탐침뿐만 아니라 미래형 혁신 신약 개발을 위한 핵심 소재로 활용될 수 있어 앞으로 국내에서도 해양생물자원을 이용한 해양 화학생물학 연구에 꾸준한 관심과 투자가 필요한 시점이다.

대사공정을 이용한 해양생물공학

임정한, 한세종 한국해양과학기술원 부설 극지연구소

해양생물은 대사회로를 이용하여 다양한 물질을 생산한다. 해양생물의 특정 대사경로를 확대 또는 제거하거나 다른 종에 대사경로를 삽입하는 방법을 통해 인간이 원하는 유용한 화학물질 및 생물학적 물질의 생산을 극대화 할 수 있다. 대사공학을 이용하여 해양 미생물로부터 고부가가치의 물질을 효율적으로 얻는 생물공학적 방법에 대해 알아보고자 한다.

지구 표면의 70%를 점유하고 있는 해양의 전체 부피는 약 13억 7,000만㎦로 수권의 98% 이상을 차지하고 있다. 그러나 이에 서식하는 미생물의 연구 역사는 다소 짧고 수준도 기초 단계에 머물러 있다. 혹한의 남극 얼음 속, 뜨거운 온천수나 열수구, 높은 압력이 작용하는 심해저, 빛이 전혀 없는 바닷 속에도 미생물이 서식할 수 있기 때문에 미생물의 분리원으로 해양이 주목받고 있다. 특히 연안의 해수, 해저퇴적층, 갯벌, 부유물질의 표면, 해양 생물 표피나 내부기관에는 다양한 형태와 생리 특성을 지닌 해양 미생물들이 존재하고 있다.

해양에서 새로운 미생물들이 발견되고 새로운 대사 물질이 탐색됨에 따라 그 생태계의 다양성은 해양 미생물의 종 다양성뿐만 아니라 새로운 물질의 탐색 대상으로서 많은 관심을 받게 됐다. 특히 해양에서 유래한 수많은 생리 활성 물질의 1차 생산자가 바로 해양 미생물이라는 증거가 발견됐다.

예를 들어 복어 독인 테트로도톡신tetrodotoxin은 복어가 만드는 물질이 아니라 복어의 장내 서식 미생물로 비브리오Vibrio속이나 알테로모나스Alteromonas속 미생물이 생산한다는 보고가 있다. 에이코사펜타엔산EPA, eicosapentaenoic acid의 경우 유용한 고도 불포화 지방산으로, 지금까지 정어리·전갱이·고등어 등 푸른 어류에서 추출했으나 장내 세균 분리 이후 시와넬라Shewanella속 미생물로부터 생산할 수 있게 됐다.

이 밖에도 여러 생리 활성 물질이 해양 동식물에 공생 또는 기생하고 있는 미생물에 의해 만들어지며, 이러한 미생물을 분리하면 다량의 유용한 천연물이 생산될 수 있을 것으로 보인다. 또 미생물을 이용한 물질 생산이 다른 천연물에서 분리 추출하는 것보다 대량 생산에 용이하기 때문에 신규 천연물 생산을 위한 대사공학 기술이 주목받고 있다.

이 장에서는 해양 유래 신규 물질의 대량 생산을 위한 생물화학 공정의 적용, 적정 생산을 위한 대사공학 분석 등에 관해 소개한다.

신규 물질 생산을 위한발효 공정

해양 미생물 유래 신규 물질의 생산성 향상을 위해서는 발효 공정의 최적화가 필요하다. 생산성은 숙주세포의 고농도 배양과 동시에 단위 세포당의 높은 발현을 기본으로 요구한다. 그러나 많은 경우 빠른 세포 생장은 단위 세포당 생산성을 저하시키고, 단위 세포당 높은 수준의 발현은 세포의 생장을 방해한다. 이에 따라서 물질 생산은 상반되는 두 요소를 상호 최적화해야 한다. 이러한 최적화에 고려해야 하는 인자로는 생산 유도 시기, 총 배양 시간, 세포 비생장 속도 등이 있다. 고농도 배양을 위해서는 용존산소를 고려해야 한다. 발효 공정은 조업 방식에 따라 회분식 배양batch culture, 유가식 배양fed-batch culture, 연속 배양continuous culture 등으로 구분할 수 있다.

배양배지

적절한 배지에서 흡수된 영양소는 에너지 생산, 세포 생장을 위한 생합성 및 대사산물 생성에 이용된다. 배지의 조성은 세포 생장과 물질 생산 최적화를 위해 구성돼야 한다. 세포가 필요로 하는 영양소는 필요한 양에 따라 다량원소와 미량원소로 구분된다. 다량원소는 탄소, 질소, 산소, 수소, 황, 인, 마그네슘, 칼륨 등 0.1mM 이상의 농도를 필요로 하는 것이다. 미량원소는 그 이하의 농도를 필요로 한다. 몰리브덴, 아연, 망간, 철, 칼슘, 나트륨, 비타민, 성장호르몬, 대사전구체 등이 미량원소에 속한다.

미생물 배양을 위한 배지의 화학 조성을 알거나 모름에 따라 규정배지defined media와 복합배지complex media로 구분할 수 있다. 규정배지는 화학 조성을 알고 있는 순수 화합물로 구성된 배지다. 포도당, 암모늄염, 인산염, 마그네슘염 등을 포함하는 규정배지는 재현성 있는 결과를 제공한다. 복합배지는 화학 조성이 알려지지 않은 효모 추출물, 펩톤, 당밀, 옥수수 추출물 등 자연 화합물을 포함하고 있다. 대개는 필요한 성장인자, 비타민, 호르몬, 미량원소 등을 포함하고 있어 규정배지보다 더 높은 생장 속도와 물질 생산 수율을 제공한다.

배양 환경

세포의 생장 및 물질 생산성은 온도, pH, 용존산소, 이온세기 등 환경 요인의 영향을 받는다. 최적 생장 온도에 따라 20℃ 미만인 경우 저온성 미생물psychrophiles, 20~50℃인 경우 중온성 미생물mesophiles, 50℃ 이상인 경우 호열성 미생물thermophiles 등으로 구분된다. 최적의 성장 온도에 도달할 때까지 생장 속도는 10℃당 약 2배 증가한다. 그러나 세포 생장과 물질 생산 최적 온도는 서로 다를 수 있기 때문에 배양 온도는 생산성이 최대가 되도록 조절돼야 한다.

수소이온 농도는 효소 활성에 영향을 미치기 때문에 미생물의 생장에 영향을 미친다. 수소이온도에서 음의 로그log 값은 페하pH라고 한다. 최적 생장 pH에 따라 pH 5.5 이하의 호산성acidophiles, pH 5.5~8.0의 호중성neutrophiles, pH 8.5 이상의 호염성alkaliphile으로 구분할 수 있다. 생장에 필요한 최적 pH도 물질 생산을 위한 최적 pH와 다를 수 있다. 대체로 각각의 최적치는 1~2 정도 차이가 난다. pH는 발효 과정에서 변화한다. 암모니아가 단일 질소원으로 사용되면 배지로 수소이온을 방출해 pH는 감소하고, 질산염의 경우 질산기를 암모니아로 환원하기 위해 수소이온이 배지로부터 제거되면서 pH는 증가한다.

이 밖에 유기산 생성 또는 소모, 염기성 물질 생산 등에 의해 pH가 변화된다. 해수의 경우 이산화탄소 생성 및 공급에 의해 pH 변화가 크다. 미생물은 주위의 pH가 변화해도 세포 내부의 pH는 일정하게 유지하는 기작이 있다. pH 차이가 날 경우 세포 내 최적치를 유지하기 위한 에너지가 소모된다. 따라서 완충액과 pH 제어시스템을 적극 이용해 pH를 조절하는 것이 중요하다.

$$pH=-\log_{10}[H^+]$$

용존산소DO는 호기성 발효에 중요한 인자다. 산소는 물 용해도가 낮아 미생물 생장에서 제한 요인이 될 수 있다. 산소 요구도에 따라 미생물은 호기성 미생물aerobes과 혐기성 미생물anaerobes로 구분되다. 세포 농도가 높은 경우 산소 소모 속도가 공급 속도를 초과하기 때문에 산소 부족이 유발된다. 임계 농도 이상에서는 생장 속도가 용존산소와 무관하지만 임계 농도 이하에서 산소가 생장 저해 인자가 되기 때문에 생장 속도는 용존산소 농도에 의해 변화된다. 아조토박터*Azotobacter vinelandii*의 경우 0.05mg/L의 용존산소 농도에서 배양하면 포도당이 존재하더라도 생장 속도는 최댓값의 50%에 불과하며, 포도당이 완전히 소모되면 생장은 정지된다. 배양 기간의 생장 속도 대부분은 용존산소 농도에 의존하며, 생장은 포도당의 양에 의해 결정된다.

발효 배지의 이온 농도는 특정 영양소의 세포 안팎으로 전달되는 과정, 세포의 대사 기능, 산소 등 용해도에 영향을 미친다. 필요 이상의 기질 농도는 세포의 기능 및 성장을 저해한다. 저해 기질의 농도는 세포와 기질의 종류에 따라 다르다. 포도당은 200g/L 이상에서 배지의 유동성을 저하시키며, 염화나트륨 등의 염은 40g/L

온도, 산소, 회전 속도 등이 조절되는 배양기에서 해양 세균을 배양하는 모습

이상이 되면 삼투압에 영향을 미쳐 세포 성장을 저해한다. 페놀, 톨루엔, 메탄올 등 내성화합물refractory compound은 1g/L의 낮은 농도에서 세포 성장을 저해한다. 대체로 포도당 100g/L, 에탄올 50g/L, 암모늄 5g/L, 인산 10g/L, 질산 5g/L 이하에서는 세포 성장이 저해를 받지 않는다. 이를 최대 비저해 농도maximum non-inhibitory concentration라고 한다.

배양 동력학

세포 생장은 궁극으로 분열에 따른 개체 수 증대와 각 개체 크기의 증가를 의미한다. 미생물은 적절한 물리 및 화학 환경 조건에서 영양소를 흡수하고 대사 과정에 참여해 에너지 생산과 화합물 생성 활동을 한다. 회분식 생장의 전형 곡선은 지연기lag phase, 대수기exponential phase, 감속기deceleration phase, 정지기stationary phase, 사멸기death phase 등을 포함한다.

지연기는 접종 직후 새로운 효소가 합성되고 불필요한 효소들의 합성이 억제되면서 세포 내 대사 과정 조절과 함께 새로운 환경에 적응하는 시기다. 산업화 회분식 배양에서 높은 생산성을 위해서는 지연기를 단축시켜야 한다. 이때 접종 전에는 세포를 생장 배지에 적응시켜야 하며, 적절한 세포 농도가 필요하다. 대개는 대수기의 활성을 지닌 세포배양액이 전체 배양 부피의 5~10% 되도록 접종된다.

대수기는 세포들이 새로운 환경에 적응한 단계로, 높은 증식률에 의해 배양 시간에 따라 세포의 질량 및 수가 지수 형태로 증가한다. 세포량X은 초기 세포량X_0, 시간t, 비성장속도μ로 표시할 수 있다. 이 시기는 균형생장balanced growth 시기로, 세포의 모든 성분이 동일하게 증가해 세포의 평균 조성이 일정하게 유지된다.

$$X=X_0e^{\mu t}$$ (X는 시간 t에서의 세포량, X_0는 초기세포량, μ는 비성장속도 (h^{-1}))

감속기에서는 한 개 이상 필수 영양소가 고갈되거나 생장 과정에서 생성된 유독 물질 때문에 세포 구조가 변화되거나 급격한 환경 변화로 불균형 생장이 있을 수 있다. 정지기는 감속기 말기에 이뤄진다. 생장 속도는 0이지만 세포는 대사 활성을 띠고 특정 대사산물을 생성한다. 정지기에는 세포 내의 저장 물질을 분해해 새로운 구성 단위의 물질과 에너지 생성 단량체 등 2차 대사산물의 생산이 촉진된다. 정지기 말기에 영양물질이 고갈되고 독성 산물이 다량 축적되면 사멸기가 시작된다. 죽은 세포가 용혈돼 배양액으로 방출되면 살아 있는 세포는 이를 이용한다. 사멸 속도는 일차 반응을 따른다. 사멸기 초기 세포를 새로운 배지에 접종하면 새로운 배양이 가능하다. 정지기와 사멸기에는 동일 집단 안에서도 개체 간 특성에 차이가 있다는 사실을 이해하는 것이 중요하다.

배양 방식

① 회분식 발효batch fermentation

초기에 한 번 배지를 투입한 후 영양물질을 추가 공급하거나 생성물을 제거하지 않고 배양기에서 세포를 배양하는 방식이다. 회분식 발효조는 주 배양조main fermentor와 종균 배양조seed fermentor로 나뉜다. 발효조는 대부분 심부발효조submerged fermentor로서 배지의 조제, 증기 멸균, 냉각, 배양을 순차적으로 진행할 수 있다. 발효조에는 통기용 공기 압축기, 공기 제균 장치, 소포 장치, 온도 조절기, pH 측정 및 제어 장치, 용존산소 농도 측정 장치 등이 부착돼 있다. 회분식 발효는 연속 발효와 달리 미생물의 생존 환경이 시간에 따라 변하기 때문에 발효조 안의 물리 변수와 화학 변수는 비정상 상태에서 조절된다. 회분식 배양은 2차 대사산물 생산에 유리하다. 이는 배양 초기에는 세포를 생장시키고, 정지기 이후에는 포도당 농도가 낮고 세포 증식률이 낮은 상태에서 2차 대사산물 생산을 유도할 수 있기 때문이다. 목적에 맞춰 배지 조성, pH, 온도, 산소 공급 등을 쉽게 조절할 수 있는 장점이 있다. 그러나 초기 배지 안에 세포 성장을 저해하는 성분이 다량 포함돼 있으면 생산성이 저하되는 단점이 있다. 회분식 발효의 최적화는 평가함수PI, performance index에 의해 결정된다. PI는 생산물 가격 + 분리 경비 + 유지 경비에 비례한다.

② 유가식 발효fed-batch fermentation

회분식 배양을 수행하는 동안 새로운 배양액이나 성장 제한 기질 용액 또는 생산물의 전구체 등을 공급하며, 반응 생성물은 발효조에 남아 있게 하는 방식이다. 기질 농도가 변해 생산성에 영향을 미치는 경우 회분식 발효보다 유리하다. 이 방식의 장점은 첫째 기질이 세포 생장에 해로운 경우 기질을 점차 공급해 기질 저해 현상을 줄일 수 있기 때문에 메탄올, 에탄올, 방향족 화합물 등 세포독성 물질을 기질로 사용할 수 있다. 둘째 100g/L 이상의 고농도 세포를 얻고자 할 때 회분식 배양의 경우 기질을 일시에 투입하게 되면 기질 저해 현상이 있게 된다. 유가식 배양에서는 기질을 점차 공급하기 때문에 기질 저해 현상을 방지할 수 있다. 셋째 포도당 효과, 대사산물에 의한 저해catabolite repression, 이차산물 생산을 유도할 경우에 이용된다. 기질의 공급 방식은 대체로 일정량 공급법constant feeding, 대수 공급법exponential feeding, 주기 공급법periodic feeding이 있다. 일정량 공급법은 공급량을 일정하게 유지하는 방법, 대수 공급법은 시간에 따라 세포의 지수 성장에 맞춰 공급량을 늘리는 방법, 주기 공급법은 기질을 투입한 후 일정 기간이 지난 뒤 재투입하는 방법이다.

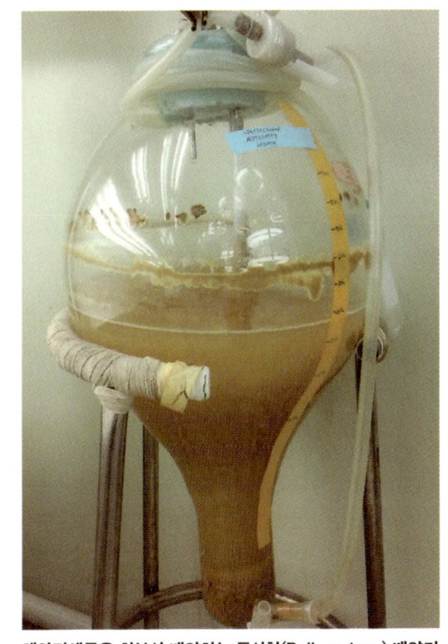

해양미생물을 회분식 배양하는 풍선형(Balloon type) 배양기

③ **연속발효**continuous fermentation

새로운 배양액이 반응조에 연속 공급되고 생성물과 세포들이 연속 제거된다. 이 경우 일정 시간이 경과하면 발효 공정은 정상 상태steady state에 도달하게 된다. 이 상태에서 세포 성장, 생성물 형성, 기질 유용 등 일정한 배양 환경을 유지해 균일한 물질 생산을 이룬다. 연속 배양은 플러그 흐름 반응기PFR, plug flow reactor, 충진층 반응조packed bed를 사용하기도 하지만 기본 형태는 연속 교반탱크형 반응기CSTR, continuous stirred tank reactor다. CSTR는 발효조 안에 농도 구배가 없고 외부 자극에 반응을 보이는 데 적합하다. 한편 발효조 안의 화학 조성이 일정하게 유지되면 케모스타트chemostat, pH가 일정하면 페하스타트pH-stat, 탁도turbidity가 일정하면 터비도스타트turbidostat라고 부른다. 최상의 PFR에서는 새로 공급되는 배지와 배양이 끝난 배지 간 혼합역혼합, back-mixing이 일어나지 않기 때문에 세포 농도를 유지시키기 위해서는 배양액의 일부를 새로 공급되는 배지로 재순환시켜야 한다. 따라서 최상의 PFR는 회분식 발효와 유사하며, 배지 유입구로부터 배출구까지의 상대 위치가 회분 배양기의 배양 시간에 해당한다.

케모스타트는 연속 교반탱크 반응기와 같다. 유용한 케모스타트는 pH, 용존산소 제어장치, 이외 몇 가지 제어 요소를 가져야 한다. 멸균된 배지가 완전히 혼합돼 통기가 이뤄지고 있는 발효조에 공급되고, 세포를 포함하는 배양액이 같은 속도로 반응기로부터 제거됨으로써 발효조의 배양액은 일정 부피를 유지하게 된다. 유량을

해양미생물을 유가식 배양하는 30리터 발효기

전체 부피로 나눈 값은 희석률D, dilution rate로 표시된다. 정상 상태에서 희석률은 세포의 비성장 속도μ와 같다. 이는 연속 배양의 정상 상태에서는 희석률을 이용해 비성장 속도를 조절할 수 있다는 것을 의미한다.

터비도스타트는 배지의 탁도가 설정치 이상에 도달하면 펌프가 자동 작동해 새로운 배지가 첨가되는 방식이다. 배양 부피는 동량의 배양액을 제거함으로써 일정하게 유지된다. 이 경우 세포 농도가 일정하게 유지됨으로써 배양 환경이 변하는 것에 따른 스트레스를 극복할 수 있다.

대사공학을 이용한 공정

대사공학은 대사 정보를 이용해 생화학 반응 네트워크를 해석하고 대사계의 흐름을 체계화해서 개량하는 방법으로 유전자를 조작하는, 단백질공학·유전체학·포스트유전체학이 가미된 미래 생물공학기술 전형이다. 미생물의 대사는 물질의 종류에 따라 탄수화물, 지방, 단백질, 핵산 등의 대사 과정으로 나눌 수 있다.

가장 기본이 되는 반응은 탄소 대사로, 탄수화물 분해물인 포도당을 생성하는 것이다. 탄수화물은 분자량이 크기 때문에 생물체 바깥에서 효소에 의해 분해된 다음 포도당 형태로 세포 안에 들어간다. 탄소 대사는 포도당이 ATP에 의해 인산화포도당glucose-1-phosphate을 거쳐 피루브산pyruvate을 형성하는 EMP 대사 경로Embden-Meyerhof-Parnas Scheme 아세틸 코에이acetyl CoA를 거쳐 이산화탄소 및 물을 생성하는 구연산 회로TCA, tricarboxylic acid cycle와 결합해 산소를 환원시켜서 다량의 ATP를 생산하는 산화호흡oxidative respiration의 세 가지 대사 과정에 의해 이뤄진다. 아미노산, 지방, 핵산 생산 과정은 탄소 대사 작용과 밀접한 관계를 맺는다.

대사공학의 목적은 생산 균주의 유전자 조작으로 한층 진화된 대사 공정을 개발해 미생물의 대사 능력을 향상시키거나 생물 공정에서 미생물의 대사 조건을 향상시키는 것 등 대사 과정과 생산물을 분석해 물질 생산을 최적화하는 것이다. 수학 모델링은 대사공학의 중요한 도구다. 수학 모델링은 대사 모델의 컴퓨터 모사computer simulation, 대사 자료 평가, 대사 시스템 분석 및 예측, 새로운 대사 시스템 설계 및 최적화와 같은 목적에 절대 필요하다. 모델들의 정확도와 유용성을 검증하기 위한 요소에는 모델에 사용된 가정, 모델을 위한 단순화, 사용된 대사 자료의 정확도 등이 있다. 모델의 유용성을 검증하는 기술은 일부분으로만 가능하며, 아직 신뢰할 수준이 되지 못한다. 그러나 최근 대장균의 대사 회로를 모델링한 후 실제 재조합 균주에서 아미노산, 가솔린 등을 생산할 정도로 기술 진보를 이뤘다. 모델링 평가를 현실화하기 위해 여러 방법이 제시되고 있다. 대사 네트워크의 경로 분석stoichiometric pathway analysis, 대사 속도 분석MFA, metabolic flux analysis, 대사 조절 분석MCA, metabolic control analysis, 대사 조절 메커니즘의 최적화optimization of metabolic control, 대사 네트워크의 동적거동을 해석하는 평가 방법 등이다.

화학 공정 모델chemical process models

화학 공정 모델을 수립하기 위해서는 먼저 목표로 하는 생산물이 만들어지는 화학 반응을 이해해야 한다. 실제로 생산물을 얻기 위한 반응 과정은 매우 복잡하다. 화학 공정 모델을 수립하기 위해서는 1개의 반응식과 함께 이 화학 반응이 이뤄지기 위한 온도, 압력, 촉매 등 여러 조건을 충족시켜야 한다. 모델이 선정되면 주반응, 부반응 등 화학 공정의 모든 측면에서 공정이 진행되는 과정을 이해해야 한다. 공정 진행을 기초 자료로 하여 정확한 수학 모델을 만들고 모사 실험을 실시한다. 모사 과정에서 측정된 자료를 해석해 모델의 정확도를 평가하고 공정에 관여된 변수를 조절함으로써 유효적절한 공정 설계가 이뤄진다. 시스템 분석·예측·최적화 과정에서는 모델에 포함된 수학 방법을 적용해 시스템의 구조와 기질, 생산물의 정성·정량 특성을 이해하고 관련된 요소를 선정해서 적절한 값이 되도록 조절한다.

대사 공정 모델metabolic models

대사공학은 미생물의 대사 능력을 향상시키기 위한 모든 기술을 말한다. 대사공학의 예로는 세포 대사 네트워크에 관여하는 효소들에 유전자 조작을 하거나 생물 공정의 운전 조건을 최적화함으로써 대사 능력을 향상시키는 것 등이 있다. 대사 공정 모델은 화학 공정 모델의 연장선상에 있기 때문에 화학 공정에 이용된 수학 모델링 방법이 생물학 공정에 적절히 응용될 수 있도록 하는 것이 중요하다. 생물학적 시스템은 대사 경로 간에 밀접한 상호작용이 있기 때문에 대사 네트워크 범위가 넓다는 점을 우선 고려해야 한다. 대사 모델을 구성하기 위해서는 모델의 형상화 단계, 모델링, 단순화 가정假定이 필요하다. 또 반응 속도에 영향을 미치는 주요 요소의 이해와 측정 자료가 필요하다.

모델 형상화 단계는 먼저 대사 시스템을 단위 구획으로 나눈 다음 대사 물질들의 화학 변화 및 시스템에서의 이동 등을 개념화해 정리하는 것이다. 이 단계에서는 대사 물질의 양이 많다고 가정하고 가능성이 낮은 미세 변화를 무시하면 대사 과정은 농도를 변수로 하는 시스템으로 형상화된다.

모델링은 형상화 작업이 끝난 후 모넬 식을 만드는 과정이다. 구획이 정해진 시스템 안에서 질량 보존의 법칙, 에너지 보존 법칙과 같은 물리 법칙을 적용한다. 이를 바탕으로 제공된 기질과 산물 간 양적 관계의 변화를 계산하기 위한 일련의 양론식量論式이 유도된다. 공식에 필요한 대사 속도의 변수와 대사 물질의 변수가 정해지면 일반 모델링이 이뤄진다. 모델을 세밀하게 표기하기 위해 유도된 양론식에서 대사 속도는 대사 물질의 농도로 표현되는 시스템 변수로 표시한다. 이때 세포 밖에서 수행된 실험으로부터 얻은 효소 반응 공식이 세포 내부 환경에서도 성립한다는 가정이 필요하다. 대사 시스템을 좀 더 자세히 묘사하기 위해 세밀한 모델을 수립할 수 있지만 파생되는 수식과 요인의 수가 많아 실제 적용에는 문제가 있다.

단순화 가정은 대사 시스템을 하나의 단위로 묶거나 전체 대사 경로를 몇 개의 반응으로 축약해 모델의 복잡성을 줄이는 작업이다. 형상화가 끝난 후 모사simulation를 수행하려면 반응 속도의 상수가 필요하다. 이들 자료는 문헌과 데이터베이스로부터 얻는다. 모델링의 가장 중요한 요소는 세포 내의 시스템에서 측정된 자료다. 특히 복잡한 대사 모델은 실제 세포 내에서 측정된 자료로 검증이 가능하다. 생물학 시스템에서 실제 자료를 측정하기 위해 대사 속도 분석MFA, 급속 시료 채취rapid sampling, 프로테옴 분석, DNA 칩 등 기술이 연구되고 있다.

모델의 검증은 모델링에서 가장 어려운 단계로, 개발된 모델이 적용하고자 하는 범위 안에서 모든 실험 결과를 예측할 수 있어야 하기 때문에 수학식으로 정확히 검증하기는 어렵다. 그러나 실험 계획 및 자료 분석 과정에 통계 분석 개념을 도입함으로써 모델 검증의 오류를 극복할 수 있다. 모델에서 요구하는 정확도가 낮으면 정성 모델 검증 방식을 사용하게 된다. 이때는 모델이 실제 시스템의 안정성, 예측된 결과와의 차이 및 변동 폭 등을 어느 정도만 유사하게 예측해도 충분하다. 좀 더 엄밀한 모델 검증은 반증 법칙falsification principle; 모델이 틀렸다는 가정의 모든 시도를 극복했을 경우 모델이 검증된 것이라고 함으로부터 유도된다. 이 경우에는 좋지 않은 검정을 제외시켜서 실험 결과가 모델에서 예측한 값과 유사하고, 모델의 약점에 대한 가정치를 검정해서 이를 잘 통과하는 모델을 찾아 나감으로써 유효한 모델을 만들어 가게 된다.

통계학적 검증 방식은 먼저 모델을 선정해서 정확하다고 가정하면 주어진 실험치를 모델 파라미터에 산정하고, 가정에 모순되는 모든 결과를 찾도록 통계적으로 시도하는 것이다. 이러한 개념이 확장된 것이 모델 구분discrimination으로, 구조가 다른 여러 모델 가운데 대상으로 주어진 실험치에 적합한 실제 시스템의 작용을 다양하게 설명하는 모델을 선정하는 것이다. 대체로 이러한 과정을 거쳐 선정된 모델은 모든 통계학적 시험을 통과한 것이 된다. 이러한 모델 구분법은 유사한 모델을 구분하기 위한 실험을 계획하는 기법으로 확장될 수 있다.

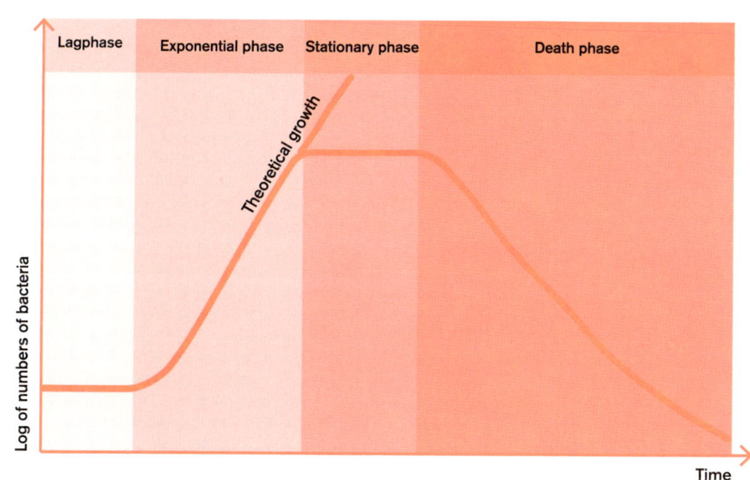

세포의 성장 주기

복잡한 생물학 시스템의 모델링에는 많은 가정이 필요하다. 이는 물리 법칙이 기본으로 적용되고, 생화학 반응 네트워크 정보가 가정으로 이용된다. 그렇지만 P/O 비율산소 소모량에 대비한 에너지 생산 비율과 같이 정확하게 정의하기 어려운 상수들도 모델에서 이용하기 때문에 현재 수준으로는 대사 모델의 예측력이 높지 않다. 이에 따라 생물학 시스템의 모델링에 기존의 공학 분야 시스템 설계 기술을 적용해 외부 환경 조건에서 정량 대사 시스템의 활동 예측이 가능하도록 하기는 어렵지만 현재 게놈 프로젝트 등 연구에 의한 생물학 작동 시스템 연구에 도움이 될 수 있을 것으로 보인다.

살아 있는 세포는 1,000가지 이상의 생화학 반응이 독립 발생하고 물질과 에너지는 보존되며 열역학 법칙에 의해 지배되는 하나의 생물 반응기다. 이러한 반응은 효소에 의해 촉매되며, 대사 반응metabolic reaction은 대사 경로metabolic pathway에 의해 조직화돼 있다. 대사산물의 대량 생산은 대사공학의 가장 기본이 되는 핵심 분야로, 효소 등의 도입을 통한 새로운 대사산물의 생산 및 기존 대사산물의 생산량 증대를 목표로 한다. 이는 유용한 물질을 생산하기 위해 생화학 반응식이자 미생물이 세포 외에서 흡수하거나 분비하는 대사산물을 정량화해 미생물의 대사 회로 흐름을 예측하는 기술이다.

생명체 내의 대사 네트워크와 생체 반응은 각 세부 요소가 매우 복잡하게 연결돼 있다. 이러한 대사 반응을 예측하기 위해서는 대사산물, 대사 회로, 유전 정보 등 자료가 필요하기 때문에 해석과 모델링에 수학·물리·화학·공학 방법론을 적용해야 한다. 따라서 대사 흐름 분석metabolic flux analysis 및 대사 조절 분석metabolic regulation analysis과 같은 대사공학 기법 및 네트워크 해석 기법, 화학공학에서의 공정 해석 등이 이용된다. 대사 네트워크 기술이 확립되면 인위로 세포 내 대사 회로를 바꾸기 위해 특정 유전자를 제거하거나 새로운 유전자를 도입했을 때 영향을 예측함으로써 목적하는 대사 회로의 선택이 가능해져서 최적화된 배양 환경을 제시할 수 있다.

현재까지는 육상생물의 신규 물질 생산 연구가 활발히 이뤄져 왔지만 점차 육상생물 자원이 고갈됨에 따라 새로운 해양 유래 신규 물질 생산이 주목받고 있다. 그러나 해양 미생물로부터 신규 물질 생산을 위한 발효 공정을 개발하거나 대사 공정의 연구·개발이 이뤄진 예는 거의 없다. 이는 바다라는 특수한 환경으로 인해 시료 채집이 어렵고, 신규 물질 또한 극미량이며, 대부분 구조가 복잡해서 합성이 까다롭기 때문이다.

해양 미생물의 발효 공정 개발에서 특별히 고려해야 할 것은 이들이 생장하는 환경 조건의 근간이 바로 해양 환경이라는 점이다. 이에 따라 발효를 위한 배지 조성 및 배양 조건을 연구할 때 해양 환경 요인이 적용돼야 한다. 해양 미생물을 이용한 신규 물질 생산을 위해 환경 조건 연구로부터 고전 생물반응기 및 대사공학 연구가 진행돼야 한다. 조만간 우리는 독특하고 강력한 생리 활성을 보이는 해양 유래 신규 물질을 대사 공정을 이용해 개발할 수 있을 것이다.

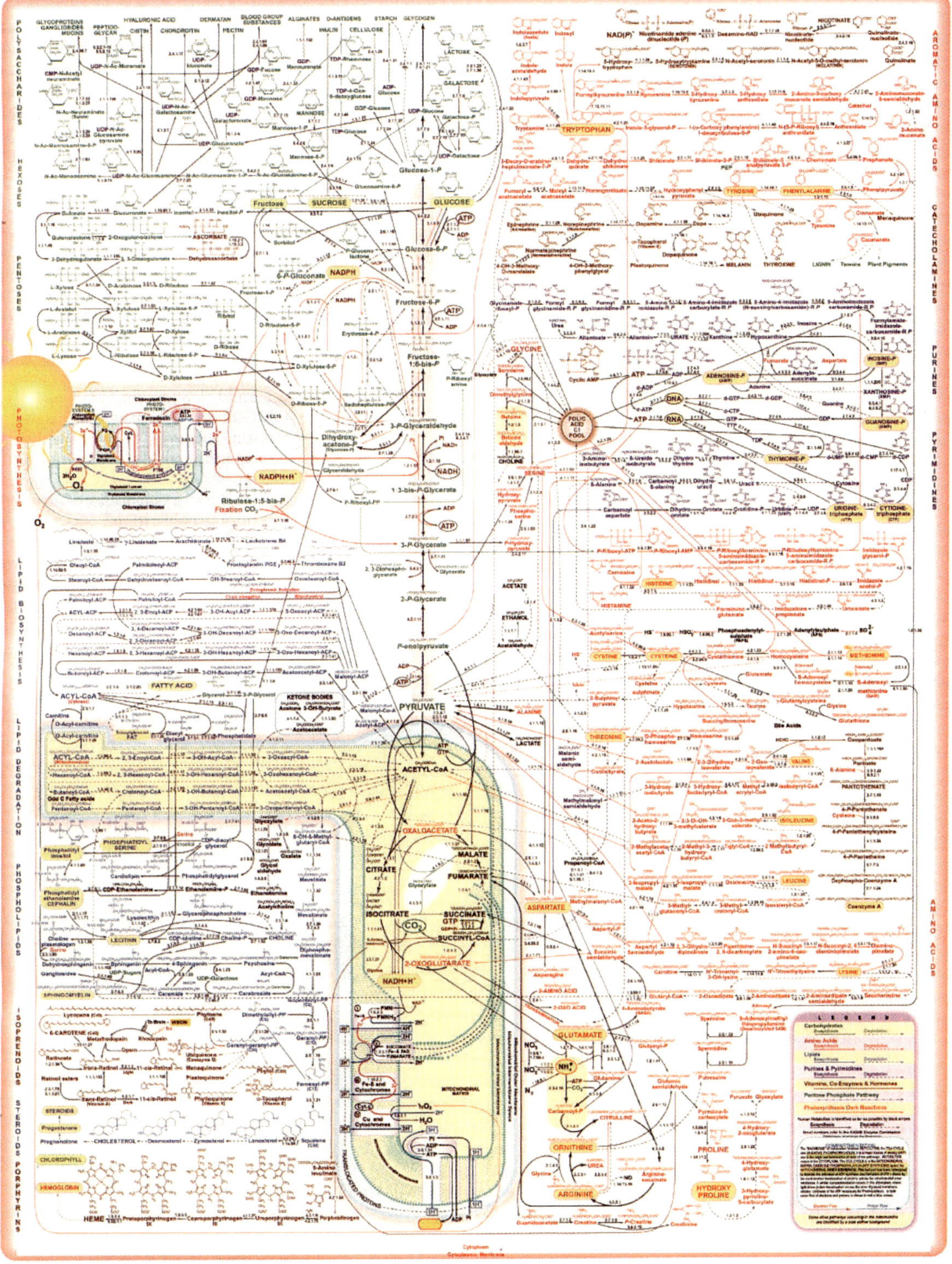

복잡한 형태의 대사공정모델

미래해양산업으로서 해양바이오

이홍금 한국해양과학기술원 부설 극지연구소

해양은 생명을 최초로 탄생시킨 모태일 뿐만 아니라 생물이 진화한 보금자리다. 지구 표면적의 70%를 차지하는 해양은 평균 수심이 4,000m에 이르고, 염분은 35‰, 해수 온도는 90~95%가 연평균 5℃ 이하의 특성을 띤다. 지구 생물종의 80%를 차지하는 해양 생물은 육상과 극히 다른 해양 환경에 적응하기 위해 육상 생물과 다른 대사물질을 생산하거나 생리작용을 하면서 진화했다. 이렇듯 해양 생물은 육상 생물과 특성이 다르기 때문에 해양 생물로부터 식량·건강·소재, 에너지 분야의 제품 및 서비스 개발 기술이 급격히 발전하고 있다. 오믹스와 생물정보학이 급속히 성장함에 따라 전통 해양산업이던 수산양식업과 식품산업은 첨단 생명공학기술과의 접목으로 미래 신산업으로 탈바꿈하고 있다. 또 지금까지 이용되지 않은 해양 생물자원의 생체 기능과 유전 정보를 활용한 해양바이오는 신산업으로서 태동기 또는 도입기에 있다. 이런 가운데 해양 강국으로 더욱 발전하기 위해서는 해양 생물자원을 개발 · 이용 · 보전할 수 있도록 연구개발 투자가 확대되고 국가 인프라가 강화돼야 한다.

복합 성격의 해양바이오기술

해양바이오는 이용되지 않은 해양 생물의 독특한 생체 기능을 유전자·단백질 등의 수준으로 해석해 해양 생물의 새로운 유전자를 제공하고 생물정보학기술을 융합해 세계 생물정보시장을 점유할 수 있다. 또 산업화 목적에 따라 생체분자 구조와 기능을 재설계할 수도 있는 미래 첨단산업기술이다.

이전의 해양생물산업은 수산물을 단순하게 채집해 식용으로 사용하거나 가공하는 수준이었다. 바이오시장에서도 주로 해조류에서 유래한 다당류, 효소, 색소, 불포화 지방산 등의 산업 소재가 시장 대부분을 차지하는 수준이었다. 그러나 해양 생물에 대한 접근이 쉬워지면서 해양 생물의 생체물질이나 유전자원으로부터 새로운 의약·식품·바이오화학 소재 등 세계시장 점유 가능성이 큰 신산업 소재 개발이 가능하게 됐다. 또 식량안보의 중요성 증대에 따른 해양바이오산업이 바이오시장에 새로 형성될 것으로 주목받기 시작했다.

해양 생물을 이용하는 지속 가능한 분야 중 하나인 해양바이오는 해양 생물자원 탐사 기술, 생태계 모니터링 기술 등 해양 환경 재현을 위한 해양과학기술, 첨단 생명과학기술, 정보기술 등이 망라된 종합 기술을 필요로 한다. 전통 바이오기술BT로는 해결하기 힘든 극한환경생물의 생체 기능을 이용하기 위한 특수 기술이 필요할 뿐만 아니라 생물오손과 양식 등 고유한 영역도 있다. 이용된 적이 없는 다양한 해양 생물자원을 해양기술MT, 나노기술NT, 생명공학기술BT, 정보통신기술IT을 융합해 대량 수집과 그 유용성을 발굴하고 생물 산업에 활용하기 위한 실증 기술은 물론 제품화 등 응용기술에 이르기까지 해양바이오는 다양한 기술의 협업을 필요로 한다. 대두되고 있는 주요 기술로는 신개념의 유용성 유전자 고속 발굴과 정보처리 기술, 활성물질과 나노 소재 등을 개발하는 원천기술, 산업화에 절대 필요한 원천 기술인 맞춤형 인공 합성생물생산 기술, 대량 생산을 위한 생물공정 및 실증생산 기술 등을 꼽을 수 있다.

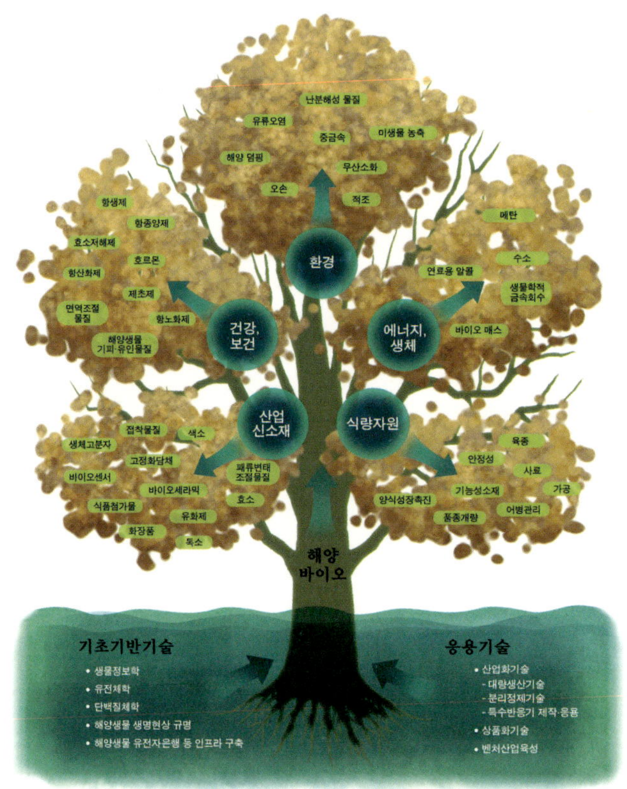

해양바이오의 기술체계

해양 생물의 다양성

생물다양성이란 '동식물종과 미생물'이나 이들 생물이 주변 환경과 유기적으로 서로 연결된 '생태계', 그리고 각 생물종 내의 '유전자' 다양성까지를 전부 아우르는 의미다. 생물다양성이 인간에게 중요한 이유는 우선 생물이 인간의 삶에 직간접으로 영향을 미치기 때문이다. 인간은 식량 대부분을 생물에서 얻고, 의약품의 46% 이상을 동식물이나 동식물 추출 물질로부터 얻고 있다. 인간은 생물다양성으로부터 이러한 '공급 서비스'를 포함해 다양한 '생태계 서비스'를 받고 있다.

지구의 70%를 차지하는 바다는 육지보다 훨씬 큰 규모의 서식처를 생물들에게 제공한다. 수심이 얕은 해역에서 일반적으로 수심 200m까지 해양 생물이 살아가고 있다. 해양 생물은 5,000m 이하의 심해에서도 살아간다. 이렇게 발견된 해양 생물은 지구상 생물의 80%인 30만여 종이다.

현재까지 알려진 생물의 종수는 육상 생물이 해양 생물보다 많다. 하지만 분류학상 상위 단계에 있는 과Family와 목Order의 숫자를 비교해 보면 해양 생물이 육상 생물을 넘어선다. 육상 생물이 17개 문Phylum으로 대표되는 데 반해 전 세계 해양 생물은 34~36개의 문으로 구성돼 있다. 그리고 동물의 문 종류 가운데 약 1/3은 해양에서만 발견되는 것으로 구성돼 있다. 지구에 서식하는 해양 생물의 규모는 최대 1,000만 종까지 추정될 정도다. 즉 다양한 해양 생물의 세계는 지금도 활짝 열려 있다. 다양한 해양 생물 보고寶庫 가운데 하나인 산호초에는 m^2당 1,000여 종의 생물이 서식하고 있는 것으로 조사되기도 했다.

해양 생물 종의 다양성은 동물이나 식물보다 미생물에 잠재돼 있다. 일반적으로 1백만 개의 미생물이 살고 있다. 그 가운데 대부분은 배양되지도 않았으며, 알려지지도 않은 실정이다. 동식물의 표면이나 내부에 서식하면서 군집을 이루고 있는 미생물이나 심해저에서 유기물을 분해하며 살고 있는 미생물도 아직까지 거의 연구되지 않았다.

동해·서해·남해가 서로 다른 해역별 특성을 띤 우리나라에는 1만여 종의 해양 생물이 분포돼 있는 것으로 보고됐다. 해양 생태계 기본 조사는 2006년에 시작됐다. 2010년까지 진행된 조사에 따르면 서해 북부 해역에서 1,082종, 서해 중부 해역에서 1,299종, 서해 남부 해역에서 1,631종, 남해 서부 해역에서 1,794종, 남해 동부 해역에서 1,846종의 해양 생물이 서식하고 있는 것으로 조사됐다.

9년에 걸친 해양 생태계 기본조사 결과를 토대로 전국 연안 해역의 해양생태도가 최종 확정됐다. 그 가운데 제주도 연안 등의 1등급 권역은 보호 대상 해양 생물의 서식지이거나 해양 생물 다양성이 풍부해 보전 가치가 높은 해역이다. 전국 연안 해역 189개 소해구18.3 + 15.2km 가운데 1등급 권역은 58%를 차지하는 110개로 조사됐다. 많은 섬이 있거나 갯벌이 포함된 해역과 난류·한류의 영향을 동시에 받는 해역은 종 다양성 측면에서 중요하다. 영해 및 배타적 경제수역EEZ 면적 기준으로 2010년에 조사된 국제 '해양생물 센서스 보고서'에 따르면 우리나라 해역의 해양 생물 종수는 1,000km^2당 32종으로 세계 1위를 차지한다.

생물다양성 손실에 대한 국제사회의 관심이 높아짐에 따라 1992년 브라질 리우유엔환경개발회의를 계기로 생물다양성협약CBD, Convention on Biological Diversity이 채택됐다. CBD는 기후변화협약UNFCCC, 사막화방지협약UNCCD과 함께 세계 3대 환경협약이다. CBD의 목적은 생물다양성유전자, 종, 생태계 보전, 생물다양성 구성 요소의 지속가능한 이용, 유전자원 이용으로 발생하는 이익의 공정하고 공평한 분배다.

2010년에는 유전자원의 접근 및 이익 공유ABS를 명시한 나고야의정서가 채택되고, 2014년 10월에는 강원도 평창에서 제1차 나고야의정서 당사국회의와 제12차 생물다양성협약 당사국총회가 열렸다. 194개국의 당사국 대표단을 비롯해 국제기구와 산업계 및 비정부기구NGO 등에서 약 2만 명이 당사국 총회에 참석한 가운데 주요 의제로 글로벌 생물다양성 목표 이행 중간 점검 및 로드맵 제시, 생물자원 접근 및 이익 공유에 관한 나고야의정서 이행 체계 구축, 2015년 이후 유엔의 새로운 개발 의제인 지속가능발전목표SDGs, Sustainable Development Goals에 생물다양성 반영 방안이 협의됐다.

2014년 10월 12일 발효된 나고야의정서는 52개국이 비준해 오늘에 이르고 있다. 주요 내용으로는 생물유전자원을 이용할 국가는 해당 자원을 제공하는 국가의 절차에 따라 사전 승인Prior Informed Consent을 받은 후 접근하며, 생물유전자원의 이용으로 발생한 이익에 대해 상호 합의한 계약조건Mutually Agreed Terms에 따라 제공국과 이익을 공유할 것 등을 다루고 있다. 아울러 체약국의 생물유전자원 접근과 이익 공유 절차에 관한 국내 규정 마련, 의정서 이행 여부 점검을 위한 국제인증시스템 및 점검기관 설치를 담고 있다. 제1차 나고야의정서 당사국 회의에서는 주요 의제의 하나로 나고야의정서 의무 이행을 위한 협력 절차 및 제도상의 방법이 협의됐다.

이에 따라 우리나라는 생물다양성협약CBD, 유전자원 접근 및 이익 공유ABS, 국제식물신품종보호협약UPOV 등에 의한 자국의 유전자원 및 지식재산권 보호주의와 자원의 주권화라는 국제 추세에 발맞추는 대응이 요구되고 있다. 해양 생물 소재의 다양성 독자 확보에 실패할 경우 비싼 기술료와 자원이용료 부담 등으로 기술

© 2011, Secretariat of the Convention on Biological Diversity

ABS관련 국가를 표시한 홈페이지(https://absch.cbd.int)

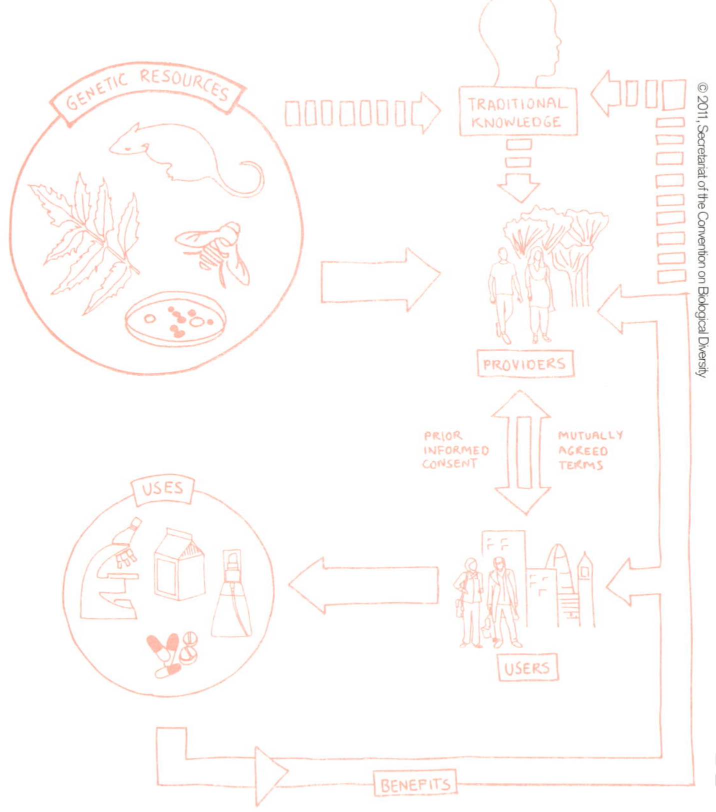

© 2011, Secretariat of the Convention on Biological Diversity

Introduction to access and benefit-sharing

종속화가 커질 우려가 있기 때문이다. 우리나라도 ABS 이행과 관련해 국내 입법 절차를 준비하는 것은 물론 우리나라 해역에 서식하는 해양 생물자원을 지속적으로 확보하고 효율적으로 관리할 수 있는 전문 인력, 시설, 운영 시스템을 발전시켜야 한다.

해양바이오의 현황과 전망

세계 각국은 BT 및 바이오산업을 자국의 신성장 동력으로 정하고 국가 차원의 지원 정책과 세부 실행 방안 등을 수립하고 있다. BT와 문화기술CT 융합을 통한 새로운 바이오응용 분야 및 제품이 창출되고 있으며, 헬스케어 신시장 창출을 위한 유전체 기술 활용이 확대되고 있다. 2014년 1월 미국 바이오업체 일루미나가 HiSeqX라는 유전체 분석 장비를 발표함으로써 개인유전체 분석 1,000달러 시대가 도래해 BT 혁명이 예상되고 있다. 3D 바이오 프린팅 기술은 신개념 기술 및 산업 패러다임을 제시한다. 또 바이오산업 급성장과 블록버스터급 의약품들의 특허 만료에 따라 대형 제약사의 손실 극복 방안이 큰 이슈로 떠오른 가운데 바이오시밀러와 제네릭 제조사의 시장 점유는 크게 확대될 것으로 전망된다.

그동안 이용되지 않은 해양 생물자원의 생체 기능과 유전 정보는 BT의 보건·식품·향장 산업 활성화의 원동력을 제공하고 신규 시장을 창출할 수 있다. 해양 생물은 미국이 '국가해양경제프로그램NOEP'을 통해 자국의 해양산업을 해양건설, 해양생물자원, 해양광물, 조선 및 선박수리, 관광 및 여가, 해운 등 6개 부문으로 구분하는 사례와 같이 생물산업과 해양산업에서 주목받고 있는 등 성장 잠재력이 큰 분야다.

전통 해양산업의 하나인 수산업 가운데 양식어업 시장의 규모는 2010년 1,030억 달러에서 2020년 1,389억 달러로 연평균 3% 증가할 것으로 전망된다. 이는 1980년에서 2000년까지 20년 연평균 증가율 10%에 비해 2010년대의 양식어업 증가율은 크게 둔화될 것임을 보여준다.

그러나 생물다양성협약이나 국제식물신품종보호협약UPOV에 의해 2012년부터 협약의 법 구속력이 해조류에까지 적용됨에 따라 해양 생물 종자 확보 경쟁은 가속화하고 있다. 고부가 양식업의 성공 사례로는 노르웨이를 들 수 있다. 노르웨이는 대서양 연어 육종 사업을 전개해 세계시장의 70%를 점유했으며, 육종 산업으로 총국내총생산GNP의 4.3%라는 눈에 띄는 산업화 실적을 창출하고 있다.

경제협력개발기구OECD-유엔식량농업기구FAD가 산정한 수산식품산업 시장 규모는 2010년에 2,937억 달러로, 이는 포획어업과 양식어업을 합한 규모보다 크다. 이 시장의 규모는 연평균 1.92% 속도로 성장해 2020년에 3,449억 달러가 될 것으로 전망했다. 전 세계에 걸친 웰빙 트렌드 확산과 고령인구 증가는 기능성식품Functional Foods이나 건강기능식품supplement 시장이 포함된 건강기능식품산업의 성장률이 연평균 6%에 이르는 데 영향을 미치고 있다.

우리나라의 2011년 식품산업 수출액은 32억 달러로 나타났으며, 식품산업 수출 품목에서 수산물가공품은 점유율 11%를 차지했다. 그 가운데 어류의 수산물 가공품 성장률이 6.6%인 데 반해 기타 수산물 가공품은 성장률 47.4%라는 높은 성장세를 보였다. 기능성 색소, 키토산, 올리고당, 콘드로이틴 등이 국내 기업 중심으로 개발된 가운데 용도 개발 및 고부가 가치화에 따른 시장 잠재력은 엄청나다.

2010년 기준 세계 해양바이오 시장 규모는 약 35억 달러 수준으로 추정되며, 이 가운데 의료용 제품 시장이 50.8%를 차지한다. 세계 해양바이오산업 규모는 2020년 72억 달러, 2030년 110억 달러로 전망된다. 그러나 해양 바이오연료 상용화가 성공하면 시장 규모는 매우 빠르게 팽창할 수도 있다.

해양바이오 시장 규모는 아직 크지 않지만 성장 가능성을 높게 평가한 미국 등 주요 선진국들은 해양바이오산업에 적극 투자해 왔다. 해양바이오산업 전체 시장의 1/3을 점유하고 있는 미국은 해양 정책 지속을 선언했다. 이의 하나로 해양바이오 기술 개발 분야 지원 확대 등 해양바이오 연구를 주도하고 있다. 또 해양 생물 오믹스 분석을 통한 IT·BT 융합 기술 개발과 해양 생물 유래 신소재, 해양바이오에너지 등 신성장 분야 투자를 확대해 오고 있다.

일본은 심해 미생물 연구에도 지난 10년 동안 5,000억 원을 지원했듯이 해양 생물 탐사 관련 원천 기술과 프런티어 분야를 주도하고 있다. 또 JAMATEC, MBI, FRA 등 중심의 산·학·연 협력이 활성화돼 있다.

특히 유전체 분석 기술이 비약적으로 발전되고, 차세대 해독 기술NGS, Next Generation Sequencing이 등장함에 따라 동식물과 미생물을 대상으로 고부가가치 미래생명자원 개발을 위한 연구가 증가하고, 각종 생물 정보를 연계한 산업화 방안이 마련되고 있다. 세계미래회의World Future Society에서는 이미 유전체 정보를 바탕으로 유전자 치료나 바이오 의학 분야가 수십조 달러 규모의 산업으로 성장할 것으로 전망하기도 했다. 해양 생명자원 유전체 정보의 체계화된 생산·가공·분석기술 개발은 해양생물자원산업 가치 및 활용성 증대를 위해 필수인 것으로 인식되고 있다.

미국의 벤터Venter 연구소 등에서 세계해양자원표본탐사GOS, Global Ocean Sampling Expedition로 대량의 유전 정보 확보, 이를 이용한 에너지 생산 인공세포 및 생물 제작을 추진하고 있다.

DNA 칩이나 DNA 증폭효소 개발이 활발해지면 아직 발견되지 않은 생명현상을 이해하거나 인간 유전자 정보 및 질병 관련 단백질 정보를 활용한 신약 개발이 가능하다. 한 예로 유기합성이나 양식이 쉽지 않아 대량 생산이 어려운 복잡한 구조의 해면 유래 신약 후보도 유전체 분석으로 생산 관련 효소 유전자가 확인되고, 이를 통해 유용한 물질을 대량 생산할 수 있다.

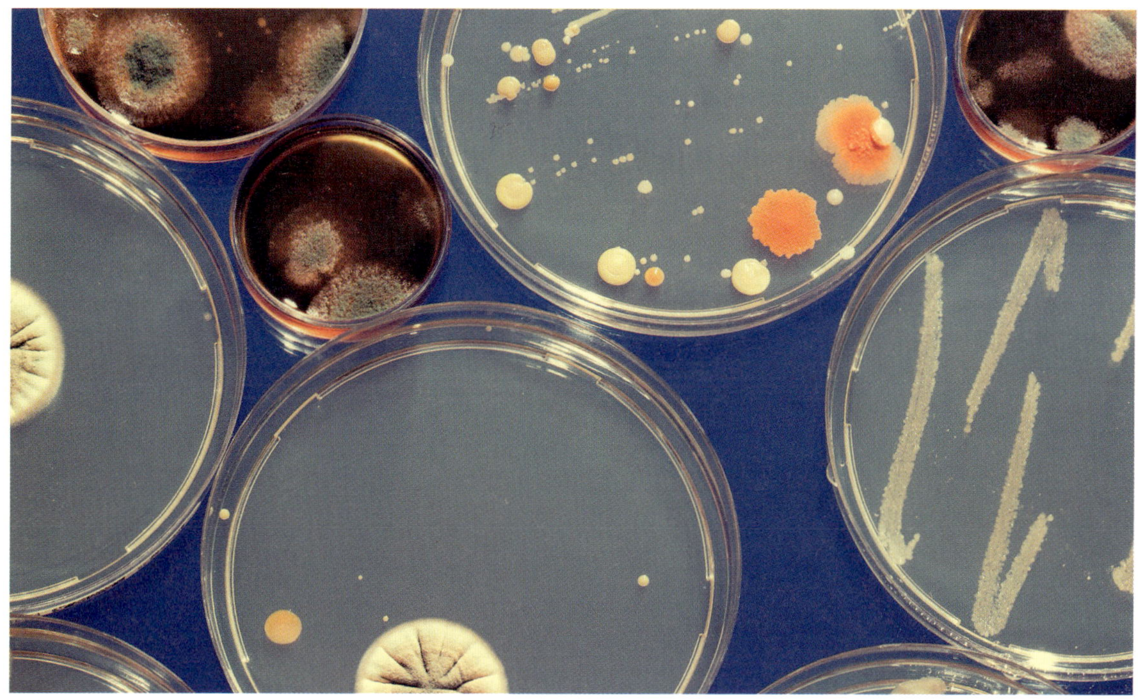

배양된 해양 미생물

우리나라의 해양바이오

우리나라의 해양바이오는 짧은 연구개발 역사에 비해 괄목할 만한 연구 역량을 보이고 있다. 2004년에 '마린바이오21사업'이 시작되면서 해양바이오 분야의 대형 연구 프로그램이 본격 가동됐다. '해양천연물신약연구단' '해양유전체연구단' '해양바이오프로세스연구단'을 중심으로 한 기술개발 연구 성과로 학술논문, 국내외 특허 출원 및 등록, 전문 인력이 확보되기 시작했다. 2008년에는 'Blue-Bio 2016'이라는 '해양생명공학육성 기본계획'이 수립됐고, 2009년에는 '해양바이오연구개발 활성화대책'이 수립돼 국가과학기술위원회에 보고됐다.

해양바이오 연구 기반으로는 해양 생물자원의 확보와 관리가 필수적이며, 이를 담당하는 해양생물자원뱅크 구축을 꼽을 수 있다. 2013년에는 '해양생명자원의 확보·관리 및 이용 등에 관한 법률'이 제정되는 등 해양생명자원의 효율화와 지속 가능 이용 도모, 해양 생명자원 주권 강화, 해양생명공학의 경쟁력 확보 등이 가능한 국가 차원의 시책이 마련됐다.

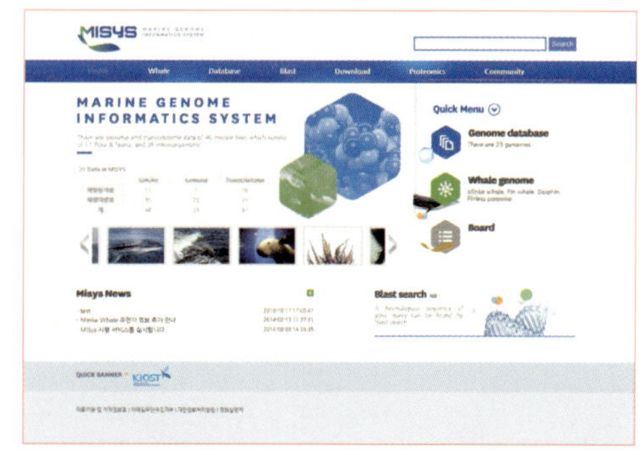

해양 유전체 정보 뱅크

이에 따라 2014년에 건립된 국립해양생물자원관을 중심으로 우리나라에 서식하는 해양 생물 종 분류와 표본을 확보하고 있다. 해양생명자원통합정보

시스템MBRIS 중심으로는 해양 생물자원의 데이터베이스DB구축, 분양, 기탁 등이 수행됐다. 또 한국 해양생물다양성 정보시스템kombis.kiost.ac이 구축됨으로써 2013년에는 우리나라 18개 해양 생물군에 속하는 1만여 종의 생물명과 3,000여 동종이명 정보를 보유하게 됐다.

해양수산부가 지원한 '해양생명공학기술개발사업구 마린바이오21사업'의 결과로 해양 식물 200여 종의 생태 특성과 현장 사진을 정리한 〈한국의 해양식물도감〉, 조개류를 중심으로 한 〈한국의 유용한 해양연체동물 다양성-DNA 바코드와 유전자 다양성 연구지침서〉가 발간되기도 했다. 다양한 해양 생물 분류군별 13개 해양 생물 기탁등록보존기관도 지정돼 해양 동식물 확보, 등록, 관리, 분양 업무가 수행되고 있다.

열대·심해·연안 등 다양한 환경으로부터 확보된 해양 미생물의 경우 2013년 말 기준으로 총 1,000여 종에 6,000주 이상을 확보한 해양미생물자원 뱅크www.mebic.re.kr가 구축돼 26종의 신종 미생물을 보고했으며, 국내외 연구자에게 정보를 제공하고 분양할 수 있는 수준으로 발전했다. 또한 해양 생물자원의 유전체와 단백질체 정보도 해양유전체정보뱅크marinegenome.kr를 통해 연구자들에게 제공하고 있다.

실용화 연구 성과의 대표 사례로는 DNA 증폭에 활용되는 DNA 중합효소의 개발과 국산화 성공을 꼽을 수 있다. 감태 추출물 시놀Seanol은 다이어트제제로 미국식품의약국FDA의 인정을 받고 산업화에 성공했고, 홍합 유래 의료용 생체접착제 기술 이전 등 IT·BT 연구 역량을 활용해 상용화가 가능한 핵심 기술 역량을 강화해 오고 있다.

한국해양과학기술원의 해양조사선 '온누리호'를 이용해 서태평양 파푸아뉴기니 해역의 1,650m 심해의 열수구 지대에서 채취한 시료에서는 신종인 초고온성 고세균 서모코커스 온누리누스*Thermococcus onnurineus*를 분리했으며, 2010년에는 유전체 분석으로 개미산을 이용해 성장할 수 있음을 세계 최초로 밝힘으로써 과학학술지인 〈네이처〉에 보고되기도 했다. 현재는 이 미생물을 이용한 바이오수소 생산 연구가 진행되고 있다.

밍크고래의 유전체 해독도 진행됐다. 고래의 장시간 잠수 능력의 이유가 되는 저산소 적응 메커니즘을 밝히면 저산소와 관련된 인간의 심혈관질환, 뇌질환, 암 전이 현상을 이해할 수 있을 뿐만 아니라 비만·당뇨 등 질병과 장수의 이유를 이해하고 질병 치료에도 기여할 수 있게 될지도 모른다.

우리나라는 넙치의 발현유전자를 집적한 유전자 칩을 이용한 우량 어미집단 선발을 통해 성장이 20~30% 빠른 우량 품종을 개발할 수 있는 기틀을 마련했다. 우리나라의 넙치·전복 양식과 육종 기술은 세계 최고 수준이어서 김이나 타 어종으로 확대하면 수산물 종자 수출시장에서도 경쟁력을 갖출 수 있을 것이다.

그러나 품종보호제도UPOV 시행에 대응하는 국내 품종 개발은 미흡한 상태여서 수입 대체용 종자 집중 개발이 시급한 실정이다. 선발 육종과 분자육종기술 개발을 통한 신품종 개발, 대량 종묘생산 기술 개발, 질병 관리, 안정성 관리 등 고부가 친환경 양식기술의 지속적인 개발과 민간 수산 종자회사 육성은 수산물의 수입대체 및 수출 품목으로 발전하기 위한 핵심 과제다.

해양바이오 발전을 위한 제언

국내의 해양생물산업 규모나 관련 인력 구조는 선진국에 비해 60% 정도 수준에 그친다. 특히 해양탐사 및 장비기술, 첨단 차세대 시컨싱기술, 바이오 빅데이터 처리기술, 나노기술 등 첨단 기술 발달에도 해양바이오 신산업 소재의 대량 생산 및 제품화까지 활용할 수 있는 기술은 미비한 상태다.

연구개발 투자 확대로 우선 다양한 생명 현상과 기능 제공자인 해양 생물자원의 확보 및 보전, DB 구축과 정보 공유화 부분의 국가 인프라를 꾸준히 강화해야 한다. 대양과 심해를 비롯한 다양한 해양 생태계 탐사와 생물자원 확보를 위한 해양 정밀장비 개발 및 탐사 정밀기술 확보도 병행돼야 한다. 육종기술, 양식기술, 배양기술은 물론 단일 세포 수준에서 분석하기 위한 단세포 분리 및 분석 기술Single cell genomics을 비롯한 핵심 연구개발 역량을 확보해야 한다.

아울러 해양 생물의 빅데이터 대량 생산이 가능한 연구비 지원을 비롯해 유전정보·단백질·대사물질에 대한 빅데이터 처리와 정보마이닝 기술 개발을 통해 오믹스 기술을 활용한 해양생명 현상과 기능을 밝히는 기초 연구도 진행돼야 한다.

이 밖에 신품종, 친환경 방식 대량 생산, 안정성 확보, 성능 평가, 활용 증대, 상용화 기술, 제품화 기술 분야에서 산·학·연 협동 기술 개발을 통해 해양생물산업이 해양 신산업의 한 분야로 발전할 수 있을 것이다. 또한 실증생산단지 구축으로 원료의 대량 공급을 위한 양식기술과 산업이 발전하고, 실증 생산용 생물 공정과 플랜트 개발로 해양바이오 관련 벤처산업도 활성화될 수 있다.

해양바이오의 경우는 선진국에서도 아직 투자 단계에 있다. 따라서 연구개발 집중 투자 확대로 핵심 연구개발 역량을 키워 해양생명자원을 확보하고 해양바이오 산업화를 촉진한다면 세계 수준의 경쟁력을 확보한 미래 해양산업으로 자리매김할 수 있다.

해양생물소재

이연주 한국해양과학기술원

해양 생물은 자신이 처한 환경에 적응해서 살아가기 위해 다양한 구조와 기능의 화합물을 생산한다. 이러한 생물 유래 화합물은 저분자 및 고분자 유기 화합물이나 무기 화합물 등의 다양한 형태를 띠고 있다. 이들은 주로 생물을 포식자나 유해 화합물, 병원성 세균 등으로부터 보호하거나, 생물의 생존이나 번식에 유리한 환경을 구축하는데 활용된다. 생물에서 유래한 이러한 화합물들이 인체나 인체에 영향을 주는 다양한 질환 인자들에게 어떻게 작용하는지를 규명하는 것을 통해서 새로운 의약품의 개발이 가능하다면, 생태학적 기능ecological role이라 불리는 생물 유래 화합물 본연의 기능에 주목하여 이를 가공하면 다양한 생물 소재biomaterial의 발굴이 가능하다. 이 장에서는 우리가 해양 생물로부터 얻을 수 있는 새로운 소재들을 그 기능 별로 분류하여 대략적으로 소개하고자 한다.

해양생물 소재의 구조적, 기능적 특성

인간이 해양 생물로부터 얻어 활용할 수 있는 소재는 생물이 생산하여 함유하고 있는 화합물들이다. 이러한 화합물들은 구성원소element에 따라 유기 화합물organic compound와 무기 화합물 inorganic compound로 나눌 수 있다. 유기화합물은 다시 분자량molecular formula에 따라 고분자 물질macromolecule과 저분자 물질small molecule로 나눌 수 있다. 고분자 물질에는 다당류 polysaccharide, 단백질protein 등이 있는데, 특히 바이오폴리머 biopolymer로 일컬어지는 해양 생물 유래 다당류 화합물을 여러가지 용도로 활용하고자 하는 연구가 활발하다. 저분자 물질은 분자량 900 이하의 유기 화합물을 통칭한다. 해양 생물 유래 저분자 유기 화합물은 강력한 생리활성을 나타내는 경우가 많아 특히 신약 개발 소재로 많이 활용돼 왔다. 그러나 최근에는 특정 물질이 방오 작용이나 광보호 활성을 나타내는 것으로 밝혀져 생물 소재 개발 영역에서도 활발하게 연구되고 있다.

다당류

다당류는 단당류 3개 이상이 글리코시드 결합glycosidic linkage을 통해 큰 분자를 만들고 있는 물질이다. 해양 생물로부터 발견되는 다당류는 주로 탄소 5개와 산소 1개를 포함한 6개의 원자로 이뤄진 육원환 헥소오스hexose 형태의 단당으로 구성된다. 홍조류에서 유래한 아가agar나 캐라지난carrageenan, 갈조류에서 유래한 알긴산alginate, 새우나 게 등 갑각류의 외골격 또는 연체동물의 내골격에 많이 존재하는 키틴 및 키토산이 대표적인 다당류다. 이 밖에도 황산기를 함유한 황산다당류의 일종인 푸코이단fucoidan과 울반ulvan이 각각 갈조류 및 녹조류로부터 얻어진다.

다당류의 일종이지만 헥소오스와 헥소사민hexosamine으로 구성된 이당류의 구조가 반복되는 구조를 특징으로 하는 글리코사미노글리칸glycosaminoglycan은 주로 상어, 가오리, 대구, 연어, 송어 등 어류나 멍게류 및 조개류 등에서 많이 발견된다. 황산 콘드로이틴chondroitin sulfate, 황산 데르마탄dermatan sulfate, 황산 헤파린heparin sulfate, 황산 케라탄keratan sulfate 등 황산기를 띤 글리코사미노글리칸의 경우 단백질과 결합한 뒤 프로테오글리칸proteoglycan을 형성해 세포, 연골, 상아질, 세포 간극이나 안구를 채우는 물질을 구성한다. 황산기가 없는 히알루론산hyaluronic acid 역시 세포 간 구성 물질로서 특히 연골, 관절 윤활액, 안구 유리체 등을 구성한다.

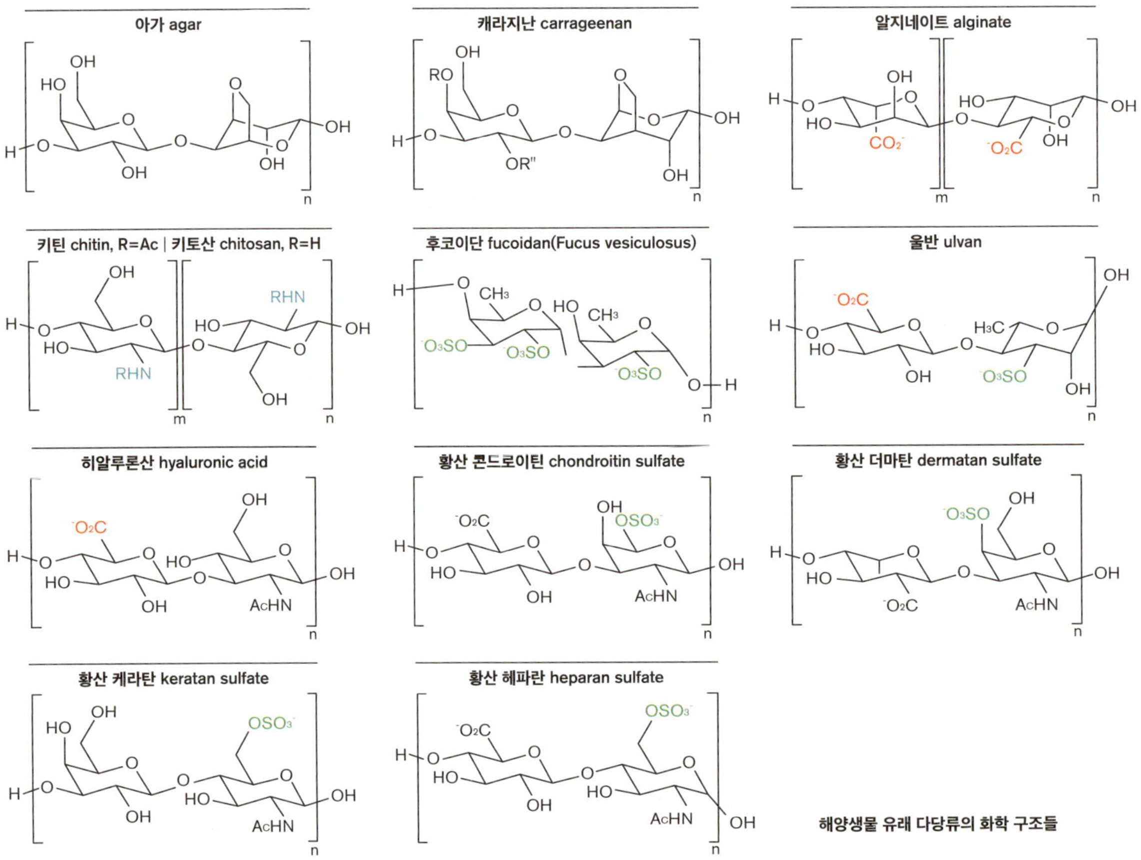

아가 agar

캐라지난 carrageenan

알지네이트 alginate

키틴 chitin, R=Ac | 키토산 chitosan, R=H

후코이단 fucoidan(Fucus vesiculosus)

울반 ulvan

히알루론산 hyaluronic acid

황산 콘드로이틴 chondroitin sulfate

황산 더마탄 dermatan sulfate

황산 케라탄 keratan sulfate

황산 헤파란 heparan sulfate

해양생물 유래 다당류의 화학 구조들

해양 생물에서 유래한 다당류의 특이한 구조 때문에 이들은 독특한 화학 성질을 보인다. 키틴은 아민NH_2, amine, 캐라지난은 황산SO_4^-, sulfate, 알긴산은 탄산기CO_3^{2-}, carboxylate를 지니고 있다. 특정 범위의 pH에서 아민기는 양전하, 황산 및 탄산기는 음전하를 띨 수 있기 때문에 이들 다당류는 주변 환경 변화에 따라 전하를 띠거나 띠지 않을 수 있다. 황산기를 지닌 글리코사미노글리칸 물질 역시 이와 마찬가지다. 전하를 띠고 있는 고분자는 다양하고 특이한 화학 성질을 나타낸다. 먼저 이러한 물질들은 물이나 기타 용액 속에 함유돼 있는 반대 전하를 띤 물질과 이온 결합을 형성할 수 있다. 음전하를 띤 캐라지난·알긴산 등 물질은 양전하를 띠고 있는 금속 이온이나 유기 이온염, 양전하를 띨 수 있는 키틴 등 화합물은 음전하를 띤 물질과 각각 이온 결합을 할 수 있다.

위에서 설명한 화학적 특성으로 인해 이들 다당류는 물에 녹아 있는 특정한 물질을 선택 제거하는 데 활용될 수 있다. 또 전하를 띤 다당류 수용액은 외부 환경에 겔gel화할 수가 있어 겔 상태의 물질 제조에 증점제 등으로 활용이 가능하다. 특히 양전하를 띨 수 있는 다당류와 음전하를 띨 수 있는 다당류의 혼합물인 경우 온도나 pH 등 주변 환경 변화에 따라 분자 간 이온 결합의 생성과 거리가 조절돼 졸-겔 전이sol-gel transition가 가능하다. 이러한 화학 성질의 특징으로 말미암아 해양 생물에서 유래한 다양한 다당류가 최근 생체 소재 개발이나 약물 송달 시스템 개발 등에 적극 이용되고 있다.

키틴, 키토산 함량이 높은 갑각류(새우 등)

다당류 함량이 높은 해조류(갈조류 미역과 지충이, 홍조류 우뭇가사리와 꼬시래기)

단백질

단백질은 아민기 하나와 카르복시기 하나로 구성된 기본 골격에 다양한 탄소 치환체가 붙어 있는 아미노산이 펩티드 결합peptide bond으로 연결돼 있는 고분자 화합물이다. 생체 구성 대표 성분이지만 효소 등 형태로 생체 내에서 일어나는 다양한 화학 반응을 촉진하는 기능을 나타내기도 한다. 콜라겐collagen은 아미노산 가운데 특히 히드록시프롤린hydroxyproline 함량이 높은 단백질로, 일반 단백질분해 효소로는 분해가 되지 않는 안정성을 띠고 젤리형의 특이한 성상으로 나타난다. 콜라겐은 주로 돼지나 소 등으로부터 추출되고 식품이나 화장품 재료로 활용돼 왔다. 그러다가 광우병·구제역 등 감염성 질환 및 면역 반응 등과 관련된 문제로 생체 소재로의 활용이 제한되자 해파리나 해면 등으로부터 이 물질을 얻을 수 있는 방법이 개발되고 있다.

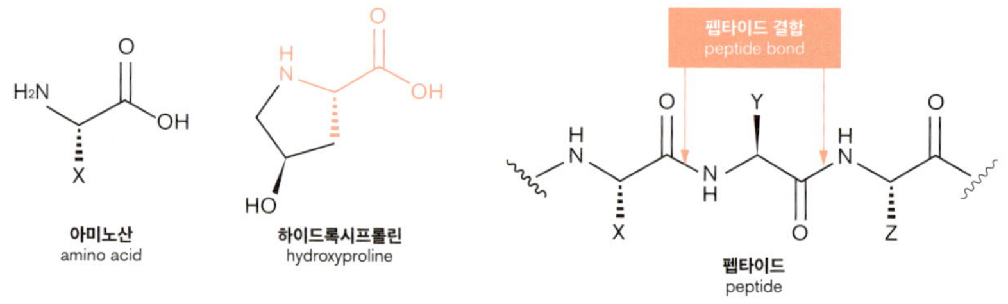

아미노산 및 펩타이드의 화학 구조

세라믹ceramic

세라믹은 비금속 무기 고분자 물질을 일컫는다. 해양 생물의 경우 산호, 해면, 조개류 등에 풍부하게 존재한다. 해양 생물에서 유래한 세라믹 가운데 생체 소재로 활발하게 사용되는 물질은 아라고나이트aragonite나 칼사이트calcite로 알려져 있는 칼슘의 탄산염, 히드록시아파타이트hydroxyapatite류 칼슘의 인산염, 바이오실리카biosilica로 일컬어지는 규소계 화합물 등이다. 칼슘계 세라믹의 경우 성분 조성이나 성상이 사람의 뼈와 유사해 인공 뼈 재료로 많이 활용되고 있고, 바이오실리카 역시 비슷한 용도로 많이 활용된다. 특히 해면에서 유래된 바이오실리카의 경우 특정 영역대의 파장만 투과시키는 특성이 있어 광학 성질을 활용하기 위한 연구가 진행되고 있다.

해양 생물 소재의 활용

해양 생물 소재는 식물생장조절제, 비료, 살충제, 사료 등 농·축·수산업에서 뿐만 아니라 식음료나 화장품 및 기능성 식품 등의 원료로 활용된다. 이러한 소재로 활용된 역사가 가장 오래된 물질은 해양 생물에서 유래한 다당류다.

아가는 미생물이나 세포조직 배양용 고정 배지의 조제에 많이 활용됐다. 아가를 비롯해 캐라지난 및 알긴산은 모두 수분을 함유하는 보수력이 강하면서 겔 형태로 가공이 가능해 식품 부형제나 증점제, 음료 청징제, 완하제 등으로 활용돼 왔다. 키틴과 이의 가수분해 형태인 키토산은 화장품 원료, 비료, 식품 첨가제, 포장제 등으로 활용됐다. 키틴과 키토산은 살충제 등 독성 유기화합물과 중금속 흡착 효과가 있는 것으로 알려져서 물의 오염 물질 제거에도 활용된다.

푸코이단이나 울반은 고혈압 및 고지혈증 등 대사성 질환을 예방하는 활성, 황산 콘드로이틴이나 황산 데르마탄 등 글리코아미노글리칸류는 혈액 응고나 연골 파괴를 막는 활성이 알려져 있어 기능성 식품 소재로 많이 활용됐다. 또 히알루론산, 콜라겐은 근육이나 힘줄 등 연조직을 재생시키는 활성이 알려져 있어 화장품이나 상처치료제의 첨가물로 많이 활용됐다.

최근 들어 해양 생물 소재의 활용 영역은 더욱 넓어지고 있다. 특히 인공 생체 조직이나 생접착제, 약물송달시스템, 내자외선 소재, 방오제, 바이오플라스틱 등으로 개발 및 활용하기 위한 연구가 활발하게 진행되고 있다.

의료용 생체 소재Biomedical material

최근 들어 가장 활발하게 해양 생물 유래 화합물을 활용하고 있는 분야는 조직공학tissue engineering 분야다. 이는 질병이나 물리력에 의한 충격으로 손상된 조직 및 장기를 일시 또는 항구로 대체할 수 있는 소재를 개발하는 연구 분야이다. 해양 생물 소재는 염증이나 면역 반응을 적게 유발하고, 물질 자체의 독성이 적어서 합성 소재를 빠르게 대체하고 있다. 그 가운데 해양 생물 유래의 다당류polysaccharide나 단백질protein 등 유기 고분자 화합물, 비금속 무기 화합물 등이 많이 활용된다.

생체 소재 개발의 핵심 기술은 원료 생물을 처리해 수월하게 순수한 물질을 얻고, 이를 다양한 방식으로 가공하거나 다른 소재와 조합해서 원하는 수준 또는 물리 형태의 성질이나 구조를 지니도록 유도하는 것이다. 키토산은 칼슘카보네이트 혼합물로 가공돼 손상된 뼈 주위에서 물리 형태의 지지체 역할을 하면서 골 조직의 형성도 유도하는 골 전도성 물질로 활용되고, 알긴산과의 혼합물로 제조돼 의료용 섬유로 활용되기도 한다. 티타늄 등 금속에 히알루론산, 키토산 등을 코팅한 소재는 강도가 높으면서 부식이나 염증 반응 우려가 없어 인공뼈 등 정형외과용 임플란트 소재로 활용된다. 키틴이나 키토산은 상처 회복을 촉진하는 성질도 있어서 키틴은 창상 치료, 키토산은 특히 화상 치료를 위한 인공 피부나 바이오 필름 등 제조에 활용되고 있다.

위에서 설명한 다당류 혼합물의 졸-겔 전이는 주입 가능한 조직공학 소재injectable system for tissue engineering 개발에 활용되고 있다. 졸-겔 전이는 pH나 온도 등 주변 환경 변화로 유도될 수 있기 때문에 이를 활용하면 액체 상태의 물질을 원하는 부위에 주입해 성형한 다음 겔 상태로의 전이를 유도해 소실된 조직을 대체할 수 있다. 키토산·캐라지난·히알루론산·알긴산 등을 적절하게 혼합한 소재가 골절 치료, 연골 재생, 심장 리모델링에 활용되는 것이 대표적 사례다.

해파리로부터 대량 추출하는 기술이 개발되면서 감염이나 면역 반응 등과 관련된 문제로부터 자유로워진 콜라겐 역시 생체 소재로 많이 활용된다. 해파리에서 유래한 콜라겐은 치과 및 안과용 충진제, 외상용 드레싱의 주재료로 사용될 뿐만 아니라 최근에는 인공 혈관이나 인공 장기의 제조에도 활용되고 있다.

따개비나 홍합 등 고착성 해양 동물, 바다에 서식하는 세균·진균 등이 생산하는 부착 단백질은 수분이나 부유물 등이 많은 환경에서도 접착력을 나타내면서 독성 또는 생체 면역 반응 유도가 없다는 점에서 기존의 천연 접착제나 합성 접착제의 단점들을 보완한다. 골절이나 수술 부위의 접착에 활용되는 생접착제bioadhesive 소재로서 해양 접착 단백질의 우수성은 다양한 연구를 통해 입증됐다. 현재는 이러한 천연 해양 단백질을 대량 생산하여 생접착제로 활용하고자 하는 연구 개발이 진행되고 있다.

콜라겐 함량이 높은 해파리

접착 단백질을 생산하는 홍합

약물 송달 시스템Drug delivery system

생체 내로 투여된 약물의 안정성과 유효성을 높이고 독성 및 부작용을 최소화하기 위한 투여 기술과 제형을 개발하는 것은 새로운 의약품 개발이나 기존 의약품의 효율 극대화에 필수적이다. 키토산이나 알긴산 등 물질은 지용성 의약 화합물에 결합시켜 의약품의 수용성을 높이는 데 활용된다. 키토산, 케라지난, 콜라겐 등은 성분 화합물의 외부를 코팅함으로써 의약품의 안정성을 높이는 데 활용되고 있다. 최근에는 나노입자nanoparticle가 약물 송달 시스템으로 많이 개발된다. 키토산, 캐라지난, 콜라겐, 울반 등을 가공해 만들어진 나노 입자들은 세포 안으로의 유입이 쉬어 이들을 약물 운반체로 활용하기 위한 연구가 활발하게 진행되고 있다.

온도나 pH 등 주변 환경에 따라 성상이나 화학 구성원의 동태가 변화하는 해양 생물 유래 다당류 혼합물로 외부가 코팅된 의약품의 경우 체내 환경에 따라 의약품의 수용성이나 물리 성상물성, physical property, 다당류 외피가 분해돼 약물이 방출되는 속도 등이 달라질 수 있다. 이러한 점들을 적절히 고려해 의약 성분 코팅을 제조한 뒤 여러 겹으로 구성하면 약물의 방출 속도를 조절하거나 약물을 표적하는 위치를 선택해서 전달할 수 있는 고효율의 약물 송달 시스템 구축이 가능하다.

방오제Antifouling agent

바위나 해저 표면 등에 부착해 살아가는 많은 해양 생물은 고착 환경을 조성하는 부착 단백질을 생산함과 동시에 다른 생물들이 자신의 몸에 부착하는 것생물 부착, biofouling을 방해하는 물질들을 만들어 낸다. 주로 저분자 유기 화합물 형태로 만들어진 화합물들은 주로 해면이나 산호, 해양 식물 등이 생산한다. 이러한 화합물은 미생물이나 다른 생물의 포자, 따개비나 갯지렁이 등이 부착하는 것을 막는 데 효과가 있다.

생물 부착은 선박이나 시추 장비 등 해양구조물에서도 흔히 발견되는 현상이다. 먼저 이러한 장비들의 표면에 미생물이 번식해 얇은 필름을 형성한 후 이것이 따개비, 해조류, 홍합 등의 부착을 촉진하는 형태로 이뤄진다. 생물 부착은 선박 등의 운행 효율을 떨어뜨릴 뿐만 아니라 일부 생물은 금속을 부식시키는 물질을 생산하기 때문에 이를 막기 위해 해상 장비의 표면을 방오제antifouling agent로 처리할 필요가 있다. 가장 널리 사용된 방오제는 주석이나 구리 함유의 유기금속 화합물이었는데, 이들 물질은 독성으로 인해 해양 생태계를 교란시킨다는 사실이 확인됐다. 이에 따라 국제해사기구International Maritime Organization는 2002년 각국에 이들 물질의 사용 중지를 촉구했다. 현재 생물 부착 방지를 위해 사용되고 있는 테플론teflon 코팅의 경우 설치 및 관리 비용이 매우 높아서 대안 소재 모색이 필요하다. 특히 해면이나 해조류에서 유래하는 테르펜terpene 화합물이 방오제로 활용될 가능성이 매우 큰 것으로 평가되고 있다.

따개비의 생물 부착(biofouling)

광 보호 소재Photoprotective agent

수심 30m 이하의 해안은 태양광이 침투하는 해양투광층coastal photic zone으로, 이곳에 서식하는 해면이나 산호 등 해양 무척추동물들은 다양한 방식으로 자외선으로 인한 세포 손상으로부터 자신을 보호한다. 보라색, 초록색, 붉은색 등 빛깔을 나타내는 산호들 가운데 일부는 산호가 생산하는 특정 단백에 의해 이러한 색상이 나타나는 것으로 알려져 있다. 이들 단백질은 주로 자외선 형태의 빛을 흡수해 이로 인한 세포 손상을 방지하면서 특정 색상 형태의 가시광선으로 흡수된 에너지를 방출한다. 이러한 기전 및 기능은 해파리에서 분리돼 다양한 생명 연구에 활용되고 있는 녹색형광단백질GFP, green fluorscent protein과 유사해 산호가 함유하고 있는 특이한 색상의 단백질들이 녹색형광 단백질과 같은 계열의 단백질GFP-like protein로 분류되기도 한다. 녹색형광 단백질의 활용법을 개발한 시모무라 오사무 박사는 이 업적을 인정받아 2008년 노벨화학상을 공동 수상했다. 광 보호photoprotective 물질은 공생하는 산호나 해면 등을 자외선으로부터 보호하기 위해 남조류cyanobacteria가 생산하기도 한다. 다양한 공생 시스템으로부터 발견되고 있는 이러한 광 보호 물질은 유사한 구조를 보이면서 아미노산기를 지니고 있어 마이코스포린 계열 아미노산MAA, micosporine-like amino acid으로 불린다. 이러한 광 보호 물질은 화장품이나 자외선 차단 도료의 소재로 활발하게 연구되고 있다.

다양한 색상의 단백질을 함유한 산호들

각종 공업 소재

해양 생물에서 유래한 소재들은 제지, 섬유, 플라스틱, 코팅제 등 공업 소재로도 많이 활용된다. 캐라지난은 종이의 강도를 높이거나 독특한 질감을 주는 데, 키토산 등은 섬유에 구김 방지 가공을 하는 데 각각 이용된다. 일부 다당류나 세라믹은 금속 표면을 코팅해서 연료 펌프 등 금속 기계 장치의 부식을 막는 데 활용되기도 한다.

최근 들어 특히 관심을 끌고 있는 것은 바이오플라스틱 개발 분야다. 이미 몇 해 전부터 해조류가 함유하고 있는 탄화수소 화합물hydrocarbon을 가공해 석유화합물을 대체하려는 연구가 진행되고 있다. 특히 갑각류의 외골격, 연체류의 내골격, 해면의 형태를 유지·구성하는 무기질 등의 구조와 성분을 모사한 생분해 플라스틱biodegradable plastic의 개발 연구도 많이 진행되고 있다. 가장 최근에 발표된 성공 사례로는 미국 하버드 대학교 위스 바이오엔지니어링 연구소Harvard's Wyss Institute가 발표한, 새우 껍질의 골격과 성분을 모사한 형태의 플라스틱 소재 슈릴크shrilk의 개발이 대표적이다.

해양 생물 유래 화합물들이 다양한 소재로 활용되기 시작한 것은 불과 수십 년밖에 되지 않은 일이다. 관련 산업 및 연구 개발도 초창기 수준에 머물러 있다는 평가를 받고 있다. 그러나 생물자원의 지속 활용이나 친환경 소재 개발 등이 주요 이슈로 떠오르기 시작하면서 해양 생물 소재를 개발하기 위한 연구는 더욱 활발해지고 있다. 이미 세계의 많은 기업이나 연구소가 관련 연구를 진행하고 있는데, 대부분의 연구는 해양 생물 소재의 유용성을 검증하는 수준에서 더 나아가 대량 생산할 수 있는 시스템을 구축하거나 낮은 단가를 확보할 수 있는 단계에 있다. 실생활에서 더 많은 해양 생물 소재를 활용할 수 있는 미래가 멀지 않은 듯하다.

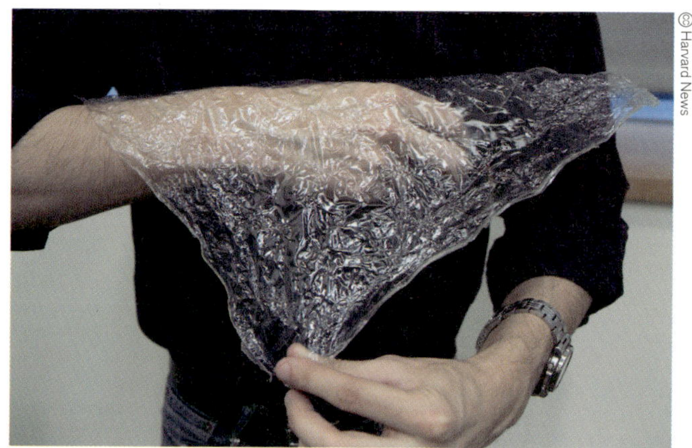
© Harvard News

슈릴크로 만든 투명 필름

해양천연물 신약개발

신희재 한국해양과학기술원

지난 수십년간 유기화학의 발달에 따라 다수의 합성 의약품들이 출현하였으나, 현재에도 약 50% 정도의 의약품들이 식물, 미생물 등 천연 생물자원 유래 천연물 또는 천연물 유도체이다. 천연물 유래의 신약 개발 연구는 전통적으로 식물, 토양미생물, 진균 등 육상생물을 주된 연구대상으로 하여 왔다. 그러나 근래에 이르러서는 지금까지 천연물의 보고였던 육상생물 및 토양미생물로부터 새로운 의약활성물질의 개발이 점차로 정체됨에 따라 의약품의 새로운 탐색원으로서 해양천연물의 중요성이 한층 부각되고 있다. 이 글에서는 신의약 개발의 중요한 부분을 차지하게 될 해양생물 유래 의약품 및 기타 생리활성물질 개발의 중요성과 현황, 그리고 전망에 대하여 소개하고자 한다.

신약 개발의 중요성

신약 개발은 그 나라 과학 기술의 발전 정도를 나타내는 대표적 지식집약 산업으로, 고부가가치 산업의 꽃이라 할 수 있다. 세계 신약 개발은 '황금알을 낳는 거위'처럼 꾸준히 막대한 부가가치를 가져온다. 100대 기업 가운데 약 15%가 제약회사이며, 이들의 평균 수익률은 30%에 이르고 있다. 전 세계 언론으로부터 지대한 관심을 불러일으킨 화이자Pfizer의 비아그라Viagra는 불과 발매 9개월 만에 약 3조 원어치가 팔리는 신기록을 수립하기도 했다.

통상 신물질 탐색에서부터 신약이 탄생하기까지 성공 확률은 매우 낮다. 개발 기간은 평균 10~15년, 개발비용은 4억~12억 달러 수준에 이른다. 신약 개발은 시간, 비용, 성공 확률 면에서 위험 부담이 큰 장기 프로젝트지만 개발에 성공하면 수억 달러에서 수십억 달러의 매출과 매출액 대비 20~30%의 이윤을 창출하는 등 부가가치가 막대하다. 이와 같이 한번 개발되면 이른바 황금알의 거위가 바로 신약 개발 분야임에도 전 세계를 통틀어 신약 개발 능력을 보유하고 있는 국가는 미국, 일본, 영국, 스웨덴 등을 비롯해 10여 나라에 지나지 않는다.

신약 개발의 특징

성공 확률	1/4,000~1/10,000
평균 개발 기간	10~15년
평균 개발 비용	4억~12억 달러(약 4,000억~1조 2,000억 원)
품목당 연간매출액(세계 100대 의약품 기준)	8억~10억 달러(약 8,000억~1조 원)

많은 나라가 제약 산업을 미래 전략 산업으로 인식하고는 있지만 쉽게 신약 개발에 성공하지는 못하고 있다. 신약 개발을 위해서는 오랜 기간의 연구 경험과 숙련된 연구 인력이 있어야 할 뿐만 아니라 하나의 신약으로 탄생해 환자에게까지 공급되기 위해서는 막대한 개발 자금이 소요되기 때문에 세계 상위 20대 제약 기업이 전 세계에서 소비되는 의약품 시장의 절반 이상을 독식하고 있는 실정이다.

국내에서도 1987년 물질 특허가 도입된 이후 신약 개발에 대한 새로운 인식이 싹트기 시작해 모방 신약에서 벗어나 혁신 신약을 개발하고자 하는 의지가 한층 강화됐다. 그 이전에는 국내에서 물질 특허를 인정하지 않고 공정 특허만 인정했기 때문에 외국 제약 회사가 발굴한 신약도 공정만 약간 바꿔 국내에서 판매할 수 있었다. 그럼에도 신약 개발 연구 지원이 시작된 지 10여 년 만에 우리나라에서 개발한 '팩티브'와 같은 신약이 미국 식품의약국FDA에 등록되는 쾌거를 올렸다. 이러한 성과는 짧은 국내 신약 개발 연구 기간, 열악한 투자 및 연구 개발 여건 등에 비해 괄목할 만한 성장으로 평가될 수 있다.

현재 전 세계 의약품 시장은 연간 1조 달러약 1,000조 원 정도이며, 앞으로 전개될 포스트 게놈 시대에는 얼마나 증대될지 예측하기도 어려운 상황이다. 미래학자들은 21세기 중반에는 우리 삶의 거의 모든 영역이 생명과학 및 의약과 밀접해질 것이고, 의약 관련 산업의 급속한 확장과 함께 심지어 모든 회사가 직간접 바이오 회사가 될 것이라는 예측마저 나오고 있다. 따라서 한국은 신약 발굴을 통한 의약 산업을 21세기 전략 산업의 하나로 둬야 한다.

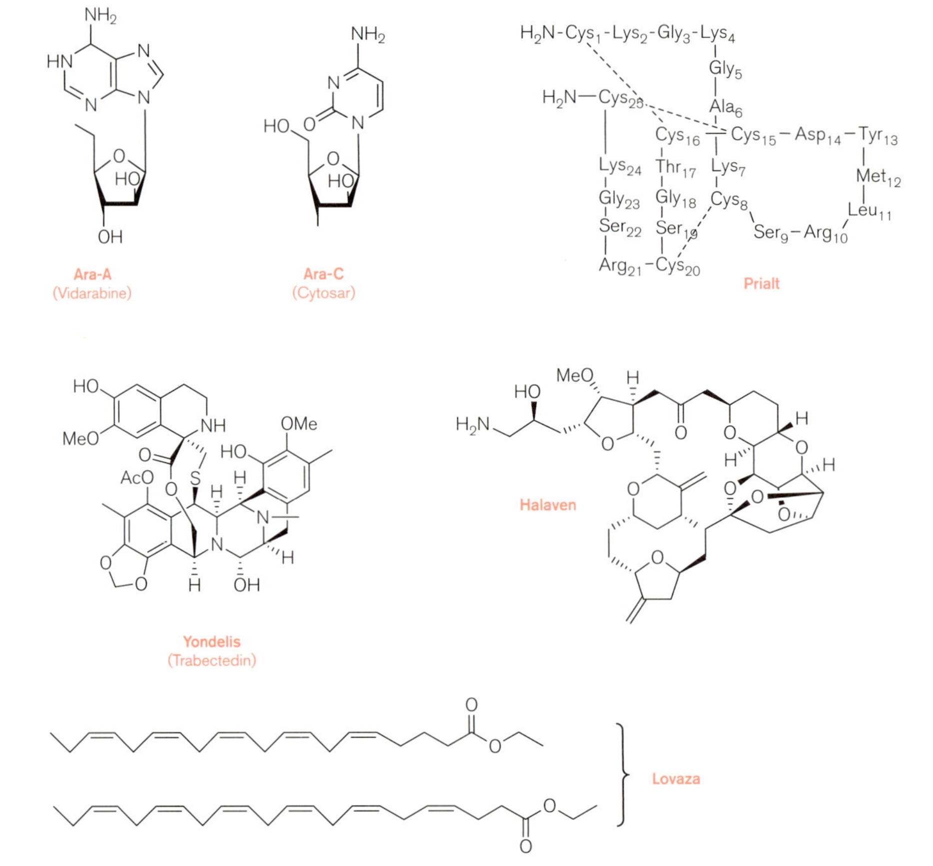

Ara-A
(Vidarabine)

Ara-C
(Cytosar)

Prialt

Yondelis
(Trabectedin)

Halaven

Lovaza

해양 생물로부터 개발된 의약품들 구조

천연물 신약 개발

의약품 개발과 사용의 역사는 천연물에서 비롯됐다. 지난 수십 년 동안 유기화학 발달에 의해 다수의 합성 의약품이 출현했다. 그러나 현재도 의약품의 약 50%가 식물, 미생물 등 천연 생물자원에서 유래된 천연물 또는 천연물 유도체다. 더욱이 이들 가운데 아스피린 등 화학 구조가 다소 간단한 약 20%만이 유기 합성에 의해 제조되고 있을 뿐 대부분은 현재에도 천연 상태로부터 분리돼 사용되고 있음은 천연물의 중요성을 대변한다고 할 수 있다.

생물자원으로부터 단순 추출물 또는 추출물 분획을 조제해 상품화했을 때도 수십에서 수백 배의 부가가치 증대가 일어나지만 생물자원으로부터 약리 작용을 나타내는 천연물을 의약품으로 개발할 때는 주목나무로부터 택솔taxol을 분리해 항암제로 개발한 예에서 알 수 있듯이 부가가치가 수십만 배에서 수백만 배로 증대한다. 천연물에서 유래한 신약 개발 연구는 주된 대상이 전통으로 고등식물·토양미생물·진균 등 육상생물로, 산업 및 학술 측면 모두에서 막대한 기여를 해 왔다. 그러나 근년에 이르러서는 지금까지 천연물의 보고 역할을 충실히 해오던 육상생물 및 토양미생물로부터의 새로운 의약 활성 물질 개발이 점차 정체되는 경향을 보임에 따라 의약품의 새로운 소재source로서 해양 천연물의 중요성이 한층 부각되고 있다.

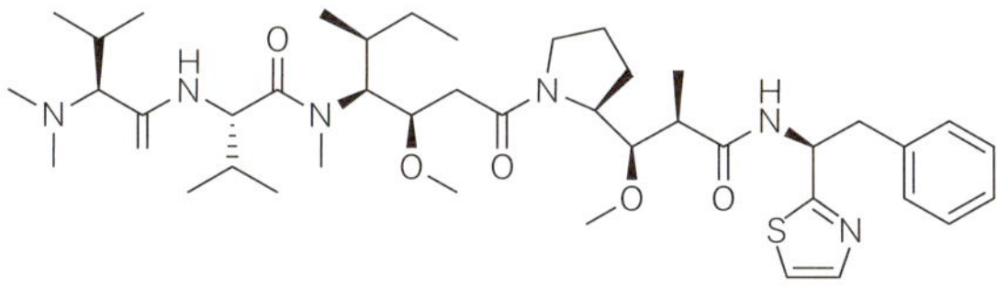

Dolastatin 10

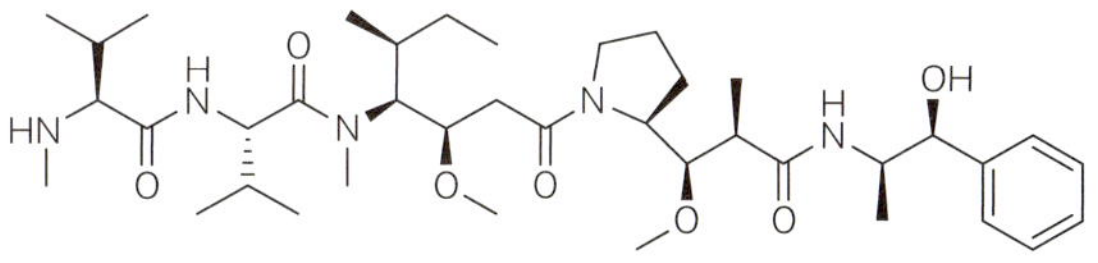

Monomethyl auristatin E(MMAE)

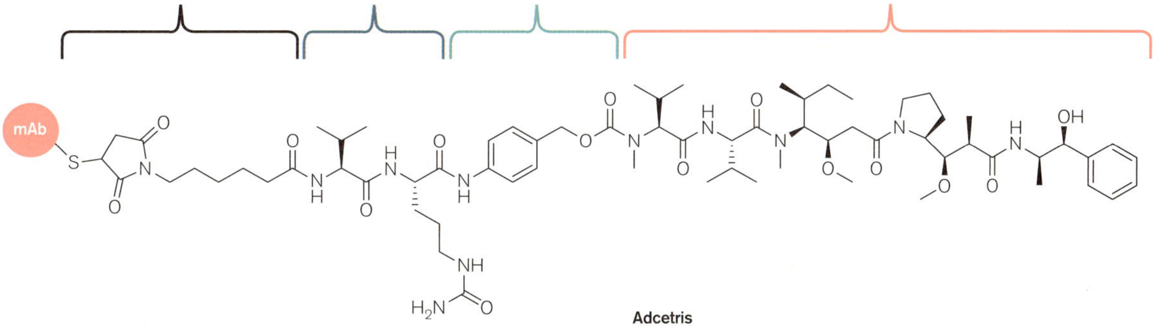

Attachment group

Linker

Spacer

MMAE

mAb

Adcetris

애드세트리스(Adcetris)는 돌라스타틴 10을 변형해 만든 약물 MMAE에 단클론 항체(mAb)를 결합해 만든 항암제다

해양 천연물 – 의약품 소재로서의 중요성

해양 천연물 연구는 1950년대에 해면동물 *Tectitethya crypta*_Cryptotethya crypta_ 또는 _Tethya crypta_로도 알려짐로부터 스폰고티미딘spongothymidine과 스폰고우리딘spongouridine이라고 하는 뉴클레오시드nucleoside 계통 화합물들이 분리되면서부터 활발하게 진행됐다. 미국에서는 1967년에 'Drugs from the Sea'해양 유래 의약품라는 심포지엄이 개최돼 해양 생물로부터 의약품을 개발하려는 연구가 주목을 받기 시작하였고, 1970년대에는 해양천연물화학이라는 새로운 연구 분야로 자리 잡게 됐다. 1980년대부터는 미국 국립암연구소NCI, National Cancer Institute를 주축으로 선진국의 많은 연구자들에 의해 해양 생물로부터 신규 유용 물질 탐색이 이뤄져 왔고, 1990년대 중반 이후에는 매년 200편 이상의 논문과 1,000종에 가까운 신물질이 보고되고 있으며Nat Prod Rep 2001, 18:1-49, 지금까지 해양 생물로부터 2만 종 이상의 신규 화합물이 분리되는 등 해양 생물은 신규 화합물의 보고로 불리기까지 한다.

1990년대 중반 이후에는 신물질의 원천으로서 해양 생물자원을 확보하려는 국가 간 경쟁이 치열해지고 있다. 새로운 의약품의 소재로서 해양 천연물의 중요성을 일찍부터 인식한 미국, 일본, 호주 등 선진국에서는 해양 생물 유래 의약 활성 물질 탐색과 산업 개발을 21세기 생명공학 핵심 분야의 하나로 인정하고 국가 차원에서 관여하고 있다Federal Coordinating Council for Science, Engineering, and Technology Comittee Report, 1992.

NCI와 스크립스해양연구소SIO, Scripps Institution of Oceanography, 호주 해양과학연구소AIMS, Australian Institute of Marine Sciences, 뉴질랜드 국립물대기연구소NIWA, National Institute of Water & Atmospheric Research, 러시아 태평양생물유기화학연구소PIBOC, Pacific Institute of Bioorganic Chemistry 등은 이들 국가에서 해양 천연물에 관한 중추 연구기관이다.

이 밖에도 다수의 대학과 민간연구소, 거대 제약기업, 벤처기업 등에서 해양 천연물에서 유래한 의약품의 개발에 많은 연구 투자를 하고 있다. 특히 미국 국립항암신약협력개발단National Cooperative Drug Discovery Groups for Cancer은 다양한 대학, 연구소, 기업들이 참여하고 있는 가운데 새로운 항암 신약 개발에 목적을 두고 운영되고 있다. 최근에는 인도, 중국, 브라질 등 개발도상국에서도 의약 활성을 목표로 해양 천연물을 연구하는 사례가 급증하고 있다.

현재 해양 생물로부터 개발된 의약품에는 항바이러스제 Ara-Avidarabine, 항암제 Ara-Ccytosar, cytarabine, 진통제 프리알트prialt, 항암제 욘델리스yondelis와 할라벤halaven 및 애드세트리스adcetris, 고중성지방혈증 치료제 로바자lovaza 등이 전문 의약품으로 개발돼 있다. 감기치료약 카라겔로오스carragelose는 일반의약품으로 시판되고 있다. 생화학이나 의약학 분야의 연구용 시약으로 이용되는 오카다산okadaic acid · 마노알라이드manoalide · 에쿼린aequorin · GFP 등과 영양보조제로서 식품첨가제인 포퓰라이드formulaid®, 화장품첨가제로서 소염활성이 뛰어난 슈돕테로신pseudopterosin이 함유된 레질리언스resilience®가 있다. 최근 상업용으로 나온 해양 생물 유래 화장품으로는 아비신abyssine, 씨코드seacode, RefirMAR, 더모클로렐라 DGdermochlorella DG, Xcell-30, 알루가드aluguard, 알루구론산aluguronic acid 등이 있다.

해양 생물로부터 개발된 의약품 및 다른 제품들

제품	분야	해양생물	생산법	제조사
Ara-A (Vidarabine)	항암	해면동물	유도체의 미생물 배양	Warner Lambert Co.
Ara-C (Cytosar)	항암	해면동물	유도체의 화학 합성	Pharmacia & Upjohn
Prialt® (ziconotide)	진통	청자고둥	화학 합성	Elan
Yondelis® (trabectedin)	항암	군체멍게	미생물 유도체 이용한 반합성	PharmaMar
Lovaza®	고중성지방혈증	어류	천연물의 유도체화	GSK
Halaven® (eribulin)	항암	해면동물	유도체의 화학 합성	Eisai
Adcetris® (Brentuximab vedotin)	항암(호지킨 림프종)	남세균 (남조류)	유도체+단일클론 항체	Seattle Genetics
Carragelose®	감기(항바이러스)	홍조류	채집	Marinomed
Okadaic acid	연구용 시약	와편모조류	세포 배양	PKC Pharmaceuticals 외 다수
Manoalide	연구용 시약	해면동물	채집	AG Scientific, Inc.
Vent™ DNA polymerase	PCR 효소	심해 열수공 미생물	재조합 단백질	New England Biolabs
Formulaid®	식품첨가제	미세 조류	세포 배양	Martek Biosciences
Aequorin	생물발광 칼슘 지시제	해파리	재조합 단백질	Molecular Probes, Inc.
GFP (Green Fluorescent Protein)	리포터 유전자	해파리	재조합 단백질	Clontech
Phycoerythrin	ELISA용 항체	홍조류	세포 배양	Aowei Bioengineering Co.
Resilience®	화장품	산호	채집	Estée Lauder
Abyssine®	화장품	심해 미생물	미생물 발효	Lucas Meyers
SeaCode®	화장품	남극 미생물	미생물 발효	Lipotec
RefirMAR®	화장품	심해 미생물	미생물 발효	Bioalvo
Dermochlorella DG®	화장품	미세 조류	배양	CODIF Reserche & Nature
XCELL-30®	화장품	미세 조류	배양	Greensea
Aluguard®	화장품	미세 조류	배양	Coast Southwest
Aluguronic Acid®	화장품	미세 조류	배양	Algenist

항암 물질 브리오스타틴을 생성하는 이끼벌레 부굴라 네리티나

지금까지 보고된 2만여 종의 해양신물질 가운데 많은 수가 강력하고 독특한 약리 활성을 나타냄으로써 해양 천연물 또는 천연물 유도체의 상당수가 현재 의약품 개발을 위한 임상이나 전임상 단계에 진입해 있다. 이들 가운데 몇 종의 선도 물질은 수년 이내에 상업화가 될 것으로 예측된다.

현재 의약품으로 개발되고 있는 대표 해양 천연물 또는 해양 천연물 유도체로는 임상3상이 진행되고 있는 애플라이딘aplidin이 있다. 또 임상2상이 진행되고 있는 물질에는 이끼벌레에서 분리된 브라이오스타틴bryostatin 1, 유형동물에서 분리된 GTS21, 갯민숭달팽이에서 분리된 조루마이신jorumycin 유도체 잘립시스zalypsis, 군체멍게에서 분리된 엑티나시딘ecteinascidin 유도체 루벡테딘lurbectedin, 연체동물에서 분리된 돌라스타틴dolastatin 10 유도체 CDX-011 등이 있다.

현재 의약품으로 개발되고 있는 해양 천연물 및 해양 천연물 유도체들

화합물명	해양생물	생물종	화합물군	개발사	적응증	개발단계
Aplidin(e) (Pliditepsin)	우렁쉥이	*Aplidium albicans*	펩티드	PharmaMar	항암	임상 3상
Bryostatin 1	이끼벌레	*Bugula nertina*	폴리키타이드	NCI	항암, 알츠하이머	임상 2상
GTS21 (DMXBA)	유형동물	*Paranemertes peregrina*	Anabaseine 유도체	Comentis	알츠하이머	임상 2상
Zalypsis (PM00104)	갯민숭달팽이	*Joruna funebris*	Jorumycin 유도체	PharmaMar	항암	임상2상
Lurbinectcdin (PM01183)	군체밍게	*Ecteinascidia turbinata*	Ecteinascidin 유도체	PharmaMar	항암	임상2상
Glembatumumab vedotin(CDX-011)	연체동물	*Dolabella auricularia*	Dolastatin 10 유도체	Seattle Genetics	항암	임상2상
Vorsetuzumab mafodotin(SGN-75)	연체동물	*Dolabella auricularia*	Dolastatin 10 유도체	Seattle Genetics	항암	임상1상
ASG-5ME	연체동물	*Dolabella auricularia*	Dolastatin 10 유도체	Astellas	항암	임상1상
Marizomib (salinosporamide A)	해양방선균	*Salinispora tropica*	알칼로이드	Nereus Phamaceuticals	항암	임상1상
PM060184	해면동물	*Lithoplocamia lithistoides*	폴리키타이드	PharmaMar	항암	임상1상

이 밖에 다양한 돌라스타틴 10 유도체들의 임상1상이 진행되고 있고, 해양방선균에서 분리된 마리조밉marizomib; salinosporamide A와 해면동물에서 분리된 PM060184가 뛰어난 항암 활성을 띠고 있어 임상1상이 진행되고 있다.

해양 천연물 신약 개발의 문제점 및 극복 방안

해양 생물은 강력하고 다양한 생리 활성과 골격을 지닌 신규 물질을 많이 생성하지만 신물질의 양이 매우 적기 때문에 해양 생물로부터 활성 물질을 분리·정제해서 의약품 개발에 필요한 양을 공급하기 충분치 못하다는 어려운 문제supply problem가 있다. 또 대체로 해양 천연물의 구조가 복잡해서 유기합성법으로는 해양 생물에서 유래한 천연물을 합성하기 매우 어려운 경우가 많고, 많은 합성 단계를 요구한다는 것 역시 해양 천연물 신약 개발의 가장 큰 문제점이라고 할 수 있다.

이러한 이유 때문에 해양 생물로부터 강력한 의약 활성을 띠며 의약품으로 개발할 가치가 충분히 있는 물질이 많이 분리됐음에도 지금까지 해양 생물로부터 개발된 의약품의 수가 그렇게 많지는 않다. 이러한 문제점을 극복하기 위해서는 해면동물 같은 해양무척추동물의 대량 양식법 개발이나 세포배양법 개발이 절실하다. 또 배양을 통해 의약품 개발에 필요한 양을 얻을 수 있는 해양 미생물에 더 큰 관심을 둬야 하며, 새로운 의약품 개발을 위해 해양 미생물 탐색을 체계화하는 것이 필요하다. 살리노스포라마이드Salinosporamide A가 분리되고 3년 만에 임상 실험에 진입할 수 있게 된 가장 큰 이유는 이 물질이 배양 가능한 해양방선균에서 분리됐다는 것이다Bioorg Med Chem 2009, 17:2175-2180. 이 물질은 화학 합성이 가능하지만 대량 배양을 통해 임상 연구에 필요한 양을 충분히 지속적으로 공급할 수 있었다.

또 해양 생물에서 분리된 많은 신규 화합물 및 항암 물질이 해양 생물에 공생하고 있는 공생미생물에 의해 많이 생성된다는 것이 알려지면서 해양 생물의 공생미생물이 새로운 의약품 개발의 중요한 타깃 가운데 하나가 되고 있다. 해양 생물 가운데 해면동물은 의약품으로 개발할 가치가 있는 새로운 생리 활성 물질의 가장 중요한 보고의 하나로 여겨져 왔다. 그런데 해면 무게의 60%가 공생미생물에 기인한다Appl Environ Microbiol 2009, 75(10):3331-3343는 사실 때문에 공생미생물의 중요성이 타당한 것으로 보인다.

이 밖에도 천연물 공급 문제를 극복하기 위해 해양 생물의 대량 양식, 유전공학 기법 활용 등 다양한 해결 방법이 제시되고 있다.

뉴질랜드 NIWA는 항암제 브라이오스타틴bryostatin과 할리콘드린halichondrin B를 각각 생산하는 이끼벌레 부굴라 네리티나*Bugula neritina*와 해면 리소덴도릭스*Lissodendoryx* sp.를 양식해 상당한 성공을 거둔 바 있다Chem Eng News 1995, 73:42-44, Sea Technology 1997, 19-25. 브라이오스타틴은 항암 활성이 강력한 물질로, 부굴라 네리티나에서 분리됐지만 임상 실험에 필요한 브라이오스타틴 18g을 분리하기 위해 미국

항암 물질 욘델리스를 생성하는 원색동물 엑티나시디아 투르비나타

항암 물질 돌라스타틴을 생성하는 연체동물 돌라벨라 아우리쿨라리아

NCI는 이끼벌레 부굴라 네리티나를 1만 3,000kg을 양식하고 임상 실험에 필요한 물질 공급 문제를 해결했다. 그러나 브라이오스타틴이 제품화돼 시장에 판매될 경우에는 연간 1~5kg 정도의 브라이오스타틴이 필요하게 된다는 점에서 여전히 공급 문제는 남아 있게 된다.

그러나 미국 SIO의 마고 헤이굿Margo Haygood 박사의 연구에 의해 브라이오스타틴은 부굴라 네리티나*Bugula neritina*의 내부에 공생하고 있는 공생미생물 '*Candidatus Endobugula sertula*E. sertula'에 의해 생합성된다는 사실이 발견됐다. 헤이굿 박사 연구진은 아직까지 이 미생물을 배양하는 데 성공하지는 못했지만 브라이오스타틴을 만드는 유전자의 구조를 규명했다. 이 연구진은 이 공생미생물을 부굴라 네리티나 밖에서 배양할 수 있도록 하고, 브라이오스타틴을 만드는 유전자를 클로닝해서 대량 생산이 가능한 다른 개체에 이식이 가능하도록 연구를 수행하고 있다. 이들의 연구가 성공하면 이 공생미생물의 대량 배양 또는 유전자 클로닝으로 브라이오스타틴 공급 문제는 해결될 것으로 보인다. 배양을 통해 원료 물질 공급 문제를 해결한 또 다른 예로는 군체멍게에서 분리돼 항암제로 개발된 욘델리스트라벡테딘를 들 수 있다.

욘델리스는 미국 일리노이 대학교 켄 라인하트Ken Rinehart 교수에 의해 엑티나시디아 투르비나타*Ecteinascidia turbinata*라고 하는 군체멍게에서 분리됐다J Org Chem 1990, 55:4512-4515. 이 물질은 뛰어난 항암 활성을 나타냈지만 문제는 개발에 필요한 욘델리스의 양 확보에 있었다. 1g의 욘델리스를 얻기 위해서는 1톤의 군체멍게를 채집해야 하기 때문에 임상 실험에 필요한 5g의 욘델리스를 자연에서 얻기란 불가능한 일이었다. 욘델리스를 생산하는 군체멍게의 양식도 어려웠을 뿐만 아니라 충분히 싼 값에 욘델리스를 공급받을 수도 없었다. 또 욘델리스의 구조가 복잡해서 화학 합성을 하기에는 너무나 복잡하고 긴 과정을 거쳐야 했기 때문에 합성으로 욘델리스를 공급받을 수도 없는 상황이었다. 그러나 욘델리스 개발 회사 파마마르PharmaMar의 연구자가 욘델리스의 구조에서 항암 활성을 나타내는 데 꼭 필요한 구조로 된 물질인 시아

노사프라신cyanosafracin B라는 물질을 슈도모나스 플루오레센스*Pseudomonas fluorescens*라는 미생물이 생산한다는 사실을 알아냈다. 이에 따라서 시아노사프라신 B를 이용해 반합성법으로 임상 연구에 필요한 욘델리스의 양을 충분히 확보함은 물론 항암제로 개발돼 시판되는 지금에도 충분한 양을 공급할 수 있게 됐다.

해양 신의약품 개발의 전망

지구상에 서식하는 3,500만 종의 생물체 가운데 약 80%가 해양에 존재하지만 현재 이용되고 있는 종은 35만 종에 불과하다. 아직도 미개척 분야가 무궁무진하다고 할 수 있는 해양 미생물은 지금까지 약 1%만 연구된 것으로 생각되고 있다. 또 여전히 접근하기 쉽지 않은 광대한 지역의 해양 환경이 남아 있다. 해양 생물 및 미생물의 다양성에 관심을 좀 더 많이 기울이기 시작하면 새로운 종류의 미생물과 흥미로운 물질을 찾을 수 있을 것이며, 미래에 더 많은 흥미로운 결과를 얻을 수 있을 것으로 전망된다. 21세기 들어와 개발된 차세대 염기서열분석NGS, Next Generation Sequencing 기술의 발전으로 기존에 알려지지 않은 새로운 생합성 경로들을 발견할 수 있게 됐다. 이러한 유전체학, 메타게놈 연구와 같은 최신 기술을 접목하면 지금까지 발견하지 못한 다양한 골격의 천연물을 분리할 수 있을 것이다. 앞으로 세계의 신약 연구 추세는 지금까지의 의학 연구가 초점을 맞춰 온 질병 및 세균과 싸워 이기는 단계를 넘어 이른바 삶의 질을 개선하는 약물Life Quality Improving Drugs에 관한 연구가 더욱더 강화될 것이다. 따라서 해양천연물화학도 지금까지 집중해 온 항암제 개발 중심 연구뿐만 아니라 삶의 질을 개선할 약물 개발 연구가 필요하다고 할 수 있다.

짧은 연구 역사에도 의약 활성을 목표로 하는 해양 천연물 연구는 눈부시게 발전해 왔다. 심지어 미래의 천연물 신약 개발에서 해양 생물이 핵심 역할을 하게 돼 궁극으로는 현재의 육상식물과 토양방선균의 위치를 대체하리라는 견해마저 등장하고 있다. 특히 해양 신물질의 제품화가 1/6,000로 육상의 1/1만 3,000보다 2배나 높아 투자 회수 기간도 다소 짧게 나타났다. 이에 따라서 해양약물학marine pharmacology 시대는 이제 막 탄생하고 있는 것이라고 볼 수 있다.

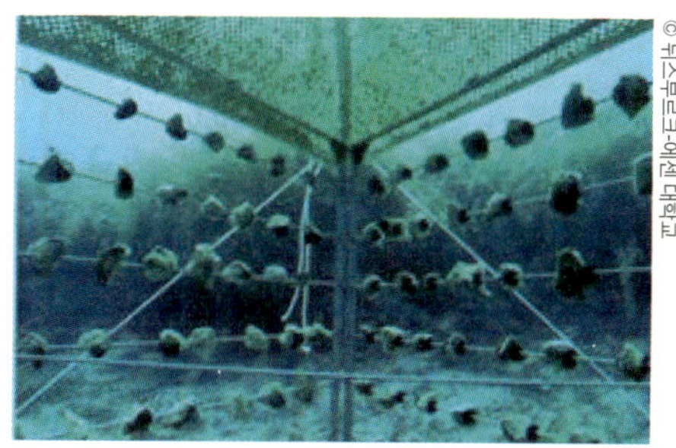
© 뒤스부르크-에센 대학교

해면동물 양식장

항암 물질 브리오스타틴1을 생성하는 부굴라 네리티나를 배양하는 미국국립암 연구소(NCI) 배양실
(*Chemical & Engineering News*, 1995, 73:42-44.)

우리 정부도 2000년 1월 천연물신약 연구개발 촉진법을 공포하고 천연물화학 육성과 천연물 신약 연구 개발의 기반을 조성함으로써 천연물 신약 개발을 위한 임상 시험 계획 승인이 꾸준히 늘고 있는 추세다. 또 해양수산부는 2004년부터 2013년까지 해양천연물신약개발연구단 발족 및 지원을 통해 불모지와 같던 국내 해양 천연물 신약 개발의 토대를 마련한 바 있다. 앞으로 이와 같은 정부의 지원이 지속되고 대학·연구소·산업계가 나서서 매진한다면 우수한 생명공학 연구 인력을 갖추고 있는 우리나라가 'Drugs from the Sea'라는 세계 연구 추세를 따라잡는 것은 그리 어려운 일이 아니다. 다만 정부와 기업, 대학과 연구소, 민간 기관이 신약 개발을 위해 얼마나 협조하고 긴밀한 관계를 유지하느냐에 따라 해양 생물로부터의 신약 후보가 빛을 볼 날이 크게 앞당겨질 수 있을 것이다.

미래의 신약개발 자원이 될 다양한 해양생물들

신약개발의 새로운 자원으로 각광을 받고 있는 해양미생물들

해양생물의 독

이지훈 한국해양과학기술원

바다는 인류에게 유용한 자원과 식량을 공급해 주는 보물창고이다. 또한 바다의 이면에는 인간에게 치명적인 피해를 끼칠 수 있는 해양생물들이 생성하는 독성물질도 존재한다. 이러한 해양생물독은 여러 가지 형태로 나타나 섭식을 통한 직접적인 중독현상을 일으키기도 하고 어패류 양식산업에 큰 피해를 초래하기도 한다. 그러나 이러한 독이 항상 위협적인 것만은 아니다. 여러형태의 해양생물독의 특성을 적절하게 이용하면 인간의 삶에 유용한 신의약품을 개발할 수 있는 기회를 제공하기도 한다. 해양에 어떤 독들이 존재하며, 어떻게 의약품으로 개발될 수 있는지 몇 가지 예를 통해서 알아보고자 한다.

인류는 자신이 속한 집단의 번영을 위해 때로는 침략자로부터 방어를 위한 크고 작은 전쟁의 역사를 반복해 왔다. 현재도 외부의 위협으로부터 국가를 방어하기 위한 수단으로 첨단 무기 개발이 진행되고 있다.

그런데 놀랍게도 작은 미생물부터 큰 척추동물까지 포함하는 생태계에서도 '생존 경쟁'이라는 이름의 전쟁이 계속되고 있다. 큰 척추동물이 자신의 종족 보호와 먹이 사냥에 물리력을 이용하고 있다는 것은 모두가 알고 있는 사실이다. 그렇다면 활동성이 작은 해양 생물은 어떤 무기를 이용해 생존 경쟁을 펼치고 있을까? 매우 흥미롭게도 몇몇 종류의 해양 생물들은 천적으로부터 자신을 지키고 먹이를 사냥하기 위해 화학 무기, 즉 독성 물질을 분비해 사용하고 있다. 이러한 생물 독은 우리가 잘 알고 있는 복어 독인 테트로도톡신으로부터 적조를 일으키는 와편모조류가 생성하는 시구아톡신과 브레베톡신 등 매우 다양하다. 해양 생물의 독은 숙주 생물이 잘못 섭취해 치명에 이르는 중독 사고를 일으키기도 하고 적조 발생으로 해양 독이 생성됨으로써 어류 폐사 등 수산업에 피해를 주고 있다.

그러나 이러한 맹독은 독성을 화학 작용으로 조절하고 용량도 조절해 의약품으로 개발할 수 있다. 실제로 미국·일본 등 선진국에서는 독의 원인 물질을 이용해 활발하게 신약을 개발하고 있다. 대표적 사례는 열대 해역에서 주로 서식하는 청자고둥에서 찾을 수 있다. 청자고둥은 자신보다 활동성이 뛰어난 먹이를 포획하기 위해 신경 독성 물질인 코노톡신을 분비한다. 과학자들은 이 독성 화합물의 마비 효과에 집중해 모르핀보다 수천 배 강한 진통제인 프리알트 개발에 성공해 현재 시판하고 있다. 해양 독은 발생의 예측과 방호를 위한 독성 원인 물질의 분석과 평가 방법 개발 같은 일차 연구의 주제가 될 뿐만 아니라 난치병 치료제 개발 등 인류 삶의 질을 향상시키기 위한 의약 산업에도 훌륭한 연구 소재를 제공하고 있다.

해양 생물로부터 생성되는 해양 독의 종류

해양 독은 어류 등 해양 척추동물부터 해파리, 해면체 등 무척추동물까지 매우 다양한 종으로부터 각양각색의 종류가 발견된다. 이들 해양 독의 원인 물질은 마크로락톤, 폴리펩티드 등 복잡한 구조의 유기화합물로 구성돼 있다. 생체 내에서는 서로 다른 생리 기작을 통해 독으로 작용한다. 해양 생물이 독성분을 생성하는 과정은 다양하지만 통상 독성 물질을 만드는 미생물로부터 먹이사슬을 통한 체내 축적과 자체 체내 생합성을 통해 얻어진다.

① 복어 독Puffer Fish Poisoning Toxin

테트로도톡신TTX, tetrodotoxin은 가장 잘 알려져 있는 해양 독이다. 복어의 난소와 간에서 발견된다. 최근 우리나라 연안에서 발견되고 있는 파란고리문어도 이 독성분을 함유하고 있는 것으로 알려져 있다. 주로 전 처리가 잘못된 복어 섭취로 인간에게 중독 현상을 일으킨다. 복어 독은 맹독으로 알려져 있는 청산가리보다 더 강한 독성을 보인다. 현재까지 테트로도톡신 중독을 치료할 수 있는 특별한 해독제는 알려지지 않았다. 열을 가하는 조리법을 사용해도 독성은 파괴되지 않는다. 테트로도톡신은 세포 내 신경 전달 기관인 전압 작동 이온 통로voltage-gated sodium channel에 작용하는 것으로 알려져 있다. 신경 조직에 존재하는 이온 통로는 심장근육 조직에 존재하는 이온 통로보다 더 민감하게 반응해 중독 현상을 유발한다. 홍미롭게도 복어를 포함한 그 어떤 척추동물도 테트로도톡신을 체내에서 생합성하지 않고 이 독성 물질을 생산하는 미생물로부터 먹이사슬을 통해 체내에 축적하는 것으로 알려져 있다. 그러므로 식생이 조절되는 양식 복어에서는 테트로도톡신이 발견되지 않는다.

② 패류독

패류독은 독성을 함유하고 있는 조개류를 섭취해 중독 사고를 일으키는 원인 물질로, 인간의 건강을 위협하고 양식 산업에 막대한 경제 피해를 주는 등 해양 생물 독 가운데 인간에게 가장 많은 피해를 발생시키는 독이다. 증상에 따라 마비성 패류독, 설사성 패류독, 신경성 패류독, 기억상실성 패류독으로 나눌 수 있다.

복어와 파란고리문어

③ 마비성 패류독PSP toxins, Paralytic Shellfish Poisoning Toxins

봄철에 무인도에서 낚시하던 사람들이 갯바위에서 홍합을 채취해 먹고 몸이 마비돼 사망했다는 소식을 접해 본 적이 있을 것이다. 이러한 사망의 원인은 대부분 삭시톡신Saxitoxin에 중독돼 나타나는 것으로 알려져 있다. 삭시톡신은 개조개butter clam에서 처음 분리됐으며, 이 조개류의 학명 삭시도무스*Saxidomus*에서 이름이 유래됐다. 삭시톡신은 마비성 패류독의 대표 물질로, 해산물 중독 사고의 가장 큰 원인이다. 국내에서는 홍합류인 진주담치가 중독의 주요 원인이다. 사실 진주담치 같은 조개류는 계절에 따라 독성을 보이지만 체내에서 독을 생성하지는 않는 것으로 알려져 있다. 그 대신 와편모조류dinoflagellate가 삭시톡신을 생성하고, 이를 섭취하는 패류의 소화기관에 독이 축적돼 독성을 나타낸다. 삭시톡신은 신경독의 일종으로 생체 내에서 전압 작동 이온 통로에 작용해 신경 전달을 방해함으로써 마비 증상을 일으킨다. 중독 증상은 입술 주변의 따끔거림으로 시작해 호흡 곤란을 일으키며, 심한 경우 사망에 이를 수 있다. 섭취했을 경우 약 0.57mg의 양으로 사람을 죽음에 이르게 할 수 있는 맹독성이며, 상처를 통한 흡수로도 중독 현상을 일으킬 수 있다. 현재 해양수산부는 연안의 조개류에 삭시톡신 농도를 측정해 섭취 금지 시기와 지역을 알리는 경보 시스템을 갖춰 놓았다.

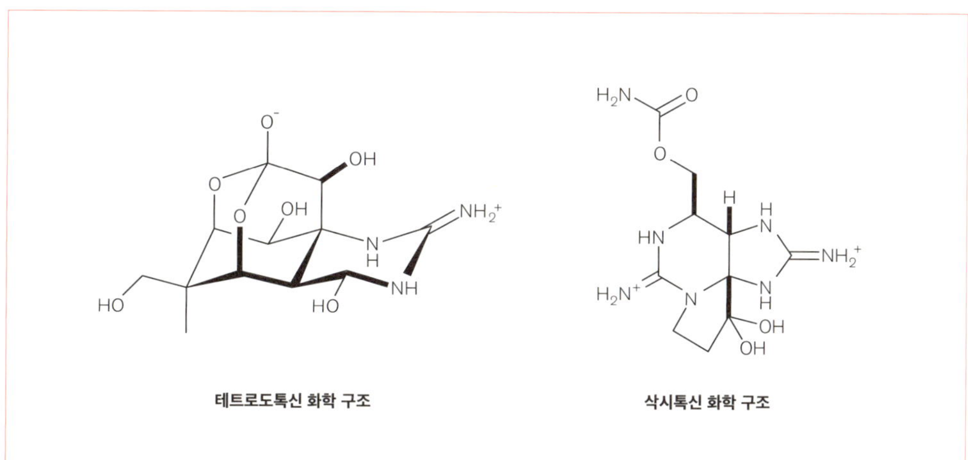

테트로도톡신 화학 구조

삭시톡신 화학 구조

진주담치

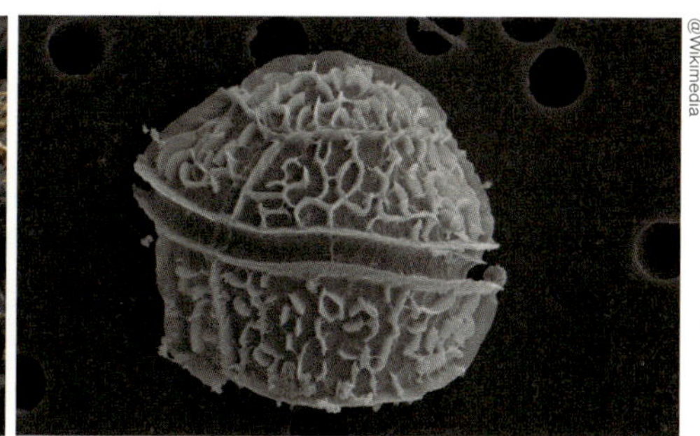

와편모조류(Dinoflagellate)

④ **설사성 패류독**DSP toxins, Diarrhetic Shellfish Poisoning Toxins

설사성 패류독은 1976년 처음 일본에서 발견됐다. 마비성 패류독과 같이 식물성 플랑크톤 와편모조류가 생성하는 독이 체내에 축척된 조개류의 섭취에 의해 발생한다. 대체로 치명성은 아니지만 설사, 구토, 복통 등 증상으로 나타난다. 이 증상은 오래 가면 며칠 지속될 수 있다. 이러한 증상을 유발하는 해양 생물 독의 원인 물질은 오카다산okadaic acid, 디노피지스톡신dinophysistoxin, 펙테노톡신pectenotoxin, 예소톡신yessotoxin 등 종류가 다양하다.

오카다산은 지난날 유럽에서 설사성 패류독을 일으킨 원인 물질이다. 특정 와편모조류의 한 종류인 프로로센트룸 리마*Prorocentrum lima*가 생성하며, 해면체인 할리콘드리아 오카다이*Halichondria okadai*에서도 생성된다. 또 오카다산과 구조가 비슷한 설사성 패류독인 2개 종의 디노피지스톡신류dinophysistoxin-1, dinophysistoxin-2가 홍합류에서 발견되고, 일본 북동부 지역의 가리비에서는 디노피지스톡신-3dinophysistoxin-3가 발견됐다.

다른 설사성 패류독의 한 종류인 펙테노톡신은 일본 북동부의 식용 가리비종인 파티노펙텐 예소엔시스*Patinopecten yessoensis*에서 검출됐다. 현재까지 화학 구조가 비슷한 총 4개의 펙테노톡신이 발견됐다. 이들 패류독 또한 편모조류 종류인 디노피시스 포르티*Dinophysis fortii*에 의해 생성되는 것으로 알려져 있다. 예소톡신은 가리비류에서 발견된 복잡한 구조의 폴리에테르계 독성 화합물이다. 다른 패류독과 마찬가지로 와편모조류로부터 생성되고, 먹이사슬을 통해 패류에 축적된다.

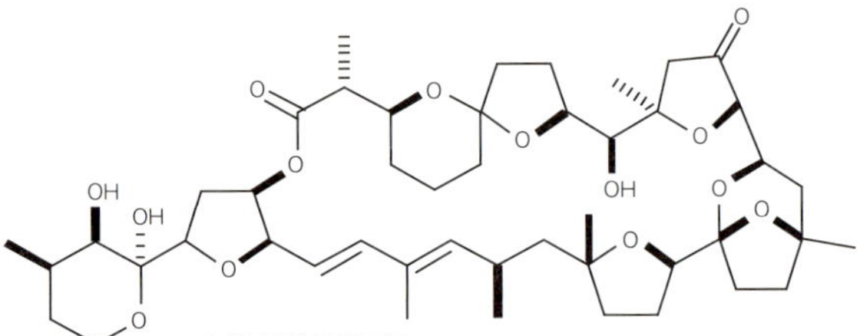

펙테노톡신 화학 구조

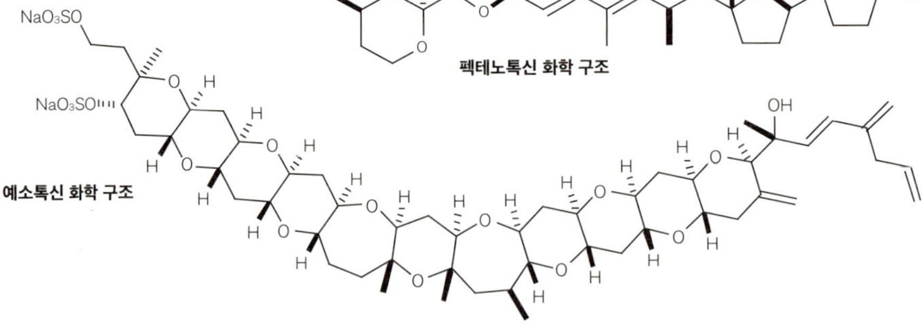

예소톡신 화학 구조

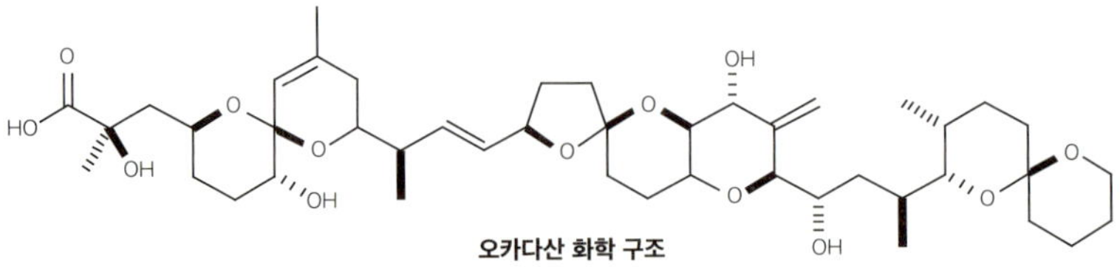

오카다산 화학 구조

⑤ **신경성 패류독**NSP toxins, Neurotoxic Shellfish Poisoning Toxins

이 독은 브레베톡신Brevetoxin류를 생성하는 와편모조류를 포식해서 독성이 축적된 패류를 섭취함으로써 중독된다. 브레베톡신은 주로 카레니아 브레비스*Karenia brevis*라는 와편모조류에 의해 생성되며, 적조를 일으켜 어류의 집단 폐사를 일으키는 원인으로 알려져 있다. 현재까지 인간에게는 위험하지 않은 것으로 알려져 있지만 구토나 일시성 발음 장애를 유발할 수 있다.

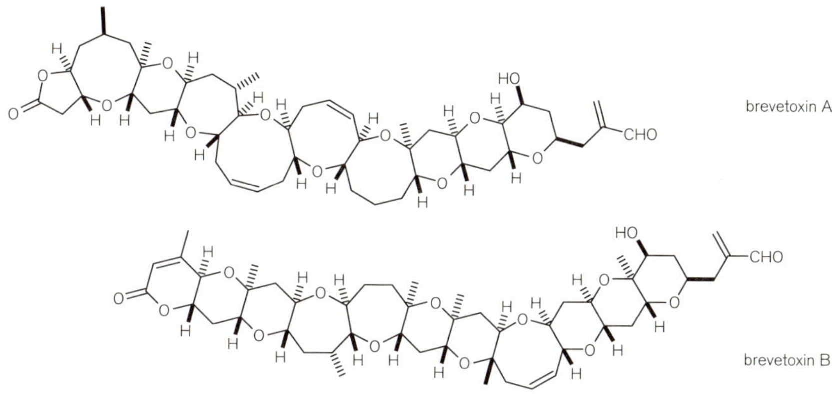

brevetoxin A

brevetoxin B

브레베톡신 화학 구조

⑥ **기억상실성 패류독**Amnestic Shellfish Poisoning Toxins

규조류의 한 종인 슈도-니츠시아 푼겐스*Pseudo-nitzschia pungens*로부터 생성된 도모산Domoic acid이 원인 물질로 알려져 있다. 다른 패류독과 같이 먹이사슬을 통해 패류의 체내에 축적되며, 최종 단계에서 인간에게 중독 현상을 일으킨다. 도모산은 인체 내에서 뇌에 작용해 신경 전달을 방해하기 때문에 일반 증상은 단기 기억상실과 복통, 구토가 나타날 수 있다. 사람에 대한 치사량은 아직 알려지지 않았지만 높은 농도의 도모산에 중독된 경우 사망할 수도 있다.

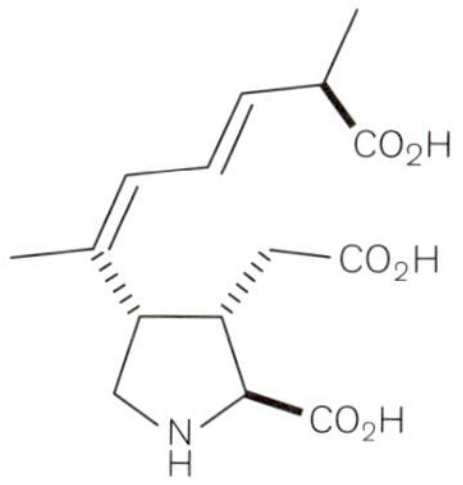

도모산 화학 구조

⑦ 시구아테라 어류독Ciguatera Fish Poisoning Toxins

시구아테라 어류독은 와편모조류인 감비에르디스쿠스 톡시쿠스*Gambierdiscus toxicus*가 생성하는 시구아톡신ciguatoxin과 유도체, 마이토톡신maitotoxin이 일으키는 것으로 알려져 있다. 시구아테라 어류독은 산호초에 서식하는 초식성 어류의 부착성 와편모조류의 섭취로부터 먹이사슬을 통해 최상위 포식자인 인간까지 전파된다. 중독된 어류를 섭취하면 보통 구토, 설사, 관절 통증을 일으킬 수 있다. 특별한 증상으로는 신경 이상을 일으켜서 차가운 것을 만졌을 때 뜨겁게 느끼는 온도 이질통이 나타날 수 있다. 해독제는 현재까지 개발되지 않았다. 증상은 짧게는 10~15일, 길게는 몇 년 동안 지속된다.

시구아톡신은 1980년에 하와이 대학교 연구진에 의해 처음 발견되고, 1989년 프랑스령 폴리네시아에서 채집된 곰치moray eel, 학명 *Gymnothorax javanicus*로부터 분리됨으로써 매우 특이한 고리 구조가 밝혀졌다. 현재까지 어류 또는 와편모조류로부터 많은 시구아톡신 유도체가 발견됐다. 흥미롭게도 와편모조류는 극성이 낮은 시구아톡신류만 생성하지만 이를 섭취하는 어류에서는 극성이 높은, 산화된 시구아톡신이 분리됐다. 이에 따라 편모조류에서 생성되는 시구아톡신 유도체가 어류의 체내에서 산화 반응을 일으켜 극성이 높은 시구아톡신이 형성되는 것으로 추측된다.

마이토톡신은 고분자를 제외하고 단일 분자로 구성된 천연물 가운데 이례로 분자량이 매우 크다. 또 단백질로 구성된 뱀독 등을 제외하고 비단백질 독 가운데 가장 높은 치사량을 보임으로써 과학자들로부터 많은 관심을 받았다. 그러나 142개의 탄소로 구성된 이 거대 화합물의 화학 구조 규명에 많은 시간이 소요되면서 후속 연구에 지장을 초래했다. 마이토톡신은 세포 외벽의 칼슘 통로calcium channel에 작용해 세포의 괴사를 유발함으로써 독성을 나타내는 것으로 알려져 있다. 반수 치사량LD_{50}, Median Lethal Dose$_{50}$은 체중 kg당 50ng으로 독성이 매우 강하다.

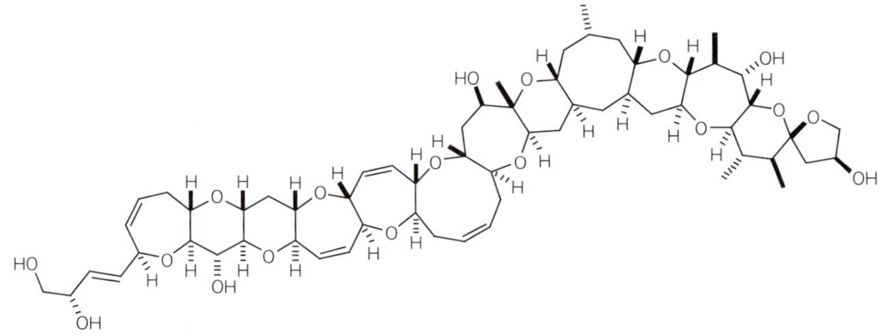

시구아톡신 화학 구조

⑧ 팔리톡신Palytoxin

팔리톡신은 하와이에서 서식하는 연산호 팔리토이 톡시가*Palythoa toxica*로부터 처음 분리된 독성 물질로, 129개의 탄소로 구성된 거대 해양 천연물이다. 팔리톡신은 단지 연산호에만 존재하는 것이 아니라 해초, 게, 쥐치류에서도 발견된다. 이 화합물 또한 다른 비단백질 독과 달리 독성이 매우 크며, 이온 펌프sodium-potassium pump 단백질에 작용해 세포 내 이온 농도의 균형을 파괴함으로써 독성을 나타낸다. 모든 세포에 대해서 독성을 나타내며, 보통 섭취와 흡입을 통해 중독 현상을 일으키고 고열과 기침을 수반한다. 2005년과 2006년에 지중해에서 와편모조류의 한 종인 오스트레옵시스 오바타*Ostreopsis ovata*가 생성한 팔리톡신의 유도체 오바톡신ovatoxin-a이 바다에서 에어로졸 형태로 사람에게 흡입돼 중독 현상을 보인 사례가 있다.

⑨ 코노톡신Conotoxin

코노톡신은 주로 열대 해역에 서식하는 청자고둥cone snail이라는 연체동물이 분비하는 신경 독성 펩티드 화합물이다. 현재까지 600~700종의 청자고둥이 발견됐다. 청자고둥은 먹이 사냥을 위해 이 독성분이 함유된 작살같이 생긴 치설을 이용한다. 먹이를 발견하면 작살을 발사해서 먹이를 마비시킨 다음 포식한다. 어류를 포식하는 큰 종류의 청자고둥은 사람에게도 위협이 될 수 있기 때문에 매우 조심해야 한다. 쏘이면 국소통증, 국소마비와 함께 부종이 나타날 수 있다. 심하면 근육 마비, 호흡 장애를 일으키고 사망에 이를 수도 있다.

코노톡신은 10~30개의 아미노산으로 구성돼 있으며, 두 개의 황이 연결된 이황화 결합 구조를 하고 있다. 현재까지 α, β, δ, κ, μ, ω 타입의 다섯 가지 코노톡신이 발견됐다. 코노톡신은 보통 체내의 이온 채널에 작용해 독성을 나타낸다. 하지만 각기 다른 종류의 코노톡신들은 서로 다른 생리 활성 반응을 보인다. 코노톡신의 독특한 마비 효과는 과학자들에게 영감을 제공해 코노톡신으로부터 진통제 프리알트Prialt가 2004년 미국 식품의약국FDA 승인을 받아 사용되고 있다.

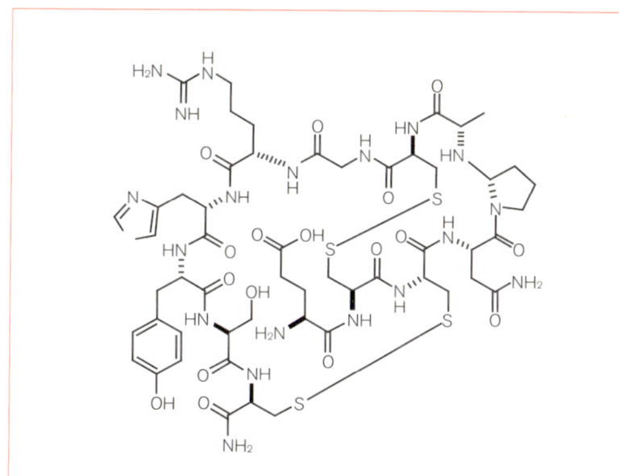

코노톡신(Conotoxin) 화학 구조

청자고둥(Cone Snail)

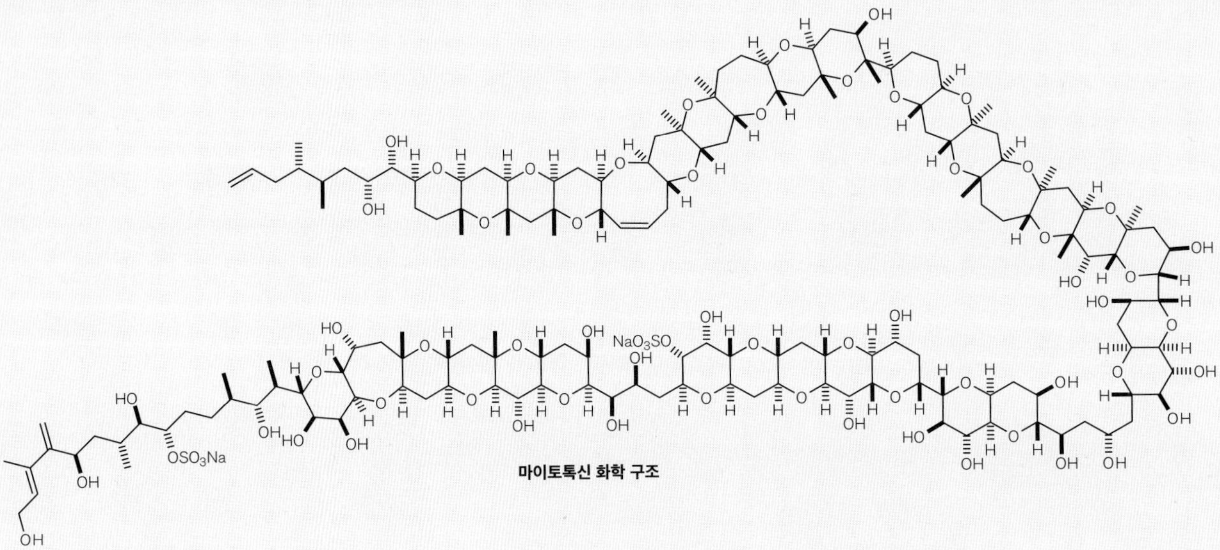

마이토톡신 화학 구조

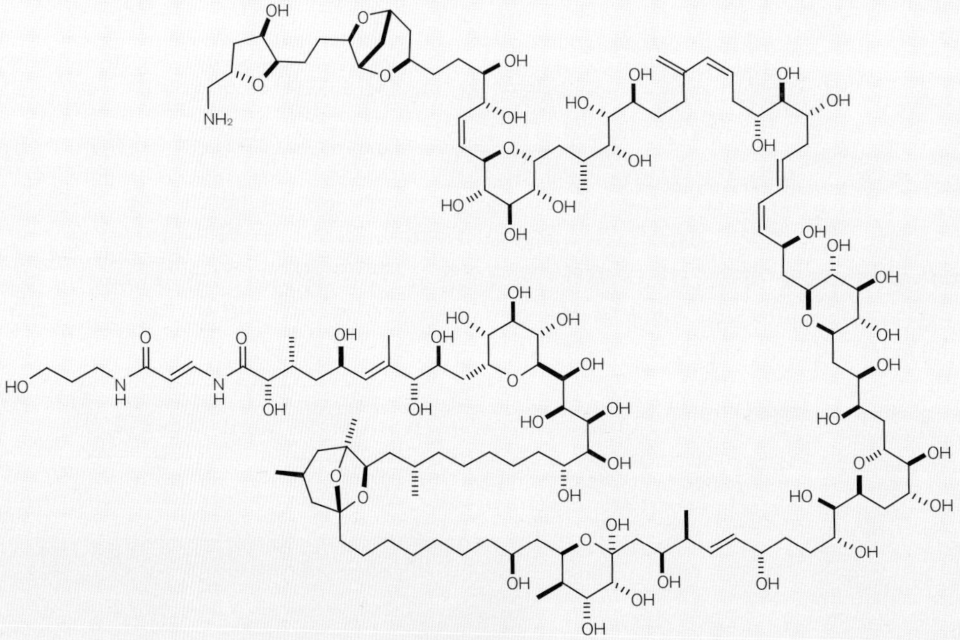

팔리톡신 화학 구조

의약품으로서 해양 생물 독의 가능성

해양 생물독은 체내에서 매우 낮은 농도로도 치명적인 독성이 유지될 만큼 강력한 생리활성이 유지된다. 모순되게도 이처럼 독성이 강한 해양 유기화합물은 신의약품 개발을 위해 노력하는 과학자들에게 매우 좋은 연구 주제를 제공한다. 생각을 전환해서 만약 일반 세포에 대한 독성은 막으면서 특정 세포에 대한 독성만 유지할 수 있는 방법이 있다고 가정해 보자. 이러한 방법을 통해 독성 화합물이 특정 암세포에만 강력한 독성으로 작용할 수 있게 조절된다면 새로운 항암제의 개발로 쉽게 이어질 것이다. 최근 생물학자들은 각기 다른 해양 독은 체내에서 각기 다른 부위에 작용해 독성을 발휘한다는 사실을 밝혀냄으로써 독성 조절의 가능성을 확인했다. 강력한 독성과 체내 표적 조절 가능성이 바로 해양 생물 독이 잠재력 높은 의약 후보 물질로 평가받는 이유다.

그러나 불행하게도 해양 생물 독은 자연계에서 매우 소량만이 채집될 수 있고, 그 한계 때문에 의약 개발 연구에 필요한 양의 공급에 어려움이 발생한다. 만약 청자고둥이 함유하고 있는 코노톡신을 대량으로 얻기 위해 더 많은 청자고둥을 채집한다면 이는 곧 해양 생태계 파괴로 이어질 것이 자명하다. 이러한 문제는 화합물의 탄소 골격을 인위로 합성하는 연구 분야인 유기합성이라는 기술로 해결될 가능성이 있다. 실험실에서 간단하고 쉽게 구할 수 있는 화합물로부터 시작해 화학 구조가 복잡한 해양 독을 합성함으로써 물질 확보 문제를 해결할 수 있다. 또한 개발된 합성 방법을 이용해 해양 독의 화학 구조를 변경하면서 구조-활성 관계SAR, Structure-Activity Relationship 정보를 수집해 독성 발현 조절 가능성을 높일 수 있다.

해양 독 합성의 대표 사례로 복어 독인 테트로도톡신을 들 수 있다. 1972년 처음 화학 합성이 된 이후 새로운 의약 후보 물질로서 큰 잠재성 때문에 많은 합성 화학자들에 의해 합성됐으며, 현재에도 테트로도톡신을 이용한 의약품 개발이 진행되고 있다. 와편모조류로부터 생성되는, 구조가 복잡한 패류독인 브레베톡신류는 1995년 처음 합성법이 개발된 이후 생산 효율을 높이기 위한 연구가 계속 이어지고 있다. 1994년 키쉬 요시토Kishi Yoshito, 1937~ 하버드대학교 교수는 거대 천연물인 팔리톡신을 합성했으며, 현재까지 인간이 만든 천연물 가운데 가장 큰 물질로 알려져 있다. 그러나 팔리톡신 합성법 개발은 화학 구조의 복잡성과 독성 조절의 어려움으로 인해 의약품 개발로는 이어지지 못했다.

앞에서 언급된 중독 사고를 빈번하게 일으키는 해양 독 외에도 사람에게 중독 현상을 일으킬 가능성이 열은 해양 독들이 해면·산호 등 해양 생물로부터 발견되고 있다. 이 가운데 몇몇은 항암제로 개발돼 시판되고 있다. 해양 천연물 의약품의 개발 기술 진보와 해양 생물 독의 탁월한 생리 활성을 미루어 짐작할 때 현재까지 난치병으로 남아 있는 질병들을 치료할 수 있는 혁신 의약품이 해양 생물 독으로부터 곧 개발될 것으로 보인다.

해양 환경 유래 단백질과 효소

이현숙, 김윤재 한국해양과학기술원

해양 환경에서 유래한 단백질은 해양이라는 특수 환경에 노출돼 내염성, 호압성, 저온 안정성, 내열성, 새롭고 특이한 화학 및 입체화학 활성 등 기존 의 육상 환경 유래 단백질과는 구별되는 유용한 특성을 띠고 있다.

단백질은 20여 개 아미노산으로 구성된 고분자화합물이다. 생체 내에서 구조를 구성하는 구조단백질, 모든 생화학 반응에서 촉매 기능을 하는 효소, 면역을 담당하는 항체 등 생명 기능 유지에 중요한 역할을 수행한다. 그 가운데 효소는 효율성efficiency, 정밀성accuracy, 특이성specificity, 선택성selectivity 등의 특성을 띠고 있다. 촉매 기능은 화학 반응 형태에 따라 산화환원효소oxidoreductase, 전이효소transferase, 가수분해효소hydrolase, 탈이효소lyase, 이성화효소isomerase, 합성효소synthetase로 분류할 수 있다. 미국 국립생물공학정보센터NCBI, National Center for Biotechnology Information에 따르면 2014년 기준 6,738개의 효소가 등록돼 있다. 종류는 3,500여 개인 것으로 알려져 있다. 이들 효소는 식품, 화장품, 의약품, 세제, 생명공학 연구용 등 인간이 영위하고 있는 다양한 산업 분야에서 활용된다.

현재 상용화된 효소 제품 대부분은 육상 환경 미생물 또는 곰팡이로부터 유래한 것으로, 해양 환경에서 유래한 제품이 차지하는 비중은 미미하다고 할 수 있다. 최근에는 생명공학 기술을 이용한 합성효소synthetic enzyme, 단백질 구조 분석을 통

해양의 극한 환경. 왼쪽 위부터 시계방향으로 남극, 북극, 심해저, 열수구

한 개량효소, 단일항체 기술을 이용한 촉매항체catalytic antibody와 같이 산업 목적에 부합되게 인위로 변형시킨 인공효소를 개발할 수 있는 단계에 이르렀다. 그럼에도 새로운 반응을 일으킬 활성을 보유한 촉매 효소, 효율성이 우수한 효소 등이 지속 요구되고 있다. 이를 해결하기 위해 해양 극한남극·북극, 열수구, 심해저 환경 등 특이한 해양 생태계 환경의 유전자원 및 효소에 관심이 증대되고 있다.

해양 환경에서 유래한 단백질은 해양이라는 특수 환경에 노출돼 내염성, 호압성, 저온 안정성, 내열성, 새롭고 특이한 화학 및 입체화학 활성 등 기존의 육상 환경 유래 단백질과는 구별되는 유용한 특성을 띠고 있다. 이에 따라 미국에서는 해양 환경으로부터 새로운 유전자원을 발굴하기 위해 2003년부터 크레이그 벤터Craig Venter 박사를 리더로 세계해양시료탐사GOS, Global Ocean Sampling expedition 프로그램을 진행해서 전 세계 해양 환경 시료로 환경유전체학환경 시료로부터 유전체를 직접 추출해 유전체 분석을 수행하는 연구 연구를 수행해 수백만 개의 새로운 유전자원을 보고하기도 했다.

해양 환경에서 유래한 단백질 가운데 산업 활용의 대표 사례로는 해파리에서 최초로 분리한 녹색형광단백질GFP, Green Fluorescent Protein을 들 수 있다. 1962년 일본 해양생물학자 시모무라 오사무Shimomura Osamu 박사가 해파리*Aequorea victoria*로부터 녹색형광단백질을 발견했으며, 1990년대에 미국의 마틴 챌피Martin Chalfie 박사는 유전자가 발현되는 과정을 추적할 수 있는 리포터 유전자reporter gene로 형광단백질을 이용할 수 있음을 보였다. 또 중국계 미국인 로저 첸Roger Tsien 박사는 형광단백질이 빛을 발하는 생화학 원리를 규명하고, 나아가 돌연변이 기술을 이용해 황색형광단백질을 만들기도 했다. 이들은 그 공로를 인정받아 2008년 '녹색형광단백질 GFP의 발견 및 개발'로 노벨 화학상을 받았다. 현재 녹색형광단백질은 리포터 유전자, 바이오센서biosensor 등 생명공학 분야에 활용되고 있다. 이후 미생물, 산호, 창고기, 민물뱀장어에서도 형광단백질이 발견돼 임상 적용 가능성을 기대하게 한다. 새우에서 분리된 알칼리성 인산가수분해효소Shrimp Alkaline Phosphatase는 북대서양과 북태평양에서부터 북극에까지 서식하는 북쪽분홍새우*Pandalus borealis*에서 분리돼 분자생물학 분야에서 널리 사용되는 효소다. DNA의 탈인산화 과정에서 촉매 역할을 함으로써 유전자 재조합 과정에서 이용되며, 효소면역검사법ELISA 및 단백질 흡입법western blotting 같은 항체 기반의 면역분석법에서 리포터 단백질로 사용된다.

해양 환경에서 유래한 효소들 가운데 산업 활용이 가능한 것들은 표에 제시했다. 이들 가운데 해양의 극한 환경으로부터 유래한 효소를 산업용으로 이용하는 사례가 증가하고 있다. 그 가운데 열수구지하의 마그마로부터 가열된 뜨거운 물이 솟아오르는 해상 온천에 서식하는 초고온 고세균hyperthermophilic archaea에서 내열성 효소가 분리됐다.

해양 환경에서 유래한 단백질은 해양이라는 특수 환경에 노출돼 내염성, 호압성, 저온성, 내열성 등의 육상 유래 단백질과 구별되는 특성을 나타낸다

녹색해파리

북쪽분홍새우

해파리로부터 분리된 형광단백질의 3차 구조

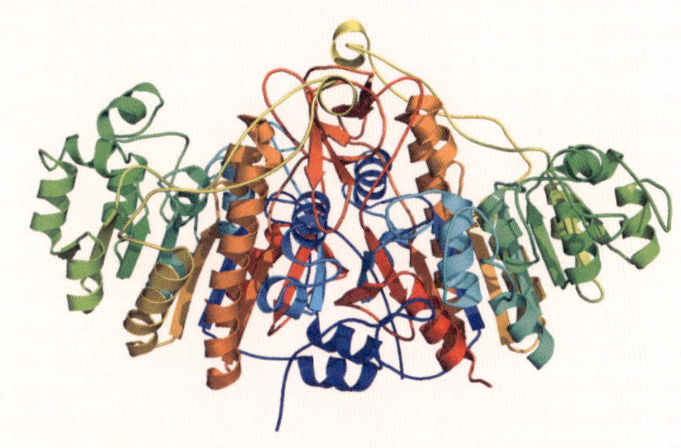

알칼리성 인산가수분해효소(alkaline phosphatase) 단백질 3차 구조

녹색형광단백질이 발현된 생물들

산업적으로 활용되는 해양환경 유래 유용 효소들

단백질 및 효소	생물자원	활성/활용분야
DNA modifying enzymes		
DNA polymerase	*Thermococcus onnurineus* NA1 *Thermococcus kodakarensis* KOD1 *Pyrococcus furiosus*	DNA 증폭/ 생명공학산업(PCR)
Uracil DNA glycosylase	Marine bacterium BMTU3346	uracil 제거/ 생명공학(PCR fidelity 개선)
Deoxyuridine triphosphatase	*Thermococcus onnurineus NA1* *Thermococcus pacificus*	dUTP 제거/ 생명공학(PCR fidelity 개선)
Alkaline phosphatase	Pandalus borealis (Shrimp)	DNA 탈인산화/ 생명공학(DNA 조작)
Saccharification enzymes		
Cellulase	*Pseudoalteromanas haloplanktis* *Teredinibacter turnerae* T7902T *Marinobacter* sp. MSI032	셀룰로오스 -> 포도당/ 셀룰로오스 당화공정
Xylanase	*Pseudoalteromanas haloplanktis*	자일란 -> 자일로오스/헤미셀룰로오스 당화 공정
Amylase	*Aureobasidium pullulans* N13d *Nocardiopsis* sp. Metagenome from marine environments	전분 -> 포도당/ 포도당 생산·소화제
Chitinase	*Arthrobacter* sp. TAD20 *Rhodothermus marinus*	키틴의 가수분해/ 의약품·농업·식품·화장품(키토올리고당)
Alginate-lyase	Haliotis discus discus *Pseudoalteromanas atlantica* AR06 *Vibrio* sp. A9m *Cobetia marina* *Agarivorans* sp. JAM-A1m *Porphyra yezoensis* *Streptomyces* sp. *Pseudomonas alginovora* XO17	alginate -> polymannuronate/ 갈조류 당화 공정
Agarase	*Pseudoalteromanas gracilis* B9 *Microbulbifer* sp. *Microscilla* sp. *Pseudoalteromanas carrageenovora* *Zobellia galactinovorans* *Pseudomonas atlantica* T6C *Alteromonas agarylytica* *Agarivorans sp.* JAMB-A11 *Vibrio* sp. JT0107	agarose의 가수분해/ 홍조류 당화 공정
β-glucosidase	*Shewanella* sp. G5	glucoside(cellobiose 등)의 가수분해/ 셀룰로오스 당화 공정
β-galactosidase	*Arthrobacter* sp. SB *Guehomyces pullulans*	galactoside(lactose 등)의 가수분해/락토스 불내증 치료 및 유제품 가공
Trehalase	*Rhodothermus marinus*	trehalose -> glucose
Pectate lyase	*Pseudoalteromanas haloplanktis* ANT/505	pectate의 가수분해/과실 가공
Carrageenase	*Pseudoalteromanas carrageenovora* *Zobellia galactinovorans* *Altermonas fortis*	carrageenan의 가수분해/ 화장품·식품
Porphyranase	*Zobellia galactinovorans*	porphyran의 가수분해/ 홍조류 바이오매스 당화 공정(agar)

단백질 및 효소	생물자원	활성/활용분야
Fucoidan-degrading enzyme	*Fucophilus fucoidanolyticus*	fucoidan의 가수분해/ 갈조류 바이오매스 당화 공정
Mannuronan C5-epimerase	*Laminaria digitata*	D-mannuronate -> L-guluronate/ alginate 가공
Galactose sulfurylase	*Chondrus crispus*	D-galactose 6-sulfate -> 3,6-anhydrogalactose/ carrageenan 생산
기타 효소		
Esterase	Metagenome from marine environments	esters -> acid + alcohol/유기합성산업
Lipase	Metagenome from marine environments *Pseudoalteromonas haloplanktis* TAC125 *Aureobasidium pullulans* HN2.3	지질의 가수분해/식품·사료·세제산업
Epoxide hydrolase	*Erythrobacter litoralis* HTCC2594 *Sphingophyxis* sp. *Sphingophyxis alaskensis* *Novosphingobium aromaticivorans* *Maritimibacter alkaliphilus* KCCM42376	epoxides -> trans-dihydrodiols/정밀화학산업
Phytase	*Kodomaea ohmeri* BG3	phytic acid -> phosphate + phosphate inositol/ 축산·사료산업
Amidase	Metagenome from marine environments *Roseobacter denitrificans* Och	amide의 가수분해/유용 물질 생산
Protease	*Pseudomonas sp.* DYA *Aerpyrum pernix* K1 *Pseudoalteromonas, Shewanella,* *Colwellia, Planococcus* species	단백질의 가수분해/ 식품·화장품·세제 산업
Alkane hydroxylase	Metagenome from marine environments	alkane -> alcohol/유해 물질 제거
Alanine dehydrogenase	*Psychrophilic bacterium* PA-43	L-alanine -> pyruvate + NH_3/ 생명공학(alanine, nitrogen assimilation)
Alcohol dehydrogenase	*Flavobacterium frigidimaris* KUC-1	alcohols -> aldehydes or ketones/ 합성(stereoisomer of chiral alcohols)· 촉매제(fuel cells)
Malate dehydrogenase	*Flavobacterium frigidimaris* KUC-1	malate -> oxaloacetate/분석화학
Isocitrate dehydrogenase	*Colwellia psychrerythraea*	isocitrate -> α-ketoglutarate + CO_2/ 질병 타깃 유전자(비만, 고지혈증)
Catalase	*Vibrio salmonicida*	hydrogen peroxide -> water + oxygen/ 식품 가공 및 반도체·섬유 공정
Aminopeptidase	*Colwellia psychrerythraea*	protein(N-terminus) -> amino acids
Subtilisin	*Bacillus* sp. TA41	단백질의 가수분해/생명공학(reporter 유전자)
Homoserine transsuccinylase	*Thermotoga maritima*	L-homoserine + succinyl-CoA -> O-succinyl-L-homoserine + CoA/L-아미노산 생산
Sulfatase	*Zobellia galactinovorans* *Rhodopirellula baltica*	sulfate의 가수분해/ 생명공학(agarose 생산)
Halo-peroxidase	*Laminaria digitata*	할로겐화물(halides)의 산화/고분자 합성

DNA polymerase, DNA ligase, dUTPase deoxyuridine triphosphatase 등 DNA 조작효소들이 대표적 사례다. 이들 효소는 생명공학 분야에서 널리 활용된다. 그 가운데에서도 초고온 고세균 *Thermococcus onnurineus* NA1, *T. kodakarensis* KOD1 유래 패밀리 B-타입인 DNA polymerase의 경우 이미 상용화된 박테리아 유래 패밀리 A-타입인 Taq DNA 중합효소와 비교해 우수한 신장력 processivity, 신장속도 extension rate, 정확도를 나타내는 것으로 보고됐다. DNA polymerase는 PCR Polymerase Chain Reaction 키트로도 판매되고 있다. 이처럼 극한 해양 환경 유래의 DNA 중합효소는 이미 상용화된 제품을 대체해 사용되고 있으며, 나아가 분자생물학 연구 및 진단 등 다양한 생명공학 분야에 활용될 수 있다. 당화효소 saccharification enzyme는 제3세대 바이오매스인 해조류의 당화 공정에 활용하기 위해 주목받고 있다. 초고온 고세균 유래의 아밀라아제 amylase, 글루코아밀라아제 glucoamylase, 풀루라나아제 pullulanase, 시클로덱스트린 글리코실트란스페라아제 cyclodextrin glycosyltransferase, 셀룰라아제 cellulase 등 내열성 당화효소는 탄수화물의 액화 및 당화 공정을 통합하는 시도에서 반드시 요구되는 내열성을 제공할 수 있기 때문에 활용성이 크다.

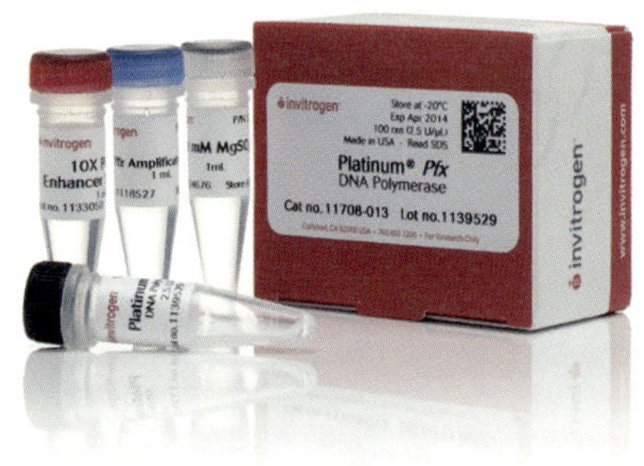

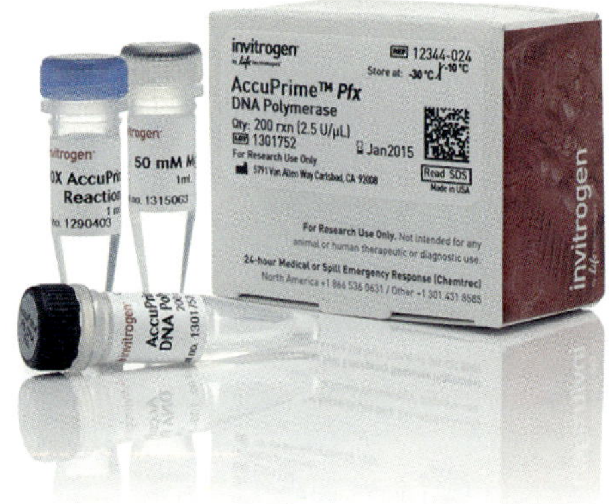

시판 중인 키트들

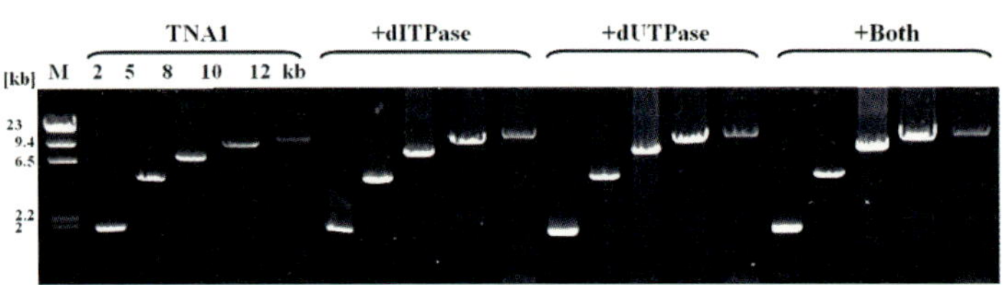

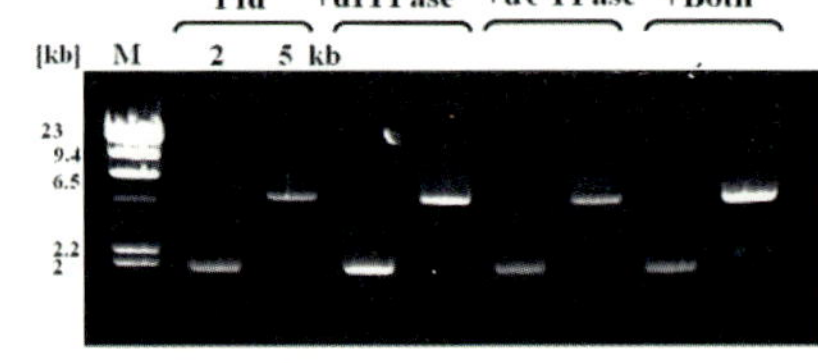

DNA 중합효소 반응 우수성 비교

위에서 살펴본 바와 같이 현재까지는 리포터 단백질, DNA 조작효소 등 대부분이 분자생물학 또는 생명공학 분야에 한정해서 활용되는 단백질 또는 효소들이 주로 연구되고 개발됐다. 해양 생태계는 미개발된 환경이 많기 때문에 미지 생물체의 알려지지 않은 신기능 효소 개발 측면에서 무궁무진한 잠재력이 있다. 앞으로 해양에서 유래한 단백질 또는 효소 개발에서 두 가지 측면을 전망해 볼 수 있다. 해양바이오매스 활용에 요구되는 당화효소의 개발 연구가 각광을 받을 것으로 보인다. 둘째는 해양 극한 환경으로부터 1)새로운 활성을 띠는 효소, 2) 육상 환경에서 유래한 효소를 대체할, 활성이 우수한 효소를 발굴하기 위한 노력이 지속될 것으로 전망된다.

해양플랑크톤의 응용

이균우 한국해양과학기술원

플랑크톤은 물이 있는 곳이라면 지구상 어디든지 존재하는 매우 광범위한 의미의 생물이다. 이 생물은 수중생태계에서 생산자에 위치하거나 고등동물로의 영양전달을 위한 가교역할을 하는 등 생물학적으로 매우 중요한 위치에 있으며 이들은 생존과 번식을 위해 특정 생물에 따라 독특한 물질을 만들어내기도 한다. 현재까지 플랑크톤의 다양한 특성을 활용한 응용연구는 알려진 생물종 수에 비해 매우 낮은 수준으로 앞으로 개발의 여지가 많은 분야임에 틀림없다. 이러한 플랑크톤이 현재 어떤 분야에서 응용되고 있는지 몇 가지 예를 들어 보고자 한다.

해수와 담수에 서식하는 수생생물 가운데 플랑크톤은 수류에 역행할 만큼 운동성이 충분치 못해서 물에 표류하는 모든 생물로 정의된다. 플랑크톤은 다시 다양한 방식으로 분류된다. 우선 크기에 따라 펨토플랑크톤femtoplankton, 0.02~0.2㎛, 초미세플랑크톤picoplankton, 0.2~2.0㎛, 미세플랑크톤nanoplankton, 2.0~20㎛, 소형플랑크톤microplankton, 20~200㎛, 중형플랑크톤mesoplankton, 0.2~20mm, 대형플랑크톤macroplankton, 2~20cm, 거대플랑크톤megazooplankton, 20~200cm으로 분류된다Sieburth et al., 1978. 생활사에 따라서는 임시플랑크톤meroplankton, 유생기에만 플랑크톤으로 생활하다가 성체기에는 유영생물이나 저서생물이 됨과 종생플랑크톤holoplankton, 생활사 전체를 플랑크톤으로 생활으로 나뉘기도 하며, 서식지와 수직 분포에 따라 분류되기도 한다. 또 영양 섭취 방법과 광합성 유무에 따라 식물플랑크톤phytoplankton과 동물플랑크톤zooplankton으로 구분되기도 한다. 식물플랑크톤과 동물플랑크통은 각각 5,000여 종, 1만여 종meroplankton 포함이 알려져 있다. 이에 따라서 플랑크톤에는 작게는 바이러스나 박테리아부터 크게는 대형 해파리까지 다양한 생물군이 포함된다. 이 가운데 먹이생물, 추출물, 실험생물 등을 목적으로 다양한 유용 플랑크톤이 배양되고 있고 활용 종수도 증가 추세에 있다.

플랑크톤과 인간의 관계

앞에서처럼 다양하게 정의됨에도 플랑크톤은 바이러스와 박테리아를 제외한 중형플랑크톤 이하의 분류군이라는 개념으로 통용되고 있다. 이 축소된 개념의 플랑크톤은 먹이사슬 관계에서 주로 식물플랑크톤인 생산자와 동물플랑크톤인 1차 소비자에 위치해 해양 생태 기반을 이루고 있다. 이에 따라서 최고 포식자인 인간은 플랑크톤 없이는 존재할 수 없는 먹이사슬 관계에 있다. 이러한 근본 관계 이외에 인간은 특정 플랑크톤과 공생 관계를 유지하려고 노력하고 있으며, 앞에서 언급한 다양한 목적으로 플랑크톤을 직접 이용하고 연구한다.

그러나 현존하는 플랑크톤의 다양성에 비해 인간이 직접 또는 간접 이용하는 플랑크톤은 현재까지 매우 한정돼 있다. 그 이유는 이들의 작은 크기와 대량 배양의 어려움 때문이라 할 수 있다. 이에 따라서 특정한 유용 미세 또는 소형 플랑크톤의 직간접 이용을 위해서는 반드시 이들의 배양 방법 확립이 최우선으로 선행돼야 한다.

유용 생물 생산을 위한 먹이생물

해양 플랑크톤을 배양하는 궁극의 목적은 유용 수산 생물의 인공 종묘 생산을 위한 초기 먹이생물로 이용하기 위한 것이라 할 수 있다. 지난 20여 년 동안 해산 유용 생물 양식에서 어류와 갑각류의 사육 분야는 급격히 발전해 왔다. 상업 목적의 양식에서 먹이생물 없이 인공 종묘 생산이 가능한 어류 및 갑각류는 찾아보기 어렵다. 물론 이러한 먹이생물을 대체하기 위한 상업용 인공 사료 개발 연구가 오늘날까지 계속되고 있고, 어느 정도 성과를 거두고 있지만 효율 면에서 아직까지 생물 먹이를 따라잡지 못하고 있다.

이에 따라 양질의 먹이생물을 찾는 노력과 이를 안정 생산하기 위한 노력이 현재까지도 산업 차원에서 많이 시도된다. 먹이생물은 주로 여과섭식성 유용 무척추동물 및 유생을 위한 식물 먹이생물과 유용 어류 및 갑각류 유생을 위한 동물 먹이생물로 나뉠 수 있다. 먹이생물로 다소 다양하게 상업에 적용되고 있는 식물플랑크톤에 비해 동물플랑크톤은 아르테미아Artemia와 윤충rotifer 단 두 종류에 그치고 있어 이를 보완·대체하기 위한 요각류나 유종류를 먹이생물로 개발하기 위한 노력이 계속되고 있다. 그러나 배양의 어려움으로 아직까지 상용화는 쉽지 않은 상황이다. 이에 따라서 먹이생물 분야 발달을 위해서는 다음과 같은 노력이 요구된다. 양식 어종의 다양화를 위해 더 다양한 먹이생물 개발이 필요초소형 및 초대형하며, 현재 사용되고 있는 먹이생물의 생산 단가를 낮춰야 하고시설 축소: 고밀도 배양, 먹이 효율의 극대화생존율, 성장률, 영양학 측면, 먹이생물 대체를 위한 인공 사료 개발 병행이 필요궁극 측면하다.

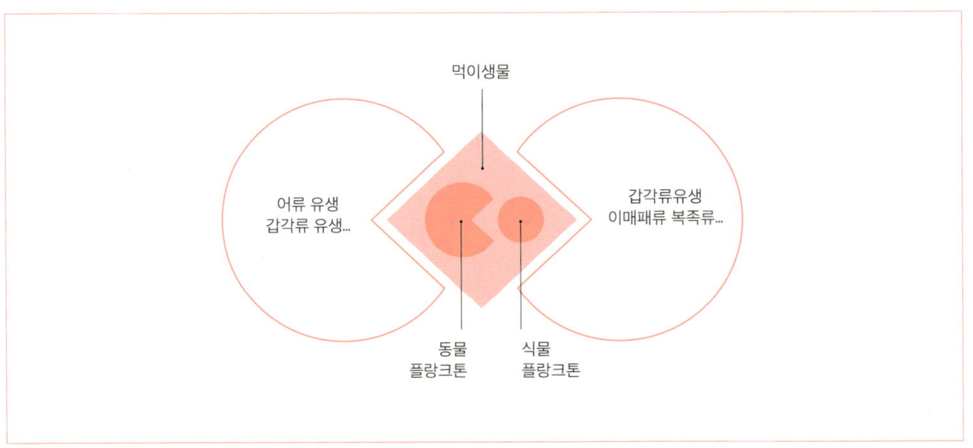

유용 생물 양식에서 먹이생물 개념도

추출물

인간은 해양 플랑크톤을 식품 또는 식품보조제로 사용하기 위해 채집하거나 배양한다. 직접 식품으로 이용되는 해양 동물플랑크톤으로는 소형 새우류, 해파리 등을 들 수 있다. 특히 새우류 가운데 크릴은 낚시용 미끼로 많이 사용된다. 해양 식물플랑크

먹이생물로 주로 사용되는 해양 플랑크톤

플랑크톤	강	속/종	적용 예
동물플랑크톤	윤충류(Rotifera)	*Brachionus plicatilis*	FL
		Brachionus rotundiformis	FL
	새각류 (Branchiopsida)	*Artemia salina*	FL
		Artemia franciscana	FL
		Artemia persimilis	FL
	요각류(Copepoda)	*Acartia tonsa*	FL
		Eurytemora affinis	FL
		Gladioferens imparipes	FL
		Tigriopus japonicus	FL
		Tisbe holothuriae	FL
		Amphiascoides atopus	FL,PL
		Apocyclops royi	FL
		Paracyclopina nana	FL
		Oithona sp.	FL
식물플랑크톤	규조류 (Bacillariophyceae)	*Skeletonema*	PL,BL,BP
		Thalassiosira	PL,BL,BP
		Phaeodactylum	PL,BL,BP,ML,BS,SC
		Chaetoceros	PL,BL,BP,BS
		Cylindrotheca	PL
		Bellerochea	BP
		Actinocyclus	BP
		Nitzchia	BS,SC
		Cyclotella	BS
	착편모조류(Haptophyceae)	*Isochrysis*	PL,BL,BP,ML,MR,BS,SC
		Pseudoisochrysis	BL,BP,ML
		Dicrateria	BP
	황갈조류(Chrysophyceae)	*Monochrysis (Pavlova)*	BL,BP,BS,MR
	담녹조류(Prasinophyceae)	*Tetraselmis (Platymonas)*	PL,BL,BP,AL,BS,MR,SC
		Pyramimonas	BL,BP
		Micromonas	BP
	갈색편모조류(Cryptophyceae)	*Chroomonas*	BP
		Cryptomonas	BP
		Rhodomonas	BL,BP,SC
	녹조류(Chlorophyceae)	*Chlamydomonas*	BL,BP,FZ,MR,BS
		Chlorococcum	BP
		Carteria	BP
		Dunaliella	BP,BS,MR
		Chlorella ellipsoidea	BP,BS,MR
	황녹색조류(Xanthophyceae)	*Olisthodiscus*	BP
	남조류 (Cyanophyceae)	*Spirulina*	PL,BP,BS,MR
	라비린툴라강(Labyrinthulomycetes)	*Schizochytrium*	FL,BS,MR

FL: 어류유생, PL: 새우유생, BL: 이매패·연체동물유생, ML: 담수새우유생, BP: 이매패·연체동물 후기유생, AL: 전복유생; MR: 해산윤충(Brachionus), BS: 아르테미아(Artemia); SC: 해산요각류, FZ: 담수산 동물플랑크톤

톤으로는 스피룰리나가 있다. 담수산 식물플랑크톤인 클로렐라와 같이 주로 식품보조제로 상용화돼 시판되고 있다. 이처럼 플랑크톤을 직접 이용하는 목적 이외에 플랑크톤을 특정 물질만 추출해서 여러 목적으로 사용할 수도 있다.

식물플랑크톤은 대체 연료인 바이오디젤로 전환할 수 있는 트리글리세라이드triglycerides를 생산하기 때문에 최근 이를 생산하기 위한 다양한 식물플랑크톤이 연구되고 있으며, 어느 정도 실효를 거두고 있다. 대체 연료로 식물플랑크톤을 이용할 때의 장점은 24~48시간 간격으로 수확이 가능하고, 기름 성분 함량이 높아 육상 작물 대비 30~50배 생산이 가능하다는 것이다. 또 대기 이산화탄소 제거에 효과가 있는 것은 물론 작은 공간에서 생산이 가능할 뿐만 아니라 대량 배양으로 인해 지구 생태계의 먹이사슬을 위협하지도 않는다.

바이오디젤에 더해 수소는 오늘날 화석연료를 대체할 수 있는 가장 유망한 미래에너지의 하나로, 재생 가능한 친환경 에너지원으로 여겨지고 있다. 최근 식물플랑크톤과 미생물 등을 이용한 수소 생산 연구가 활발히 진행되고 있지만 녹조류인 클라미도모나스 레인하티*Chlamydomonas reinhardtii*에 황 성분을 결핍시킴으로써 수소 생산을 유도하는 방식은 늘 낮은 효율성 문제가 있어 왔다. 그러나 최근 스웨덴 웁살라Uppsala 대학의 연구진에 따르면 클라미도모나스 레인하티의 광화학계photosystem Ⅱ 기를 안정시킴으로써 수소 생산을 촉진시킬 수 있음이 밝혀지면서 식물플랑크톤을 이용한 상업용 수소 생산에 힘을 더하고 있다.

해양 식물플랑크톤은 생화학 조성 기본 물질뿐만 아니라 다른 생물과 서식 영역을 공유해야 하는 생태 특성상 항박테리아성, 항진균성, 항원생동물성 활성 등이 있는 다양한 방어 물질을 생산한다. 이에 따라서 이들 식물플랑크톤으로부터 추출한 다중불포화지방산PUFA, 스테롤, 색소, 단백질, 비타민 등 다양한 화합물이 인간의 건강보조식품이나 약품 형태로 사용되고 새로운 물질 추출을 위한 해양 식물플랑크톤 연구가 다양하게 이뤄지고 있다.

한편 식물플랑크톤과는 반대로 동물플랑크톤을 이용한 추출물 연구는 미흡한 편이어서 이에 대한 관심이 고조돼야 할 것으로 판단된다. 그럼에도 대형 또는 거대플랑크톤에 해당하는 해파리는 일부 연구가 수행됐다. 예를 들면 해파리 *Cotylorhiza tuberculata*의 추출물이 최근 항산화 활성 및 항암 효과가 있는 것으로 보고된 바 있으며Leone et al., 2013, 또 다른 해파리인 노무라입깃해파리*Nemopilema nomurai*에서 추출한 글리코프로테인 뮤신glycoprotein mucin은 골관절염 치료제로 활용할 수 있는 것으로 알려져 있다. 또 해파리의 콜라겐은 면역 촉진 활성이 있으며, 특히 가수 분해된 콜라겐은 앤지오텐신angiotensin-I 전환효소 저해 작용과 항고혈압 효과 같은 약물 효능을 보인다. 아직도 개발되지 않은 다양한 해양 플랑크톤과 이들의 높은 생산성은 해양 플랑크톤이 미래 세계의 주요 식량 공급원뿐만 아니라 미지의 천연물 생산 보고가 될 것으로 기대를 모으게 하는 주요인이다.

해양 식물플랑크톤으로부터 추출한 생리 활성 물질의 적용

화합물 그룹	생리 활성 물질	미세조류/남조류	활성	건강 적용
고도불포화지방산 (PUFA)	에이코사펜타에노산(EPA)	*Phaeodactylum tricornutum; Porphyridium cruentum; Crypthecodinium Odontella; Nannochloropsis; Pavlova lutheri*	기능식품, 항균제, 소염제	유아 및 건강식품 첨가제
	감마리놀렌산(GLA)	*Arthrospira Porphyridium*	조직 보전, 노화 방지	치료, 면역계
	아라키돈산(ARA)	*Porphyridium cruentum*	혈관 수축, 혈소판 응집	치료, 건강 원료
	도코사헥사엔산(DHA)	*Crypthecodinium; Schizochytrium; Isochrysis galbana; Pavlova lutheri*	기능식품, 뇌 발달	건강 원료, 유아식품, 가금류 사료 첨가제
스테롤 (Sterols)	브라시카스테롤(brassicasterol); 스티그마스테롤(stigmasterol)	*I. galbana; Chaetoceros; Skeletonema; P. lutheri*	저콜레스테롤혈	굴 식품
색소 (Pigments)	남조소(phycocyanin)	*Arthrospira; Spirulina*	천연색소, 소염제, 항산화제	건강식품 첨가제, 영양 성분
	홍조소(phycoerythrin)	*P. cruentum*	천연색소	푸드마커(food marker)
	베타카로틴(β-carotene)	*Dunaliella salina*	식품첨가물, 프로비타민A, 항산화제	건강식품 첨가제, 의약품
	아스타산틴(astaxanthin)	*Haematococcus pluvialis*	천연색소, 소염제, 항산화제, 식품첨가물	수근관증후군 및 근육통 치료제
	루테인(lutein), 제아잔틴(zeaxanthin), 칸타크산틴(canthaxanthin)	*Chlorella protothecoides*	항산화제	의약품
단백질·효소	단백질	*Dunaliella; Phaeodactylum tricornutum; Arthrospira platensis; P. cruentum*		건강식품 첨가제
	과산화물제거효소(SOD, superoxide dismutase)	*P. tricornutum; Porphyridium; Anabaena; Synechococcus*	항산화제, 소염제	건강식품 첨가제, 치료
	탄산무수화효소(carbonic anhydrase)	*I. galbana; Amphidinium carterae; Prorocentrum minimum*	이산화탄소에서 탄산으로의 전환 역할	
비타민	비타민 C, K, B12, A, E	*Arthrospira; I. galbana; P. cruentum; Pavlova; Tetraselmis*	항산화제, 조혈, 혈액 응고	면역계
기타 화합물	가바(GABA, γ-amino-butyric acid)	*Porphyridium*	신경 전달 물질, 항산화제, 소염제	전복 유생 발달, 포유류의 중추신경계 조절, 면역계
	오카다산(okadaic acid)	*Gambierdiscus toxicus; Prorocentrum lima*	살진균제, 신경성장인자(NGF) 분비 촉진	치료
	마이크로콜린(microcolin-A)	*Lyngbya majuscula*	면역억제제	의약품

독성 실험생물

과학 발달로 새로 개발되는 화학 물질의 수가 계속 증가하고 있지만 환경에 대한 관심이 고조됨에 따라 이들의 유해성을 평가하는 방법도 점차 다양해지고 있다. 생태독성 시험은 이러한 화학물질의 독성을 다양한 생물을 이용해 평가하는 방법으로, 미국과 유럽을 비롯해 경제협력개발기구OECD, 미국재료시험협회ASTM, 미국환경보호국USEPA, 국제표준화기구ISO 등 다양한 국제기구에서 평가를 위한 가이드라인을 자체 개발해 시행하고 있다. 분류학상 다양한 생물이 생태 독성 시험을 위한 실험생물로 사용되고 있으며, 그 가운데 해양 플랑크톤이 차지하는 비율이 낮지 않다. 플랑크톤은 대체로 크기가 작기 때문에 독성 실험생물로 사용하면 실험에 드는 시간이 빠를 뿐만 아니라 실험에 사용되는 독성 물질의 양을 최소화할 수 있어 실험으로 인한 2차 오염을 줄일 수 있다. 이러한 표준 독성 실험생물로 사용되는 해양 플랑크톤은 더욱 정확한 실질 및 입체 평가를 위해 이용되고 있으며, 그 수가 계속 증가하고 있는 추세다.

스피룰리나 생산-Cyanotech Corporation (www.cyanotech.com), Hawaii, USA

독성 실험생물로 사용되는 해양 플랑크톤

플랑크톤	강/목	종	조직/기관
동물플랑크톤	요각류	*Amphiascus tenuiremis*	OECD
		Gladioferens imparipes	ANZECC/ARMCANZ
	새각류	*Artemia salina*	USEPA
	윤충류	*Brachionus* sp.	ASTM
	단각류	*Rhepoxynius abronius*	USEPA
		Eohaustorius estuarius	California EPA
		Ampelisca abdita	EMAP; USEPA; NOAA
		Leptocheirus plumulosus	ASTM
		Grandidierella japonica	ASTM
		Corophium sp.	NSW EPA
		Monocorophium sp.	MOF in Korea
	곤쟁이류	*Americamysis bahia*	OECD; USEPA
		Holmesimysis costata	USEPA
	복족류 유생	*Haliotis rufescens*	USEPA
	성게류 유생	*Strongylocentrotus purpuratus*	USEPA
	성게류 유생	*Dendraster excentricus*	USEPA
	성게류 유생	*Sphaeroechinus granularis*	ASTM
	이매패류 유생	*Chlamys esperrima*	ANZECC/ARMCANZ
	이매패류 유생	*Mytilus galloprovincialis*	USEPA
	이매패류 유생	*Crassostrea gigas*	USEPA
식물플랑크톤	녹조류	*Dunaliella tertiolecta*	ASTM; ANZECC/ARMCANZ
	규조류	*Nitzschia closterium*	NSW EPA; ANZECC/ARMCANZ
	착편모조류	*Isochrysis* sp.	ANZECC/ARMCANZ

해양바이오 에너지

강도형 한국해양과학기술원

최근 해양바이오매스는 3세대 바이오에너지의 원료로서 부각되고 있으며, 향후 산업적으로 중요한 역할을 담보할 것으로 평가되고 있다. 이 책의 내용은 그간 이루어져 왔던 국내외 해양조류를 활용한 바이오에너지의 연구 및 활용 등의 내용들을 정리하여 경제적·환경친화적인 모델 구축의 필요성을 소개하고자 한다. 이를 위해 KIOST의 연구를 중심으로 국내외에서 진행하고 있는 사업의 필요성과 국내외 동향을 살펴보고 향 후 상용화를 목표로 한 해양조류 유래 바이오에너지 생산의 상용화에 있어서 발생할 수 있는 주요한 장벽과 극복 방안을 확인하고, 직간접적인 해결 방법들을 제시하여 경제적·환경친화적인 차세대 연료 생산을 위한 이해를 돕고자 한다.

현재 바이오 연료 생산의 주요 원료는 옥수수, 사탕수수, 콩과 같은 육상 작물 바이오매스biomass다. 그러나 최근 다당류 및 오일 함량이 풍부하고 이산화탄소를 다량 회수하는 광합성 조류가 바이오 에너지의 혁신 대안 원료로 받아들여지고 있다. 이 장에서는 그 이유를 알아보기로 한다.

우선 해양 바이오 에너지 또는 연료Marine Bioenergy or Biofuels는 '해양 조류[대형해조류macroalgae+미세조류microalgae]를 원료로 전환 가능한 대체 에너지'로 정의할 수 있으며, '기후변화에 능동으로 대체할 수 있는 재생 가능 바이오 에너지'로도 정의할 수 있다. 그 가운데 휘발유 대체 연료인 바이오에탄올은 다당류가 많이 함유된 해양 조류를 원료를 사용해 생산하고, 디젤 대체 연료인 바이오디젤은 지방이 많은 미세조류를 원료로 하여 생산할 수 있다. 휘발유 또는 디젤과 혼합하거나 단독으로 자동차 연료로 사용할 수 있어서 수송용 재생 가능 대표 연료로 주목받고 있다.

우리는 왜 바이오 연료에 주목하는가?

① 고유가와 화석연료 고갈 문제

한국석유공사에 따르면 우리나라의 에너지 수입 의존도는 97%에 이른다. 지난 몇 년 동안 에너지 수입액은 2004년 496억 달러, 2005년 666억 9,700만 달러, 2006년 855억 6,600만 달러, 2007년 949억 7,800만 달러 등 급증하고 있다. 2008년 상반기에만 무려 701억 달러였다. 이러한 에너지 수요가 급증한 이유는 경제 규모가 증가한 것도 있지만 최근 10여 년 동안 지난 30여 년간 배럴당 10~40달러에서 다소 안정된 국제 유가가 급등한 것이 원인이기도 하다. 다행히 2008년 7월 이후부터 현재까지 유가 상승세는 세계 소비 시장의 감소로 다소 꺾이긴 했다. 그러나 유가의 가격 폭등은 언제든 예상되고 있는 실정이다. 또 화석연료 사용량이 급증하면서 세계 모든 지역의 원유 매장량이 급격히 줄어들고 있고, 2007년 오일피크원유의 최대 생산 분기점 이후에는 원유 생산량이 감소할 뿐만 아니라 산유국의 생산량 조절에 따라 원유 가격 상승은 더욱 가속될 전망이다.

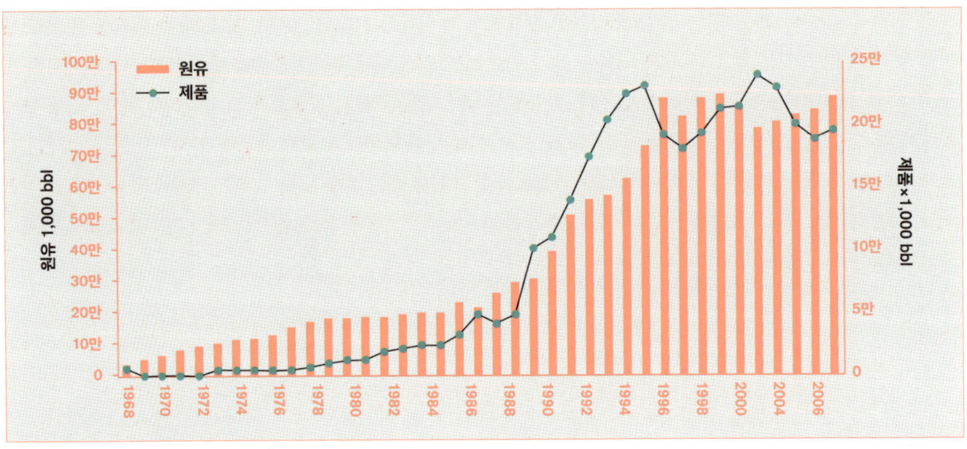

우리나라 원유 수입 현황(1968~2006년)

하지만 전기 수요 및 산업이 발달함에 따라 석유, 석탄, 천연가스 등 화석에너지 소비량은 앞으로도 계속 증가할 것으로 전망된다. 따라서 고갈돼 가는 화석연료를 대체할 만한 재생 연료의 개발이 시급한 것이 현실이다. 현재 사용되는 에너지의 대부분은 이를 해결하기 위한 신재생에너지 연구가 다양하게 이뤄지고 있다. 그러나 실용화 연구는 미흡한 실정이다.

② 탄소 배출에 따른 기후변화 문제

현재 우리가 사용하고 있는 화석연료는 유기물의 장기 순환 과정에서 이뤄진 산물이며, 이러한 탄소 순환에 의해 사용되고 있다. 그러나 자연 상태에서 배출되던 탄소배출량은 산업혁명 이후 급격한 화석연료 사용으로 현재 연간 70억~80억 톤으로 증가했다. 그 가운데 약 30억 톤이 해양과 지상의 광합성 생물에 의해 고정돼 있다. 반면에 대기 중으로는 매년 30억~40억 톤의 탄소가 방출된다. 미국 해양대기청NOAA은 지난 40만 년 동안 약 10만 년을 주기로 180~300ppm 안팎을 반복하던 지구 대기 중의 이산화탄소 농도가 최근 50년 동안 무려 100ppm 가까이 급증해서 현재는 400ppm을 넘어섰다고 보고하기도 했다.

화석연료의 소비 증가에 따라 대기로 배출되는 이산화탄소의 양도 꾸준히 증가할 것으로 예상되고 있다. 또 인류의 산업 활동으로 인해 증가된 온실가스는 지구에서 방사되는 열을 다시 흡수함으로써 지구의 온도를 올리게 되어 21세기 말 극지의 온도는 현재보다 7~8℃ 상승할 것으로 예측된다. 재생 가능 연료인 바이오 연료는 화석연료에 비해 매우 적은 양의 온실가스를 배출하고 바이오 연료 원료인 식물은 햇빛과 대기 중의 이산화탄소를 이용해 광합성을 하고 산소를 생산하기 때문에 풍력, 조력, 지열, 태양열·태양광 등 다른 신재생에너지보다 탄소 중립 전략에 유리하다. 특히 현재 연구되고 있는 신재생에너지 부문 가운데 수송 분야는 당분간 액체 연료를 사용해야 할 것으로 보여서 바이오 에너지의 중요성은 더욱 부각되고 있다.

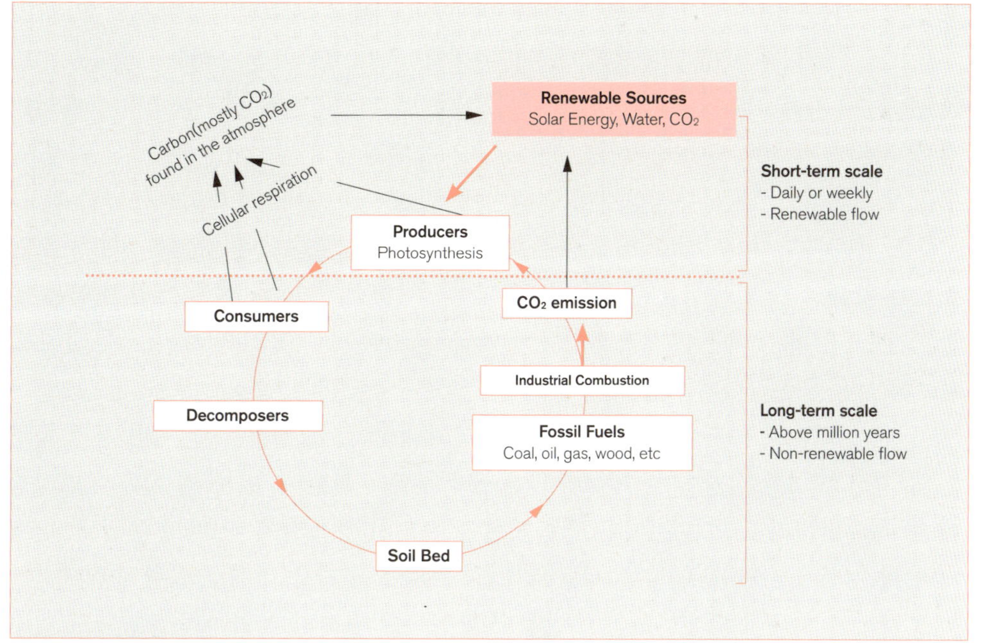

수억 년 대 하루 생산 기간 개념 모식도
아랫부분은 장기간 광합성에 의해 생성된 유기성 물질들이 수억 년 동안 화학 및 지질 변성에 의해 생성된 화석연료(원유)의 사용에 따른 온실가스 배출 회전을 나타내며, 윗부분은 동일한 광합성 조류를 이용한 에너지 생산 및 이산화탄소 회수 과정이다. 동일한 유기체에 의해 수억 년이 걸리는 원유 생성 기간을 과학기술의 혁신에 의해 하루 만에 생산할 수 있다는 사실을 나타낸다

③ 곡물 가격 상승 및 식량부족

미국 및 브라질을 위시한 선진국에서의 육상 작물 이용 바이오 연료 개발은 앞에서 기술한 여러 장점과 중요성에도 예기치 못한 곡물 가격 상승 및 식량 가격 폭등, 개발도상국 및 후진국의 식량 공급 부족을 초래하고 있다. 바이오 연료의 원료 공급에 의한 국제 곡물 가격 상승은 바이오 연료를 생산하기 위해 꾸준히 증가하고 있는 곡물의 양과 밀접한 관계가 있다. 예를 들어 브라질과 미국에서는 원유 가격 상승에 따라 바이오에탄올을 더 많이 생산하기 위해 사탕수수와 옥수수를 많이 사용하면서 국제 식량 및 설탕가격이 동반 폭등하고 있다. 한 예로 식량 자원을 미국으로부터의 수입에 전적으로 의존하는 아이티의 경우, 곡물 가격 상승으로 수입량이 현격히 줄어들면서 어린이들이 끼니마다 흙으로 빚은 쿠키를 먹는 참담한 지경에 이르렀다는 보고도 있었다. 결론적으로 많은 과학자 및 환경 관련 단체들은 비식용 작물을 이용한 바이오 연료 생산이 현재의 화석연료 고갈에 의한 고유가 문제와 기후변화에 따른 환경 보전 문제를 동시에 해결할 수 있는 가장 바람직한 해법인 것으로 보고하고 있다.

수억 년 원유 대 하루 미세조류의 생산 기간?

현재 우리가 사용하는 원유crude oil는 바다의 플랑크톤 같은 유기물의 사체가 1,000만 년에서 수억 년 동안 어느 정도 두께로 쌓여 고압·고온에 의해 '탄화수소hydrocarbons'

로 변성됐다는 화석연료기원fossilized organic delivertives이 정설로 받아들여지고 있다.

지질학상 세계 유전의 대부분은 1억 5,000만 년 전, 1억 년 전, 2,000만 년 전 등 세 차례 기간에 생성된 것으로 보고된다. 그러나 미국 지구물리학자 매리언 킹 허버트Marion King Hubbert 박사는 1956년 석유매장량 추정치와 석유 생산 분석 연구를 토대로 미국 내 석유생산량이 최대치에 이르는 시기가 1966~1972년이 될 것이라고 예측하고, 이후 석유 매장량 부족을 예상했다. 1973년에 발생한 제1차 오일쇼크와 맞물려 그의 예상은 소름 끼치게 맞아떨어졌다. 그러나 이후 그의 주장은 잊히고 말았다. 이는 대규모 석유회사들이 미국 밖으로 눈을 돌려서 해저 시추 등으로 꾸준히 석유를 공급했기 때문이다.

허버트 박사와 달리 매사추세츠공과대학MIT 교수를 지낸 피터 후버 박사는 "인간은 에너지를 많이 쓸수록 더 많은 에너지를 생산할 수 있다"며 석유 에너지원이 한계를 맞더라도 인류는 다른 에너지원을 반드시 창출할 수 있다고 주장했다. 그러나 최근 멕시코 만 원유 유출 사고에서 볼 수 있듯이 기술 한계로 인한 심해deep sea 석유 생산이 힘들어질 것이라는 불안감이 확산되면서 허버트 박사의 오일피크 이론이 다시 주목받고 있다. 즉 우리가 살아가는 동시대인 2007~2020년에 석유 공급이 정점에 이르고, 석유 생산량은 반드시 감소한다는 이론이다.

그동안 전 세계 석유회사들은 육상에서 대규모 유전 개발이 많은 장애에 부닥치자 첨단 기술을 동원해 심해 유전을 찾아내는 방향으로 선회했다. 그러나 최근의 사고를 계기로 북극 지역이나 심해저에서의 유전 탐사가 매우 어렵다는 결과로 귀결됐다. 이 사고는 '포스트 석유시대' 대비를 늦춰서는 안 되는 이유를 충분히 알려 줬다고 할 수 있다.

그렇다면 수억 년 동안 형성된 원유를 기반으로 삶을 영위하고 있는 우리는 과연 어떻게 대비해야 할 것인가.

원유를 정유하는 과정에서 얻는 물질들은 대부분 사업 분야에 적용돼 우리에게 혜택을 주고 있다. 이에 따라서 우리가 혜택을 누리는 석유 기반 사회는 오일피크 이전의 사회에서만 가능한 사회가 됐다.

어떻게 하면 석유 기반 사회를 유지하면서 원유를 대체할 수 있는 혁신 대체 원료alternative resources 또는 재생 가능 원료renewable resources를 확보할 수 있을까.

현재까지 나온 해답 가운데 가장 유망한 바이오매스는 조류algae를 이용한 방법이다. 우리가 사용하고 있는 원유는 광합성에 의해 생성된 유기성 물질들이 수억 년 동안의 화학 및 지질 변성에 의해 생성된 화석연료이며, 바이오 에너지는 동일한 광합성 조류를 이용해 단시간에 에너지 생산과 이산화탄소 회수를 할 수 있는 혁신성 때문이다.

육상식물보다는 해양 조류에서 바이오 연료를 생산할 때 유리한 점이 많다. 특히 우리나라는 대형 해조류 양식 기술이 세계 최고 수준이고, 1년에 몇 차례 수

확할 수도 있으며, 먼바다에서도 재배할 수 있다. 또 해양 조류를 이용한 바이오 연료는 광합성 작용을 이용해 생산한 탄수화물과 지방 원료에서 곧바로 바이오 연료를 추출해 내기 때문에 이산화탄소 배출량을 80%까지 줄일 수 있다. 이러한 여러 장점을 바탕으로 대형 해조류는 바이오에탄올 원료로 사용되며, 미세조류는 바이오디젤 생산이 가능함과 동시에 경우에 따라서는 바이오에탄올 생산도 가능하다. 현재까지 우리나라에서는 대형 해조류를 이용한 바이오에탄올 연구가 많은 부분에서 진척을 이뤘고, 세계 수준의 요소 기술도 다수 보유하게 됐다. 이러한 앞선 기술 수준은 미세조류를 이용한 바이오 연료 연구에도 영향을 미치고 있으며, 국내 연구자와 산업체를 중심으로 활발한 연구 개발도 진행되고 있다.

조류 바이오 연료의 연구 역사

미세조류 바이오 연료 연구에서 가장 앞서 나가고 있는 미국의 연구 개발 노력 가운데 1978~1996년 에너지부DOE, Department of Energy가 주관한 수서생물 프로그램ASP, Aquatic Species Program은 대표적 사례로 꼽힐 만하다. DoE는 18년 동안 약 2,500만 달러를 투자해 재생 에너지renewable energy 생산 가능성을 타진하기 위해 미세조류, 대형 해조류, 육상 수서식물 등 다양한 수서생물을 대상으로 포괄적인 연구를 했다.

수서생물 프로그램은 기름 공급원으로서 미세조류의 배양 가능성 입증에 성공했으며, 요소 기술의 중요한 발전들을 가져왔다. 이 연구는 분야별로 다음과 같이 설명할 수 있다.

수서 환경으로부터 3,000여 종의 미세조류 가운데 300종의 대상 미세조류 동정 및 분리와 특성화 분야, 미세조류 세포생리학과 생화학 분야, 유전공학 분야, 토목 및 설비공학 분야, 처리과정 분야, 실외 데모 플랜트 규모의 미세조류 대량 배양 분야 등 다양한 연구를 통해 이뤄졌다.

수서생물 프로그램의 가장 중요한 결과는 다음의 세 가지로 볼 수 있다. 첫째, 미세조류에서 지질을 축적하는 생물학적 메커니즘을 이해하고 이를 최적화하는 전략을 세우는 것이다. 둘째는 저비용·고효율의 대량 배양 기술을 확립하는 것이고, 셋째는 바이오매스로부터 지질을 분리하고 추출하는 처리공학 기술을 개발하는 것 등이었다. 또 이 프로그램이 상기시킨 중요한 사실은 프로그램 성격상 가장 중요한 측면이던 과학기술 혁신을 위한 연구 개발 투자 금액이 상당히 부족했다는 사실을 제시한 점이다. 수서생물 프로그램은 연구 기간동안 현저한 기술 진전을 이뤘다. 그러나 이 프로그램은 1995년 연방 예산 감소와 원유보다 높은 생산 단가로 인해 사실상 중단됐다. 그 당시 배럴당 원유 생산 가격이 20달러이던 것에 비해 미세조류를 이용한 오일의 생산가는 40~60달러로 추정됐다.

1998년 수서생물 프로그램의 연구 중단 직후부터 최근까지도 미세조류 바이오 연료 연구는 다소 제한적으로 이뤄져 왔다. 그 결과 전 세계 차원에서도 이 분야의 연구는 거의 진전되지 않았다. 그러나 최근 몇 년 사이에 미세조류에 대한 관심은 폭증했다. 현재 우리나라뿐만 아니라 미국, 유럽, 중동, 호주, 뉴질랜드 등 세계 여러 나라에서의 미세조류 연구 노력이 눈에 띄게 증가했다. 국가 차원의 지원에서부터 민간 투자자의 지원에 이르기까지 다양한 측면에서 연구 개발 투자가 이뤄지고 있으며, 학계·업계 및 국립연구소에 속한 많은 연구 그룹과 새로운 단체들도 대규모로 연구하고 있다.

해양 조류 유래 에너지 생산의 장점

미세조류는 광합성을 통해 대기 중의 이산화탄소CO_2를 생리 작용으로 회수하고, 육상식물보다 매우 빠르게 바이오매스를 생산할 수 있는 아주 다양한 종류의 광합성 생물들로 구성돼 있다. 그 가운데 몇몇 종은 바이오매스의 50% 이상을 지방으로 생산할 수 있으며, 이와 더불어 이 지방의 많은 부분이 바이오디젤의 원료인 중성지방 triacylglycerols으로 될 수 있다는 사실이 확인됐다. 이 중성지방은 에너지 밀도가 높은 바이오디젤중성지질의 트랜스에스테르화 과정에 의해 생산, 그린 항공기 연료 및 그린 가솔린수소화 과정과 촉매 분해 반응의 혼합 처리 과정에 의해 생산 등 연료를 위한 원료 소재로 기대를 모으고 있다. 이 중성지방을 세포 내에서 증가시키기 위한 최적의 연구 결과는 질소, 인 등 영양분염을 제한한 조건에서 가장 높은 것으로 알려져 있다. 미세조류의 지방 함량은 다양한 성장 조건에 따라 양과 질이 달라진다.

그러나 영양염의 제한 조건에서 높은 지질의 함량은 얻을 수 있지만 대신 바이오매스 성장이 둔화되기 때문에 생산성은 대개 감소하게 된다. 그럼에도 미세조류는 육상 작물 전형인 팜palm, 대두soybean, 유채canola 등보다 경작 면적당 훨씬 많은 오일을 생산하는 것이 입증돼 상업 생산 가능성이 충분하다. 현실적으로 전통의 육상 작물과 폐식용유, 폐동물성지방으로부터 바이오 연료를 생산하는 것으로는 운송 연료의 수요를 충족시킬 수 없다. 이는 전통 육상 작물에 비해 미세조류의 단위면적 당 생산량이 월등히 뛰어나기 때문이다.

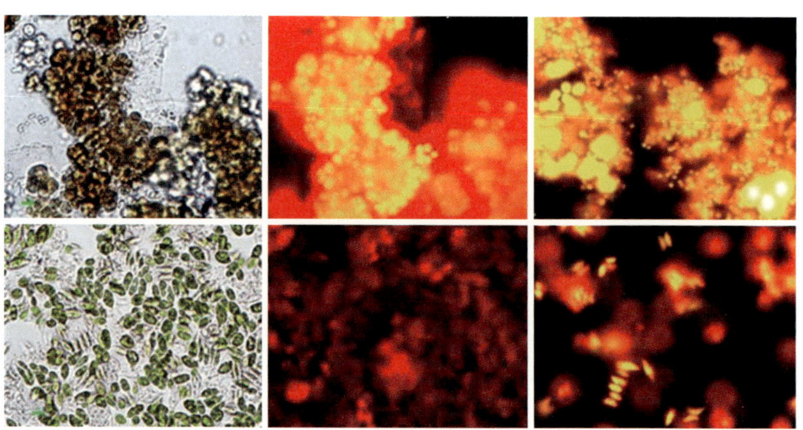

한국해양과학기술원이 보유하고 있는 미세조류의 현미경 촬영 모습
각 미세조류가 바이오 연료 원료인 중성지방(노란색)을 축적하는 모습을 나타낸다

왜 산유국이 더 많은 투자를 하는가?

이 질문에 공통으로 나올 수 있는 대답은 "고기도 먹어 본 사람이 많이 먹을 수 있다"로 요약할 수 있다. 원유를 생산하는 국가에서 차세대 바이오 에너지 연구 개발이 더 빠르게 집약돼 이뤄지는 근본 이유는 앞에서 설명한 바와 같다. 유한한 화석연료 생산량과 기후변화 대응이 가장 큰 축이라고 볼 수 있다. 브라질과 미국을 중심으로 생산·판매되고 있는 바이오 연료별 시장 점유 변화가 현재까지는 옥수수 및 사탕수수 에탄올 연료 점유율이 압도하고 있지만 관련 업계 전문가들은 앞으로 폐기물에서 추출하는 셀룰로오스 에탄올과 미세조류 연료가 주도할 것으로 전망하고 있다. 그 가운데 미세조류의 경제성을 조망한 보고들에 따르면 최근 수년간 미세조류 추출 바이오 연료가 엄청난 잠재력과 함께 대량 생산 단계에서의 경제성 때문에 집중 조명돼 업계의 막대한 투자를 끌어내고 있다.

옥수수, 사탕수수, 콩 등 타 바이오 연료와 비교할 때 미세조류는 대량 생산에 필요한 토지 면적이 가장 적고, 생산과 공정에 필요한 물이 다른 육상 바이오매스에 비해 적게 든다. 생산 원가는 배럴당 30달러까지 낮출 수 있다. 이는 다른 바이오 연료뿐만 아니라 화석연료와 비교해도 가격경쟁력 면에서 유리하다는 뜻이다.

제니퍼 실즈 박사가 2009년 사이언스지에 보고한 바에 따르면 미국은 6,700만 에이커의 농지에서 생산한 콩을 이용해 2007년 기준으로 미국 에너지 소비량의 6%에 해당하는 바이오디젤을 생산했다고 보고했다. 동시에 이 면적의 농지에서 미세조류 바이오 연료를 추출했다면 자국 소비량의 100%를 달성했을 것이라고 전망했다.

이와 같은 이유로 미세조류 바이오 에너지에 엑슨모빌, 셸, 셰브론, 코노코필립스 등 정유업체들의 투자가 집중되고 있는 등 미세조류 연료화 연구 개발이 상당히 활발하다. 특히 엑슨모빌의 경우 2009년에 미세조류 바이오 연료 개발을 위해 5년 동안 6억 달러를 투자한다는 계획을 발표하기도 했다. 이러한 투자 계획은 이전까지 풍력, 바이오 연료, 태양광 등 그린에너지 투자에 회의적인 입장을 보여 오던 에너지 기업들로서는 상당히 이례적인 것으로 평가되고 있다. 신재생에너지 개발 투자를 주저해 오던 것과는 달리 250억~300억 달러에 이르는 거대한 연간 자본금을 소유한 엑슨모빌의 투자 규모가 자본금 대비 소규모였지만 미래 전략 측면에서 중요한 투자 계획으로 받아들여지고 있다. 이러한 투자는 수십 년이 걸려도 반드시 필요한 과정이라는 엑슨모빌 측의 판단으로 해석되고 있다. 엑슨모빌 측은 미세조류 바이오 연료 프로젝트가 최종 개발 단계에 이르기까지는 수십억 달러가 추가 소요될 가능성 또한 인지했지만 "미세조류 바이오 연료 개발 프로젝트는 향후 증가하는 에너지 수요를 충족시키기 위해 새로운 기술 개발이 필요하다"면서 "미세조류를 이용하는 방법이 가장 유력한 것으로 판단했다"라고 밝히기도 했다.

왜 조류 바이오 연료인가?

전 세계 대기업들이 미세조류 바이오 연료에 투자하는 이유는 다음과 같다.

첫째, 석유 연료와의 유사성이다. 특정 미세조류들은 현재 우리가 사용하고 있는 석유와 분자 구조가 유사한 오일을 자연 생산하기 때문에 가솔린, 디젤 등 석유 연료의 대체가 가능하다. 둘째, 기존 인프라를 활용할 수 있기 때문에 시설 투자에 투입되는 막대한 인프라 시설비가 필요하지 않다. 이는 바이오수소, 바이오가스 등 다른 대체 연료들이 생산된 에너지를 운반할 새로운 인프라가 요구되는 데 비해 석유와 특성이 비슷한 바이오 연료는 별도의 운송 시설을 필요로 하지 않는다는 점이 장점이다. 셋째, 상업용으로 대량 생산이 가능하다는 데 있다. 미세조류는 현재까지 약 5종이 상업 목적으로 사용할 수 있을 정도의 대량 생산이 가능하며, 다른 육상 바이오매스에 비해 매우 빨리 자라기 때문에 3~8배까지 생산량이 많다는 것을 특징으로 한다. 넷째, 탄소 배출 다감 전략에 부합하는 최적의 바이오매스다. 미세조류 바이오매스는 광합성을 통해 에너지원을 생산하기 때문에 이산화탄소CO_2는 1:1.8 비율로 흡수하고, 산소와 오일 및 고부가 물질 등 유용한 물질을 생산하기 때문에 환경 측면에도 대단히 유익하다. 그 결과 미세조류 연료는 온실가스 배출을 줄이는 효과를 더하는 친환경성을 특징으로 한다.

다섯째 세계 식량난의 영향을 최소화할 수 있는 원료다. 유엔에서는 바이오 연료 사용을 목적으로 옥수수, 콩, 사탕수수 재배 면적을 확대할 경우 곡물 생산이 감소해 식량 가격 상승으로 인해 빈곤국이 피해를 볼 가능성이 무수히 지적돼 왔음을 상기했을 때 비식량 자원인 미세조류 기반의 바이오 연료는 세계 식량난에 영향을 미치지 않는다.

미세조류 바이오 연료들은 육상 작물 유래 바이오에탄올, 셀룰로오스계 에탄올 및 바이오디젤보다 지속 가능성이 더 높은 것으로 인식되고 있다. 수요 경쟁 대상이 없는 담수, 기수, 해수, 폐수에서도 성장할 수 있을 뿐만 아니라 농작물 경작에 적합하지 않은 비경작지를 이용해 배양할 수 있기 때문에 육상 작물이 갖는 한정된 제한을 뛰어넘을 수 있다는 전망을 제공한다. 그러므로 미세조류 바이오 연료의 지속 가능성을 좀 더 면밀하게 확인하기 위해서는 자세한 수명주기 평가life cycle assessment와 환경영향 평가environmental assessment 등이 요구되기는 하지만 그 자체의 잠재성만으로도 제 1·2세대 바이오 연료들보다 진화된 연료로써 화석연료의 이용을 훨씬 더 감소시킬 수 있는 효과가 있을 것으로 판단된다.

바이오 연료별 에이커당 연간 연료 생산량 (단위 : 갤런)

바이오연료	미세조류	팜(야자오일)	사탕수수	옥수수	콩
생산가능량	2,000	650	450	250	50

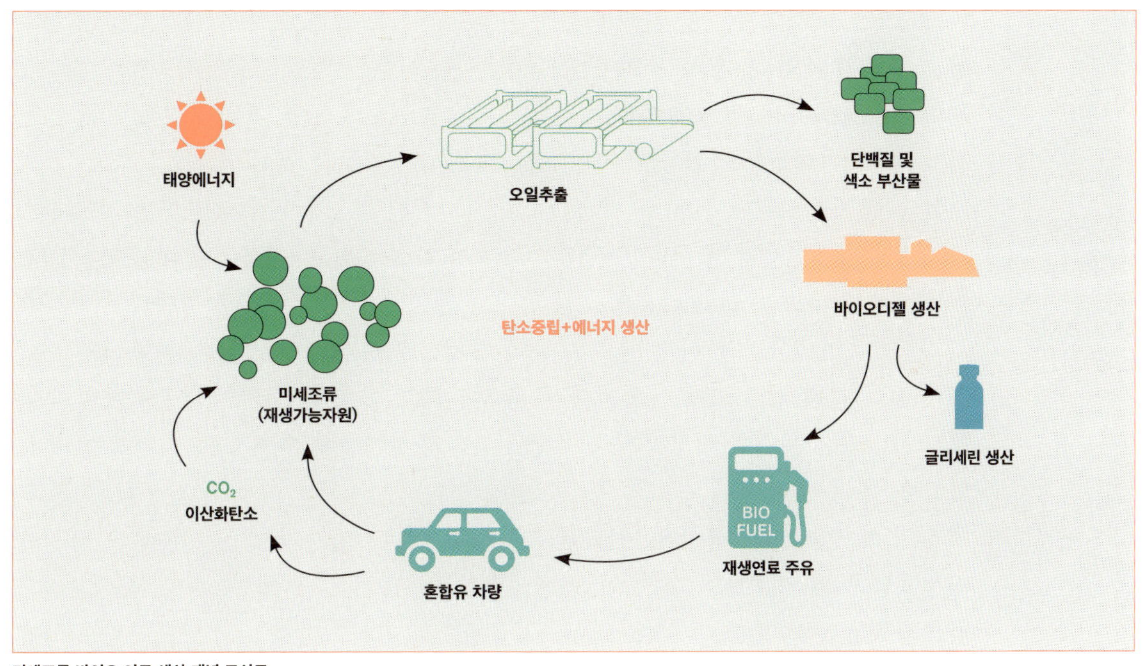

미세조류 바이오 연료 생산 개념 모식도
재생 가능 에너지, 고기능성 물질, 탄소 배출 최대 저감에 의한 탄소 중립 연료 생산임을 나타낸 그림

해양 바이오 에너지의 기술 경제학적 자원 평가

대형 해조류 유래 바이오에탄올을 생산하기 위해서는 다음과 같은 상위 및 하위 공정들이 개발돼야 한다. 첫째로 대형 해조류의 전 처리 효율화 공정을 개발해야 한다. 현재 바이오매스를 발효 가능한 당으로 분해시키는 일반 방법은 셀룰로오스를 산 또는 염기로 전 처리하는 방법이 많이 쓰이고 있다. 그러나 이 방법은 세척한 후에 독성을 제거해야 한다. 이때 바이오매스가 함유하고 있는 영양분도 함께 제거돼 바이오에탄올 생산 후에 남게 되는 부산물을 적극 이용할 수 없게 되기 때문에 처리 비용에 대한 재정 부담이 대단히 크다.

대체로 바이오에탄올 생산 비용은 바이오매스21%, 전 처리 기술19%, 동시당화 발효 공정23%, 발효 균주의 발효 능력 극대화 등에 따라 달라진다. 단계별 기술 성과는 전체 에탄올 생산 공정에 투입되는 단가를 최대 63%까지 낮출 수 있어 현재의 리터당 생산 단가 0.3달러브라질 0.22달러, 미국 0.4달러, EU 0.5~0.75달러보다 낮은 0.15달러 수준까지 낮출 수 있는 기술이기 때문에 공정에 따른 에너지 절감, 공정 단순화, 생산성 향상 등의 효과를 낼 수 있는 기술 개발이 필요한 실정이다.

두 번째로 효모는 대사 과정에서 부산물로 알코올을 생성한다. 이렇게 생성된 알코올은 석유 대체 연료로 사용된다. 그러나 이처럼 효모가 대체 연료를 위한 도구로 이용될 수 있기는 하지만 생성된 알코올에 의해 효모의 생장이 억제되는 현상도 보이게 된다. 이에 따라 단당류에서 에탄올로 전환할 때 효율을 혁신시킬 수 있는 발효 균주 개발이 필요하다.

마지막으로 현재까지 기술 한계가 있는 셀룰로오스 분해 효소 등의 개발로 동시 당화 발효 균주의 배양 및 동시 당화 발효 공정Simultaneous Saccharification and Fermentation을 위한 공정 변수 확립이 중요하다.

미세조류 기반 연료 생산 기술의 경제학적 분석 및 자원 평가는 우선 경제성의 실현 가능성에 초점을 둔 적극적이며 장기적인 연구가 필수로 요구된다. 그렇지만 미세조류에서 연료까지의 연구algae-to-fuels와 기술 개발 후 상용화에 대한 자세한 검토는 그 기술에 드는 잠재 비용의 조사 없이는 완료될 수 없는 것이 분명하다.

미세조류 바이오 연료 생산의 경제성은 중성지방 공급을 위한 바이오매스 생산 가격에 의해 크게 좌우된다. 물론 다른 요인들도 있긴 하지만 중성지방의 가격과 생산량은 치열한 시장경쟁 체제에서 어떻게 살아남을 수 있는지 결정하는 데 큰 역할을 할 수 있다.

미세조류 생산을 위해 현재까지 잘 알려진 4가지 생산 시스템은 육상개방형배양기ORS, open raceway system, 폐쇄식광생물반응기PBR, photobioreactor, 하이브리드 시스템ORS+PBR과 발효 장치에서 탄소 공급원으로 이산화탄소 대신 단당류를 첨가해 미세조류의 종속영양 성장heterotrphic growth에 기초한 암실 발효fermentor system 등이 현재까지도 연구 개발되고 있다.

이 가운데 미국재생가능에너지연구소NREL, National Renewable Energy Laboratory 및 많은 기업에서 ORS 기술에 초점을 맞추는 이유는 이 기술이 버클리 대학교 윌리엄 오스왈드 교수에 의해 미세조류 바이오매스를 생산하는 데 경제 효과가

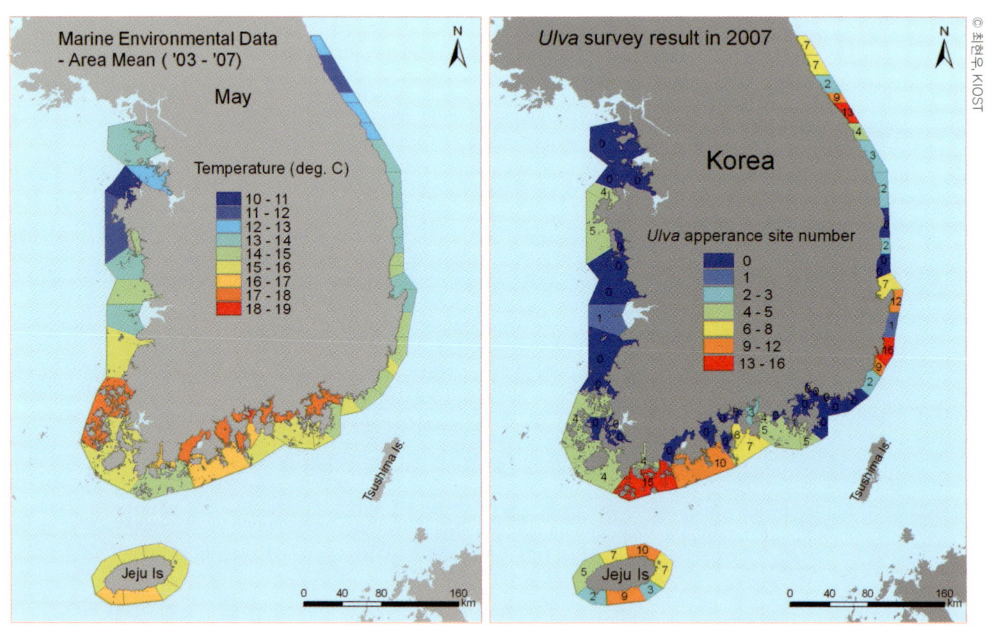

조류의 대량 배양을 위한 적지 선정 때 환경-생태-바이오매스 잠재력이 최대인 지역을 순차 확인하기 위한 지리정보 및 바이오매스 통합 자료 분석의 예

미세조류를 생산하는 서로 다른 시스템

가장 높은 방법인 것으로 증명됐기 때문이다. 물론 이 방법은 미세조류의 밀도, 포식종 침입, 수증기 증발 등에 의한 배양수 손실과 같은 기초 문제들을 악화시킨다는 것은 분명한 사실이다. 그럼에도 ORS를 가장 효과 높은 방법으로 보는 것은 기술경제학 분석을 기반으로 오스왈드와 존 베네만이 제안한 저자본·비용 처리low-capital-cost process 모델을 이용하고 있는 측면이 있기 때문이다. 이 처리 과정 모델은 저비용의 생산 모델을 제시한 것으로, 바이오매스의 지속 배양 → 응집 유도 → 습식지방 추출 → 원심 분리 → 부산물 분리의 연속된 일련의 과정으로 요약할 수 있다. 즉 생산 단가를 최소화한 구조의 생산 모델이다. 이러한 연구는 저비용 처리 방법 도입과 관련된 하나의 예일 뿐 전 세계에 공식 소개되지 않은 많은 기술이 이러한 저비용 처리 방법 개념을 따른다는 것에는 이견이 없다. 이와 함께 한국해양과학기술원에서 진행하고 있는 핵심 기술인 해수, 기수, 담수, 폐수 등 다양한 수자원water resources을 활용한 후 ORS에서 고농도의 바이오매스 밀도를 유지하고 생산할 수 있는 기술이 개발된다면 생산 비용의 일대 혁신을 이룰 수 있을 것으로 판단된다.

한편 생산 비용을 낮추기 위한 방법으로 화력발전소에서 배출된 배기가스를 이용하는 것이 있다. 이 배기가스에는 미세조류 대량 배양에 필요한 이산화탄소를 충분히 제공할 잠재력이 있다. 배기가스에서 생성된 질산화물NOx과 황산화물SOx 문제 해결 등 폭넓은 범위의 장벽들을 해결해야 하지만 원칙으로는 이산화탄소 저감이라는 환경·생태학적 이점들을 최대한 보장할 수 있는 방법으로 매력적인 이산화탄소 회수 및 바이오 연료 생산 방법이라 할 수 있다. 이와 더불어 최근의 기술 개발 동향을 보더라도 생산, 추출, 전환 기술이 현저히 발전하고 있기 때문에 동시에 적용 가능한 방법으로 인식되고 있다.

추가로 미세조류 바이오매스 생산과 관련된 어떤 기술이라 해도 이산화탄소, 영양분, 햇빛기후, 물 같은 필수 요소도 자원학 관점에서 미세조류 연료 개념에 대비시켜 분석할 필요가 있다. 이런 자원들의 이용 가능성은 미세조류 바이오 연료 개발의 중요한 추진 동력이기 때문에 미세조류 생산에 요구되는 자원들을 조사할 때 많은 요소를 고려할 필요가 있다. 이에 따라서 미세조류 대량 배양 부지로 잠재력이 가장 큰 지역을 확인하기 위해서는 지리정보시스템GIS, Geographic Information System과 같은 통합 자료 분석 관련 방법론을 이용해 관련 정보를 모두 결합시켜 분석하는 연구개발 노력 또한 필요하다.

향후 연구 초점들

지금까지 설명을 통해 미세조류 바이오 연료 생산을 위해 필요한 요소 대부분은 제시됐다. 그림과 같이 현재까지 보고된 수십만 종의 미세조류 가운데 전 세계에 상용화된 주요 미세조류는 3,000톤급 스피룰리나*Spirulina*, 2,000톤급 클로렐라*Chlorella*와 1,200톤급 두날리엘라*Dunaliella* 등 클로렐라, 500톤급 아파니조메논*Aphanizomenon*, 300톤급 헤마토코쿠스*Haematococcus*, 10톤급 오일 시조키트리움*Schizochytrium* 등 불과 5종이다. 이들 미세조류는 대규모 실외 배양지에서 성장시켜 수확해 응용 분야에 널리 이용되고 있다. 미세조류의 지방은 추출해서 바이오디젤이나 다른 운송용 연료들로 전환시킬 수 있다.

이와 관련된 핵심 질문은 미세조류 바이오 연료를 만들어 내는 것이 가능한지 여부가 아니라 그런 바이오 연료들이 경제 가치가 있는지, 전 세계 연료 수요에 기여하는 데 도움이 될 만큼 충분한 양을 제조할 수 있는지다.

그러나 현재까지 이 목표를 달성하는 데 과학기술로 반드시 극복해야 하는 주요 도전 과제가 많이 남아 있다. 가장 중요한 것은 바이오 연료 적용을 위해 유용한 미세조류의 선발과 생산 시스템 관련 기초·응용 연구의 지대한 관심과 지원이 지속돼야 한다는 것이다.

한국해양과학기술원의 기술 경제학 관련 자료에 따르면 가장 주요한 바이오 연료 생산 비용의 결정 요인은 미세조류의 생산성이었다. 이에 따라서 많은 연구 노력이 미세조류의 성장률과 지방 생합성biosynthesis에 가장 큰 영향을 미칠 수 있는 미세조류 생물생리학의 다양한 측면에 집중돼야 한다. 그러나 이러한 연구 결과들은 실험실-실증의 연속된 선순환 구조 연구 선상에서 가능하다. 실험실 수준에서 거둔 생산성 진전을 대규모 배양 조건에서의 성공과 같은 선상에서 보는 실수를 저지를 수도 있기 때문이다. 따라서 생물학자와 공정 과정 엔지니어들 간의 자료 교환뿐만 아니라 통합자료, 파일럿플랜트 시설 등 시험 상용 생산 조건에서 대상 미세조류의 생산성에도 큰 관심을 기울여야 한다.

글로벌하게는 사막같이 어떤 목적으로도 결코 개발되지 못한 땅을 사용해 녹화綠化, green planting하고, 이산화탄소를 저감하며, 산소와 바이오 연료 및 고부가가치 물질을 생산할 수 있다는 기대를 갖게 하는 이러한 혁신 에너지 생산 접근법이 21세기 새로운 산업으로 성공하기 위해서는 대상 미세조류의 상세한 라이프사이클 평가와 생태 영향 분석 작업을 수행해야 한다. 라이프사이클 평가의 한 예로 바이오 에너지를 생산하기 위해 화석연료에서 생산되는 에너지와 미세조류 연료에서 확보할 수 있는 순에너지양의 비교 등과 같은 경우를 들 수 있다. 최근에 출간된 에너지 평가서들을 참고하면 미세조류 바이오 연료들은 지속 생산될 수 있는 잠재력이 충분한 것으로 평가받고 있다.

조류 바이오 연료algae biofuels의 시사점

전 세계 에너지 관련 기업들은 2030년 에너지 수요를 2005년 대비 약 35% 증가할 것으로 전망한 가운데 현재가 새로운 에너지원 개발이 시급한 시점으로 판단하고 연구 개발 관련 투자를 활발히 하고 있다. 신재생에너지 개발이 향후 기업의 성패를 가늠하는 잣대가 될 것이란 보고도 다양한 방법으로 제시되고 있다. 여기서 말하는 신재생에너지는 바이오, 태양광, 풍력해상·풍력 포함, 수력, 지열, 해양, 폐기물 등 다양하다. 이 가운데 바이오 연료를 이용한 에너지 생산은 매년 약 10%대의 급속한 성장이 예상된다.

현재 소규모로 생산되는 미세조류 바이오매스를 기준으로 볼 때 2030년까지 전체 에너지의 2.5%를 차지할 것으로 예상된다. 화석연료와 대비해 여전히 비중은 작을지 몰라도 바이오 에너지 프로젝트는 개발 → 테스트 → 상업 생산에 이르기까지 수십 년에 걸쳐 에너지 기업들의 관심과 투자가 적극 이뤄지고 있어 향후 에너지 수요를 충족하기 위해서는 지금부터 정부의 투자와 과학자들의 기술 혁신 집중이 더 많이 요구된다.

더욱이 자원 부족국인 우리나라는 바이오 연료 개발로 새로운 자원 발견과 에너지 기술 수출도 가능할 것으로 본다. 이와 더불어 2012년부터 우리나라에도 적용되고 있는 신재생에너지 의무화법안RPS, Renewable Portfolio Standard에 따라 기업들의 핵심 운용 사항으로도 받아들여지고 있다. 신재생에너지의무화법안이란 '발전주체한국전력, 각 발전사 등는 신재생에너지를 일정 비율 이상 사용해 전력을 공급해야 함을 의무로 한다'는 국제 제도다. 이에 따라 우리나라는 2012년 2%에서 2020년 10%까지 증가시킬 계획이다. 다만 바이오매스를 이용한 에너지 생산이 아직 RPS의 아이템에 진입하지 못한 실정이기 때문에 이에 대한 정책의 적극 개선이 필요하다.

최근 들어 세계 주요 국가에서 앞다퉈 신재생에너지에 대한 관심과 적극 지원을 지속하고 있다. 물론 유가 급등에 따른 새로운 대안을 찾기 위한 것일 수도 있겠지만 과거 유가가 150달러에 임박했을 때와 상황이 많이 다르다는 것을 객관 지표로 알 수 있다. 과거 2007년 유가가 150달러까지 급등했을 때는 태양광, 바이오 연료, 풍력 등에 일시 관심을 기울였지만 유가가 90~100달러인 지금은 그때와 다르게 전 세계 모든 국가가 전쟁과도 같은 경쟁체제로 신재생에너지를 준비하거나 시작하고 있는 상황 등에서 전 세계 경제 구조에 대한 대변화를 직간접 보고하고 있다. 이러한 과정에서 화석연료 정책에 커다란 변화가 일고 있다. 이에 따라서 화석연료의 대변혁은 이미 시작됐고, 대한민국도 그 중심에 서게 됐다. 항상 큰 변화기에 위기가 닥칠 수도 있고 크게 흥할 수도 있기 때문에 국가 입장에서는 다가오는 큰 기회를 잡기 위한 시간이 지금이라는 것을 인식하고 연구 개발과 투자 노력에 온 힘을 다해야 할 것으로 본다.

해양 바이오 에너지 생산을 위한 고려 사항

우리나라에서 해양 조류를 이용한 바이오 연료를 추진할 경우 특수한 해양 환경 등과 같은 사실들을 반드시 고려해야 한다. 특히 경제성 있는 원료 확보, 대량 생산 기술 확보, 국내 기술 및 기업 참여 유도를 통한 에너지 자원 확보가 절실하다. 이를 위한 효율성을 높이기 위해서는 타 부처와의 연계와 주력 기술 분야의 연구가 필요하다. 해양 조류를 이용한 바이오에탄올 생산을 위해서는 바이오매스 생산을 위한 대상 종의 데이터베이스를 구축하고, 핵심 원천 기술전 처리, 동시 당화 발효 공정, 분해 및 발효용 균주 개량 기술, 대량 배양 방법 개발, 대형 외부 배양 시설, 간편하고 경제성 있는 수확 기술 등 개발이 선행돼야 한다. 이는 대량 생산 기술 확보를 위한 핵심 기술이라 볼 수 있다.

한편 대형 해조류의 바이오에탄올 원료를 위한 우수 종 탐색, 개량, 적지 선정, 생태계 환경평가는 대량 배양에 따른 환경 영향을 최소화하는 데 큰 의미를 둔다. 이러한 일련의 과정들을 통해 바이오 연료 산업화가 이뤄질 것이다. 이를 위해서는 부산물을 100% 재이용하기 위한 연구를 해야 하고, 법률토지 및 공유수면 면허 등 요인을 검토한 후 기업 참여를 유도하는 것이 필요하다. 또 정부의 정책 및 재정 지원과 기업의 기술료 징수 체계 정리, 실적별 연구 개발 체계 명기 등을 통하면 경제성 있는 해양 바이오 에너지 생산이 가능할 것으로 보인다.

향후 정부에서는 시장과 정책 기능 등의 향상을 위한 비경제 장벽행정, 수송, 시장 설계, 정보 및 교육, 지역 님비 현상 등 제거와 함께 투자 활성화를 위한 예측이 가능하고 간결한 정부 지원 등 체계를 갖춘 지원이 필요하다. 해양 바이오 에너지 기술 혁신을 가속시켜서 세계 최고 기술을 선도하기 위해서는 연구 개발에 의한 모니터링 지속이 필요하다. 시장 경쟁을 위한 빠른 기술 개발 및 기술 잠재성 조사를 위해서는 연구 개발 후에 기업 기술 이전 관련 인센티브 개발과 시행도 필요하다.

전체 투자 대비 막대한 국가 이익과 성장을 위한 시스템 안정성 및 신뢰성을 공고히 하기 위해서는 자유로운 바이오 에너지 기업 시장이 열려야 한다. 이를 통해 재생 가능한 에너지 기술이 대규모로 시장에 진입해야만 국가의 위상에 걸맞을 것이다. 해양 조류는 광합성을 통해 이산화탄소를 생물학상으로 고정시키고 산소를 생산해서 지구상의 모든 생물이 살아갈 수 있게 하는 축복과도 같은 존재이자 일차 생산자다. 이 일차 생산자를 이용해 해양 바이오 에너지를 생산하고, 이산화탄소 저감에 따라 기후변화 협약을 능동 대처할 수 있다면 비산유국인 우리나라의 에너지 주권을 예상보다 빨리 가져올 수 있는 기회가 바로 눈앞에 와 있다고 할 수 있다.

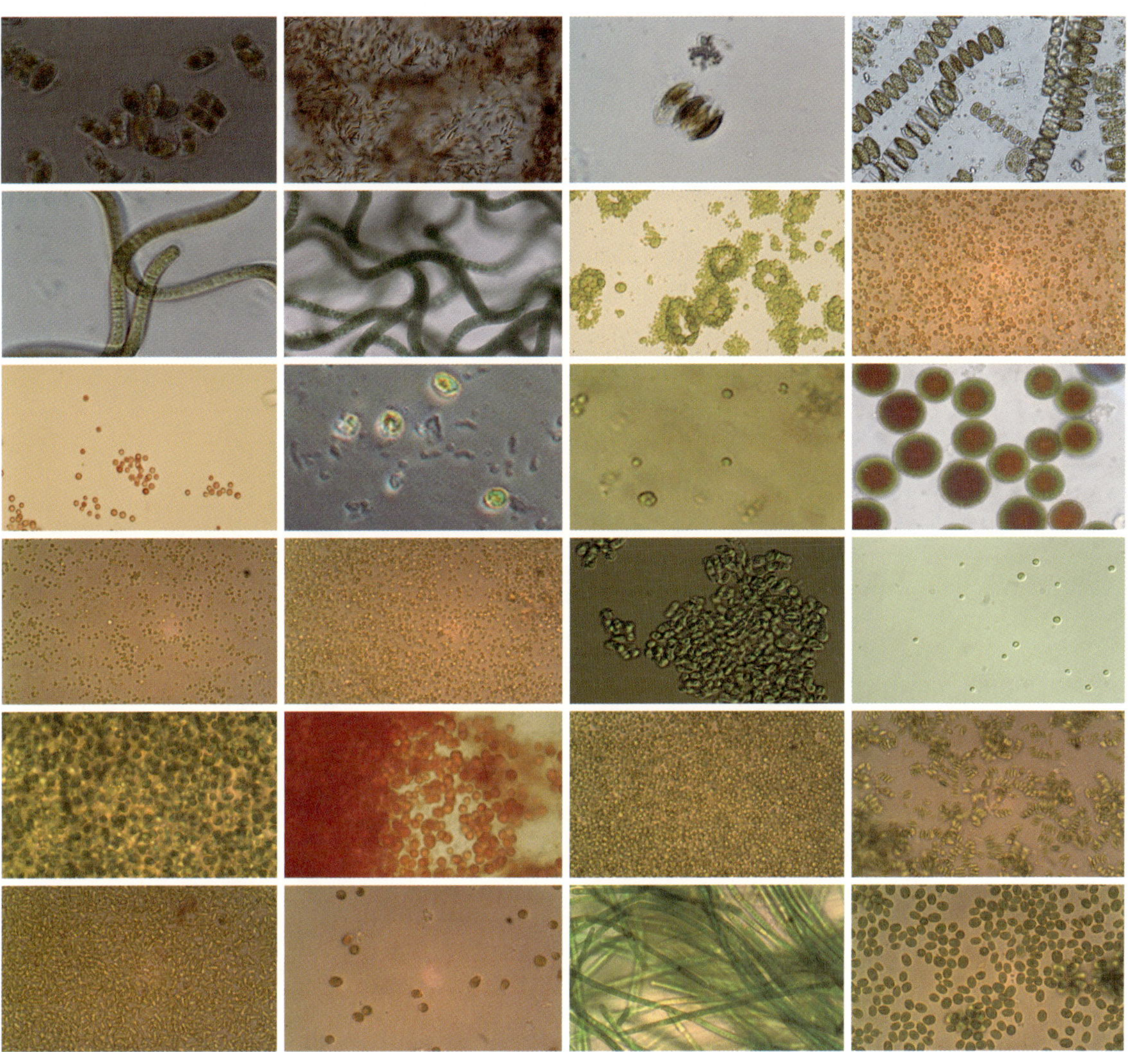

다양한 미세조류들의 현미경상 모습

바이오수소의 새로운 주체 : 해양 및 극한 미생물

강성균, 김태완 한국해양과학기술원

수소는 미래 유력한 친환경 에너지로 인식되고 있으나 현재는 생산량의 95% 이상이 석유, 석탄, 천연가스 등 화석연료로부터 생산되고 있는 역설적인 상황이다. 따라서 친환경적인 바이오수소 개발에 대한 요구가 점점 증가하고 있다. 이에 본 기고에서는 다양한 미생물에 의한 바이오수소 생산 방식을 소개하고, 최근 바이오수소의 생성체로 새롭게 떠오르고 있는 해양극한미생물의 수소생성 기작 및 특성을 고찰해 보고자 한다.

서론

화석연료와 관련해 자원 고갈 및 지구 환경오염 우려가 증가되고 있다. 최근 유가가 변동하고 있으며 기후변화협약이 발효되는 등 에너지 문제가 커다란 사회 이슈로 부각되고 있다. 이에 따라 친환경 에너지에 대한 관심이 지속 증대되고 있는 가운데 수소 에너지 수요가 증가하고 있다. 수소는 질량당 에너지 함유량이 높고 산소와 반응해 연소될 때 이산화탄소CO_2와 같은 온실효과 유발 물질 및 황산화물SOx, 분진 등 대기오염 물질의 방출이 없으며, 연료전지를 이용해 전기로 쉽게 전환되고, 사용 후에는 다시 물로 재순환되는 친환경 특성으로 주목받고 있다.

수소는 다양한 방식으로 생산이 이뤄지고, 현재 국내에서 130만 톤 이상이 생산 및 소비되고 있는 것으로 파악된다. 특히 최근에는 한국 현대자동차, 일본 도요타자동차 등 세계 자동차 제조업체들이 수소를 자동차의 연료로 사용하는 수소연료전지 자동차를 2015년에 상용화하였고, 향후 지속적인 보급확대 계획을 발표하고 있어 앞으로 수소 활용도가 한층 커질 것으로 예상된다. 그러나 현재의 수소 생산은 대부분 메탄가스 개질화 등 화석연료에 의존한 수소 생산이 95% 이상 주류를 이루고 있어 신재생 자원을 이용한 수소 생산 대체 기술 개발의 필요성이 꾸준히 요구돼 왔고, 그 대안의 하나로 생물 기반 바이오 수소 생산 연구와 투자가 활발히 이뤄지고 있다.

바이오 수소

생물 기반 수소 생산 방법은 기존의 화석연료 기반 수소 생산 방법에 비해 상온·상압 조건에서 조업이 이뤄지는 등 공정상의 에너지가 덜 사용되고 원료 물질로서 물, 바이오매스, 유기성 폐자원과 같은 재생 자원을 사용하기 때문에 이론상으로는 수소를 무한 생산할 수 있는 장점이 있다Korean Chem Eng Res 2006, 44:16-22. 바이오 수소 생산 연구는 1800년대부터 시작됐다. 그러나 본격 연구는 석유 파동으로 인한 세계 에너지 위기를 겪은 1970년대에 활성화됐다. 그러나 이후 원유 가격이 안정되면서 수소 개발 연구가 잠시 침체기를 보냈고, 1990년대 이후 세계 환경 문제가 이슈로 떠오르면서 다시 활성화되고 있다Korean J Biotechnol Bioeng, 2005, 20:393-400. 기술 측면에서는 그동안 태양빛을 에너지원으로 이용하는 조류algae 및 광합성세균photosynthetic bacteria, 빛 대신 유기성 탄소원을 이용하는 혐기성세균non-photosynthetic anaerobic bacteria에 의한 연구가 주를 이뤄 왔다.

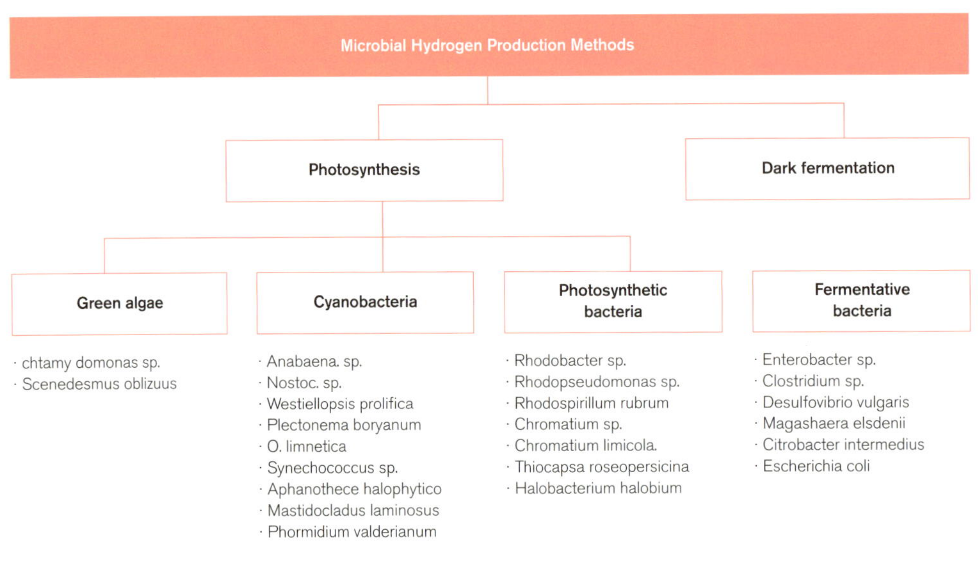

다양한 미생물에 의한 수소 생산 방법 (신종환, 박태현, 2006)

빛을 이용한 바이오수소 생산photosynthesis은 크게 직접 물 분해 수소생산 방식direct bio-photolysis, 간접 물 분해 수소생산 방식indirect bio-photolysis, 그리고 광합성 발효에 의한 수소생산 방식photosynthetic fermentation 등의 세 가지 방식이 널리 알려져 있다. 직접 물 분해 수소생산 방식은 물을 원료로 광합성 작용에 의해 수소를 직접 발생시키는 과정으로서 녹조류green algae에서 대표적으로 진행된다. 간접 물 분해 수소생산 방식은 광합성 작용에 의한 물 분해 과정과 공기 중의 이산화탄소의 고정을 통해 균체 내에 저장된 유기물이 발효되면서 수소가 발생하게 되는 과정으로서 남세균cyanobacteria이 대표적이다. 마지막으로, 광합성 발효에 의한 수소생산 방식에서는 빛이 존재하고 산소가 없는 조건에서 광합성세균photosynthetic bacteria에 의한 유기물의 발효과정을 통해 수소가 생산되는데 홍색비유황세균purple non-sulfur bacteria이 대표적이다.

빛이 없는 조건에서 생물에 의한 수소 생산은 대부분 산소가 없는 조건에서 생장하는 혐기성 세균non-photosynthetic anaerobic bacteria에 의해 유기물 분해 과정에서 이뤄지는 것으로 알려져 있다. 이러한 과정은 통상 암 발효dark fermentation에 의한 수소 생산 방식으로 명명되고 있다. 수소 생산 속도가 높은 것으로 알려진 클로스트리듐*Clostridium*, 엔테로박터*Enterobacter* 등이 혐기 발효 수소 생성 대표 박테리아이다. 현재까지도 이들 박테리아를 이용한 수소 생산 연구가 활발하게 진행되고 있다 J Biotechnol 2005, 116:271-282.

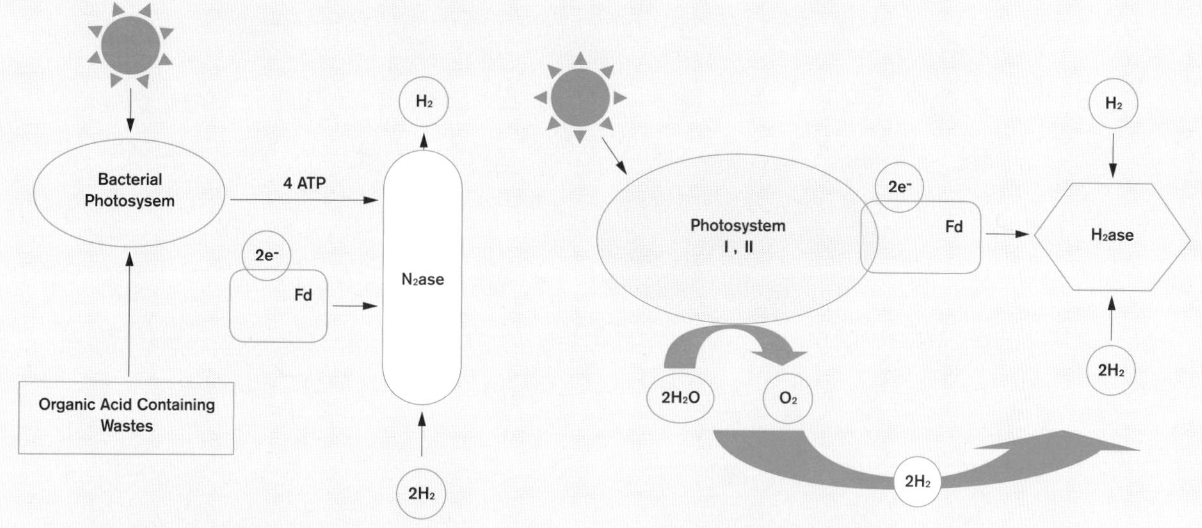

광합성 세균의 유기물 분해를 통한 수소 생산 (신종환, 박태현, 2006)

녹조류의 직접 물 분해를 통한 수소 생산 (신종환, 박태현, 2006)

빛을 이용한 바이오수소 생산은 직접 물 분해 수소생산방식, 간접 물 분해 수소생산방식, 광합성발효 수소생산방식 등 세가지 방식이 알려져 있다

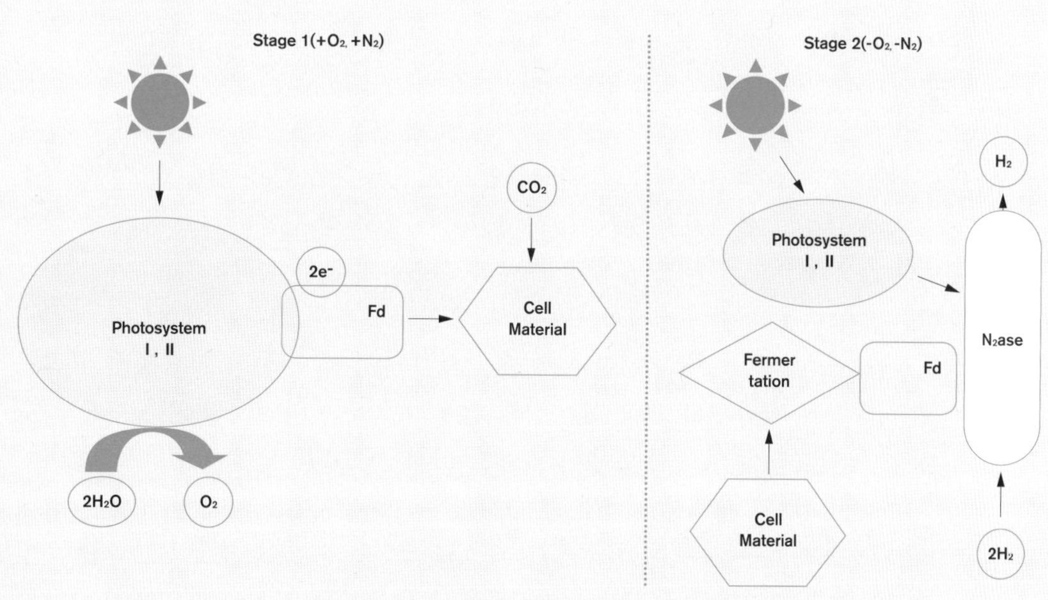

남세균의 간접 물 분해를 통한 수소 생산 (신종환, 박태현, 2006)

이와 같은 미생물 이외에 2000년 이후 한국, 일본, 미국, 유럽을 중심으로 초고온성 고세균hyperthermophilic archaea에 의한 바이오 수소 생산 연구가 활발히 진행되고 있다. 초고온성 고세균은 온천이나 화산지대 또는 심해열수구 등 고온의 극한 환경에서 서식하는 미생물로, 통상 80~120℃의 고온에서 최적 생장하는 것으로 알려져 있다. 초고온성 대표 고세균으로 잘 알려진 파이로코쿠스 푸리오수스*Pyrococcus furiosus*, 최적 생장 온도 100℃는 이탈리아 시칠리아 근처 화산섬 해변의 해양 퇴적물marine sediment에서 분리됐고Arch Microbiol 1986, 145:56-61, 서모코쿠스 고다카라엔시스*Thermococcus kodakaraensis*, 최적 생장 온도 85℃는 일본 고다카라Kodakara 섬의 화산가스 분출 구역solfatara에서 분리됐다Appl Environ Microbiol 1994, 60:4559-4566. 지난 20여 년 동안 초고온성 고세균을 이용해 바이오 수소 생산 연구가 많이 이뤄졌다. 그 결과 앞에서 언급된 기존의 광합성 또는 중온 혐기성 세균에 비해 기질에 대한 수소 생산 수율이 높고, 초고온에서 배양이 이뤄지는 운전 조건상 열역학적으로 수소 생산이 수월하며, 타 미생물의 오염으로 인한 생산성 저하가 없어 수소 생산 잠재력이 매우 큰 것으로 보고되고 있다Metab Eng 2008, 10:394-404.

국내에서도 2009년부터 한국해양과학기술원 강성균 박사팀이 중심이 된 산·학·연 연구팀이 해양수산부 '해양수산생명공학기술개발사업'의 하나로 해양 초고온성 고세균 써모코커스 온누리누스*Thermococcus onnurineus* NA1, 이하 NA1 통칭을 이용한 바이오 수소 생산 기술을 개발하고 있다. 이 미생물은 2002년 해양수산부 "해양·극한생물 분자유전체 연구단" 사업의 지원을 받아 한국해양과학기술원 이정현 박사팀이 파푸아뉴기니 공해상PACMANUS field의 심해 열수구수심 1,650m 샘플로부터 분리·동정한 국내 최초의 초고온성 고세균으로, 국내 고세균 연구 활성화에 실마리를 제공한 것으로 평가된다. 연구팀은 수 년 동안 생장 특성 및 유전체를 분석한 끝에 NA1이 각기 다른 수소화 효소 8종을 함유하고 80℃에서 최적 생장을 하는 등 수소 생산에 적합한 미생물임을 확인했다. NA1이 함유하고 있는 8종의 수소화 효소는 현재까지 알려진 그 어떤 수소 생성 미생물의 수소화 효소 함유량보다 많은 것으로 알려졌다. 많은 종류의 수소화 효소를 함유하고 있는 만큼 다양한 기질을 이용한 수소 생산이 가능할 것으로 예상됐다. 실제로 개미산formic acid, 일산화탄소carbon monoxide, 전분starch 등으로부터 수소 생산이 활발하게 이뤄짐이 연구를 통해 확인됐다. 특히 개미산의 경우 기존에는 알려지지 않은 독특한 수소 생성 메커니즘을 이루고 있음이 최초로 밝혀짐으로써 세계 유수 학술지 네이처Nature를 통해 전 세계의 이목을 집중시켰다. 바이오 수소 생산성 또한 배양액 1리터 기준으로 한 시간에 최대 2.8몰의 수소를 생산할 수 있는 세계 최고 수준인 것으로 확인됐다. 그림의 수소 생성 메커니즘에서 알 수 있듯이 NA1이 개미산을 기질로 이용할 때 개미산 산화효소formate dehydrogenase, Fdh2, 수소화 효소hydrogenase, Mfh2,

양성자/나트륨 역수송체H+/Na+ antiporter, Mnh2의 효소 연쇄 반응을 통해 개미산이 수소와 이산화탄소로 전환되면서 세포 내 나트륨 농도 구배가 형성되는 것을 밝혔다. 이 과정에서 ATP 생성 효소ATP synthase에 의해 ATPAdenosine triphosphate라는 생체 에너지가 합성되고 이를 에너지로 사용함으로서 세포가 생장하는, 즉 개미산을 이용해 수소 생성과 세포 생장이 동시에 이뤄지는 독특한 생명 활동을 하는 것이 밝혀졌다. 이러한 생명 활동은 현재까지도 NA1에서만 보고되고 있다.

일산화탄소는 인체 내의 대표 독성 물질로, 화석연료나 바이오매스 등 탄소 성분의 연소 과정에서 많이 발생한다. 철, 구리, 니켈 등 소량이지만 생장에 필수인 금속 이온trace metal과 쉽게 결합하는 특성으로 인해 대부분의 미생물에도 독성 작용을 한다. 그럼에도 이를 에너지원으로 이용하는 몇몇 미생물 연구에서 일산화탄소로부터 수소가 생성되는 사실이 이미 1970년대에 보고됐다. 그 반응식은 다음과 같다Renew Sust Energ Rev 2011, 15:4255-4273.

$$CO+H_2O \rightarrow CO_2+2e^-+2H^+ \quad (1)$$

$$2H^++2e^- \rightarrow H_2 \quad (2)$$

총반응식

$$CO+H_2O \rightarrow CO_2+H_2 \quad \Delta G=-20.1kJ/mol \quad (3)$$

NA1의 경우에도 이 반응식으로 일산화탄소를 이용한다. 일산화탄소를 이산화탄소로 산화시키면서 전자를 발생시키는 일산화탄소 탈수소효소CODH, carbon monoxide dehydrogenase, 전자를 양성자에 전달해서 수소를 생성시키는 수소화효소hydrogenase, Mch, 세포 내 나트륨 농도 구배를 형성해 주는 양성자/나트륨 역수송체H+/Na+ antiporter, Mnh3, 나트륨 농도 구배에 의해 생체 에너지를 만들어 내는 ATP 생합성 효소ATP synthase 등으로 이뤄진다. 이 연쇄 효소 반응에 의해 일산화탄소를 에너지원으로 사용함으로써 수소 생산이 활발하게 이뤄지는 것으로 밝혀졌다.

연구팀은 최근 유전자 조작을 통해 세포 내 대사 경로를 최적화하는 방식으로 NA1의 개량종을 다수 제작했다. 이를 통해 수소 생산성을 6배 이상 크게 개선시켜서 현존 최고 수준인, 배양액 1리터 기준으로 한 시간에 최대 250mmol의 수소 생산이 가능해짐으로써 일산화탄소를 기반으로 한 바이오 수소 대량 생산의 가능성을 높여 주었다. 연구팀은 또 제철소의 철 제조 과정에서 발생되는 부생 가스를 통해 한 해 일산화탄소가 수백 만 톤 부생된다는 점에 착안해 산업 응용 가능성을 연구하고 그 결과를 2012년에 보고했다. 제철소 부생 가스 가운데 고로가스BFG, Blast Furnace Gas와 전로가스LDG, Linze Donawitz Gas는 일산화탄소를 각각 약 25%와 60% 함유하고 있는 것으로 알려져 있다. 이를 NA1에 직접 적용해 수소 생산 특성을 고찰한 결과 부생 가스 내에 각종 이물질이 있음에도 NA1의 생장 저해 없이 원활하게 수소를 생산하는 것이 확인됐다. 제철소 부생 가스로부터 바이오 수소를 생산한 것은 세계 최초의 결과이고, 값싼 원료를 기반으로 한 경제성 있는 수소의 생산 가능성을 제시했다는 점에서 큰 의의가 있는 것으로 평가된다.

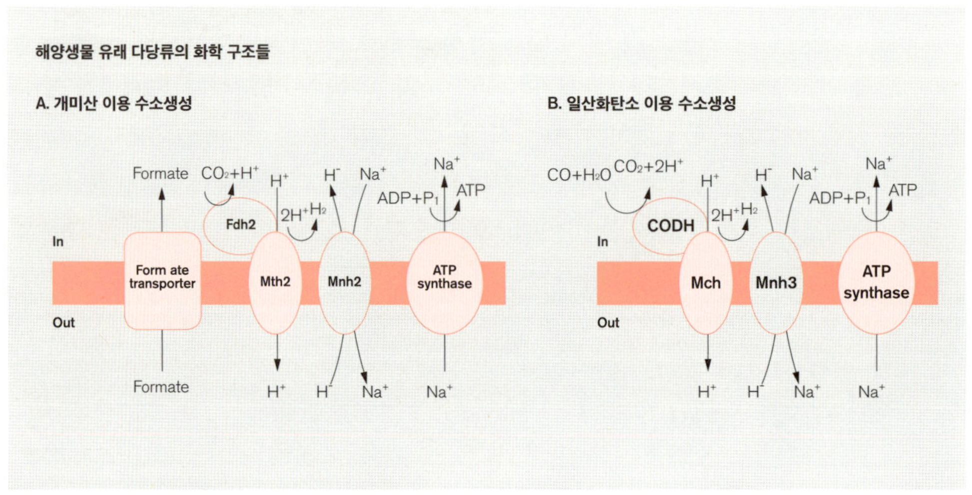

NA1의 개미산(A) 및 일산화탄소(B) 이용 수소 생산 메커니즘

결론

지금까지 바이오 수소 생산의 과거와 현재를 살펴보았다. 그 결과 초고온성 고세균, 특히 NA1의 수소 생산 능력은 현재까지 알려진 여타의 수소 생성 미생물들에 비해 현저히 우수한 것으로 입증됐다. 개발된 기술을 산업에 적용하기 위해서는 극복해야 할 기술상의 어려움이 여전히 존재하지만 위와 같은 고무된 연구 결과들과 앞으로의 지속된 기술 개발을 가정했을 때 머지않은 장래에 국내 원천 기술들이 집약돼 바이오 수소의 실용화가 이뤄질 것을 기대해 본다.

또한, 초고온 고세균 NA1의 바이오 수소 연구는 해양 생물의 잠재력을 보여 주는 사례이다. 해양/심해열수구의 생명 다양성을 기초로 한 심해탐사기술/생물자원분석 및 확보 기술, 차세대유전체분석기술 등 발전을 거듭하고 있는 해양생명공학 연구 기술의 바이오기술BT, 정보기술IT, 신소재기술MT, 나노기술NT 융합 연구로 우수한 생물 발굴과 다양한 활용 분야의 접목을 통해 국가 미래에 기여하는 해양생명공학 연구를 기대해 본다.

ⓒ 도요타의 수소버스

도요타의 수소버스

ⓒ Adambro

보잉사의 수소 비행기

ⓒ Pearl Hydrogen

수소 자전거

해양 바이오매스를 이용한 바이오가스 생산

김원덕 한국해양과학기술원

현재 전세계적으로 에너지고갈과 화석연료의 소비증가로 인한 환경오염 및 기후변화의 대책으로 신재생에너지 연구와 개발이 활발히 진행되고 있다. 바이오가스는 친환경적인 신재생에너지이며 다양한 바이오매스가 기질로 쓰이는 혐기성소화 과정을 통해 생산된다. 최근에는 바이오가스 생산의 원료로 해양에 서식하는 김, 미역, 다시마, 파래 등을 포함하는 거대조류를 이용하는 연구가 활발히 진행되고 있다. 거대조류는 육상식물에 비해 성장률이 빠르고 경작지가 불필요하며 전처리 과정이 필요 없는 장점을 가지고 있다. 그 동안 진행되어 온 주요 연구는 해조류 대규모 양식과 수확 방법 개발, 거대조류 이용 바이오가스 생산공정의 최적화 조건 탐색, 실증사업, 경제성평가 등이다. 거대조류를 이용한 바이오가스 생산의 실용화, 사업화를 위해서 보다 많은 기술개발과 정부의 지원 등이 요구되며 장차 미래 대체에너지원의 역할을 할 수 있을 것으로 기대된다.

최근에 심각하게 대두되는 에너지 자원의 고갈과 지구온난화에 의한 기후변화의 여파로 세계 각국은 최근 대체 에너지 발굴과 개발에 박차를 가하고 있으며 그 중에서 신재생에너지는 지속성과 친환경성 측면에서 많은 주목을 받고 있다. 현재 풍력, 태양에너지, 바이오에너지등을 중심으로 하는 신재생에너지 시스템이 개발 및 보급되고 있다. 이 가운데에서 바이오에너지는 주로 바이오연료를 뜻하며 현재까지 대부분 옥수수, 사탕수수와 같은 곡물과 목질계를 원료로 이용하여 생산되는 시스템을 유지해 왔다. 그러나 원료가 육지식용식물이라는 점에서 식량, 물, 경지 면적 부족을 초래 할 수 있다는 점에서 한계가 있다. 이에 따라 해양 바이오매스를 이용한 바이오에너지 생산이 최근 관심을 받고 있다. 바이오 에너지 생산에 해양 바이오매스로 쓰이는 해조류는 농업 용수가 필요치 않으며, 별도로 경작지를 마련한 필요가 없다. 또 태양에너지를 성장에 이용할 수 있고, 이산화탄소를 잘 흡수하며, 성장 속도가 육지 식물에 비해 빠른 편이다. 또한 목질계 원료 이용에 필요한 리그닌 전 처리 과정도 필요하지 않다. 바이오연료 생산에 가용할 수 있는 유용한 해양 바이오매스 부류 중 하나는 다시마, 미역, 파래, 꼬시래기 같은 갈조류·홍조류·녹조류를 포함하는 거대조류다. 이들 조류는 당 함량이 높아 바이오에탄올과 바이오가스 생산에 유용 한 것으로 알려져 있다. 한국은 해조류 대량 양식을 통한 바이오매스 확보 기술 수준이 높고, 대체로 해역이 넓어서 해양 바이오에너지 생산 시스템 확립에 아주 유리한 조건을 보유하고 있다고 볼 수 있다.

바이오가스 생산

바이오가스는 바이오매스를 원료로 하여 혐기성 소화Anaerobic Digestion라는 생물 분해 과정에 의해 생산되는 가스 형태 에너지를 말하며 바이오메탄, 바이오수소, 이산화탄소 등을 포함한다. 현재 대규모 혐기성 소화에 기질로 쓰이는 바이오매스의 주요 원료는 음식물쓰레기, 축산 분뇨, 나무, 지푸라기, 곡물 등이다. 이러한 바이오매스는 무산소 상태에서 다양한 세균 군집에 의해 분해돼 가수분해Hydrolysis, 산생성Acidogenesis, 아세트산생성Acetogenesis, 메탄생성Methanogenesis 등의 과정을 거치면서 메탄을 생산한다. 가수분해 과정에서는 가수분해 미생물 효소에 의해 다당류가 단당류로 분해되며, 이것은 다시 특정 미생물들에 의해 휘발성 지방산VFA, volatile fattyacid으로 전환된다. 이 화합물을 이용하는 세균들은 다시 아세트산 또는 수소 · 이산화탄소를 생성한다. 마지막으로 메탄 생성 세균이 이러한 화합물들을 기질로 하여 메탄을 생산한다.

바이오가스는 폐자원을 활용해 생산할 수 있는 자원 순환형 에너지라는 점에서 많은 주목을 받고 있다. 바이오가스의 온실가스 배출 저감률은 80~86% 이며 바이오에탄올32~71%, 바이오디젤36~45%보다 우수해 더 환경 친화형으로 여겨진다. 바이오가스에 포함된 바이오메탄가스는 천연가스와 같이 청정 연료로 사용될 수 있는 에너지원이며, 산업용으로는 열 및 전기 생산과 압축돼 수송용 연료로 쓰인다. 바이오가스는유럽 국가들이 적극 생산 하고 있는 실정이며 그 가운데에서도 독일이 가장 활발한 것으로 알려져 있다. 혐기성 소화 기술 개발 및 상용화 역시 슈마흐Schmack, 콤포가스Kompogas, 아이젠만Eisenmann, 발로로가Valorga와 같은 유럽 회사들이 선도하고 있다. 세계 바이오가스 시장 규모는 2011년 기준 173억 달러이며 이며 2020년에는 330억 달러까지 상승할 것으로 기대된다. 국내에서도 바이오가스 생산 시설은 급속도로 증가 추세에 있어 생산량이 꾸준히 증대될 것으로 예측된다.

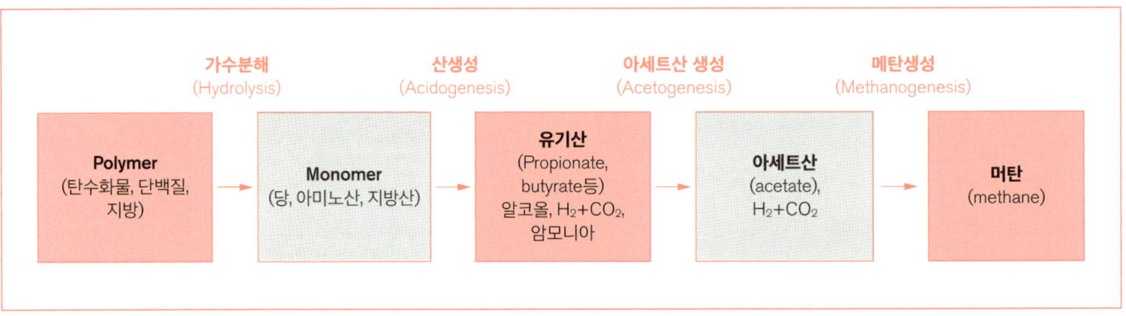

혐기성 소화에 의한 메탄 생성

해조류를 이용한 바이오가스 생산

해조류 바이오매스를 기질로 이용하는 바이오가스 생산 연구는 1980년대 처음 본격적으로 시도 되었으며, 현재 전 세계에서 활발히 진행되고 있다. 주로 유럽, 일본의 대학과 회사들이 연구를 주도 하고 있으며 이들 기관은 주로 혐기성 소화에 적합한 해조류와 접종inoculum 선정, 혐기성 소화 공정의 개선 및 개발, 공소화co-digestion, 해조류 양식 방법 개발 등을 연구하고 있다. 유럽의 몇 개 국가들이 참여 하였던 바이오마라 프로그램 Biomara program에 부속 되었던 스코틀랜드 해양과학위원회SAMS는 스코틀랜드 연안에서 거대 조류의 대량양식 연구를 수행 후 전 스코틀랜드 가정에 필요한 전력 요구량의 10%를 생산할 수 있는 거대조류를 양식해서 수확할 수 있다고 추산했다. 한편 노르웨이 시위드에너지솔루션Seaweed Energy Solution AS사는 유럽 전 해역에서 7,500만 톤의 해조류양식이 가능한 것으로 예상하였다. 해조류는 육지 식물과 달리 셀룰로오스 함량이 적고 리그닌이 없어 가수분해가 더 완벽하게 진행되는 것으로 여겨지고 있지만 해조류에 다량 포함된 재ash, 카드뮴과 같은 중금속 성분은 메탄수율 감소에 기여한다. 미국 에너지부DOE 보고에 따르면 해양 바이오매스 이용 혐기성 소화의 메탄수율은 0.14- 0.4m³/kg인 것으로 밝혀졌다. 이 수치는 육지 식물 유래 메탄수율과 비슷했지만 음식물쓰레기 유래의 메탄수율0.54㎥/kg보다는 낮으며, 각 해조류 원료와 공정 방법에 의해 차이가 심한 것으로 확인됐다.

온대지역에서는 계절에 따라 당 함량과 생화학 성분이 다르기 때문에 온대지역에서 성장한 거대조류를 기질로 하는 경우 메탄수율의 시간 및 공간상의 변이가 일어난다. 또한 소화조 내 탄소/질소 비율도 바이오가스 생산에 큰 영향을 미친다. 경우에 따라 해조류 바이오매스를 질소 비율이 높은 축산 분뇨와 음식물쓰레기 같은 다른 기질과 혼합해서 혐기성 소화를 진행하면 메탄수율이 감소되는 것을 확인할 수 있었다. 다양한 종균의 미생물 군집 구성 양상도 메탄수율에 큰 영향을 미치는 것으로 사료된다Biotech 2013, 3:407-414. 현재 DNA 해독 또는 서열해독 기술의 하나인 파이로시퀀싱pyrosequencing방법에 의해 다양한 미생물이 동정되고, 그 역할에 관한 연구가 진행되고 있다.

해조류 대량생산 시스템은 1973년에 시작해 10년 이상 지속된 미국 해양식량 에너지농장the US Ocean Food and Energy farm 프로젝트에서 최초로 검토와 실증이 본격 이뤄졌다. 이 프로젝트에서는 연구 대상으로 크기가 큰, 거대조류의 하나인 매크로시스티스Macrocystis를 배양하기 위해 해양목장이 건설됐다. 다양한 실험도 수행되었으나 기술상의 어려움과 해결해야 될 문제점을 남겼다. 한편 일본 도쿄가스회사는 2002~2006년 5년 동안 거대조류를 이용하여 바이오가스를 생산하는 실증 사업을 진행했다. 이 사업에서는 해조류 원료로 해안가에서 자생하면서 급속히 성장하고 부패로 환경에 악영향을 미치는 파래와 해안 오염 방지를 위해 양식한 다시마가 사용되었다. 전체 공정은 전 처리, 발효, 바이오가스 저장, 바이오가스 발생 등 네 단계로 이뤄졌다. 발생된 바이오가스는 3만 l 용량의 탱크에 저장됐다. 각각 150일, 70일 동안 진행된 다시마 바이오매스와 파래 바이오매스를 이용한 혐기성 소화 공정에서 톤당 약 22m³와 17m³의 메탄가스가 생산되는 것으로 밝혀졌다. 추출된 바이오가스는 탈황 작업 후 천연가스와 혼합된 뒤 가스엔진에 공급돼 전기를 발생시키고, 열을 발생시켜서 발효조 가열에 사용됐다Tokyo Gas Co. 2006.

거대조류를 이용한 대규모 바이오가스 생산과 판매는 아직 운영되지 않고 있지만 몇몇 연구팀들은 효율성과 경제성을 예측했다. 우선 일본 도쿄대 요코야마 팀은 일본 전 해역에서 거대조류를 양식해 바이오에너지를 생산하는 시스템을 구상했다. 그들은 자생 해조류가 잘 자라는 9개의 일본 재배 해역을 선정 하였고 한 구역에서 1년 동안 약 100만 톤의 다시마가 수확될 것으로 예측했다. 이렇게 얻은 해조류를 혐기성 소화 과정을 거쳐 메탄으로 전환 해 연료전지로 전력을 생산하면 약 40% 효율을 얻게 된다. 이에 따라 일본 전 해역에서 약 1년 동안 생산되는 전력은 1.13×10^8kWh가 생산되고, 이로 인해 1.04×10^6톤의 탄소 저감 효과가 발생할 것으로 예측했다World Acad Sci Eng Tech 2007, 28:320-323. 네덜란드의 라이트Reith는 거대조류를 이용한 바이오메탄 생산과 전력 생산 시스템에서 경제성 확보를 위한 해조류의 단가를 예측했다. 그는 건조량 5만 톤, 10만 톤의 다시마가 발효조에서 각각 20일 및 30일 체류하는 경우를 설정하고 전력 생산에는 톤당 5~10유로, 가스 생산에는 톤당 3.8~8.3유로의 해조류 단가 손익분기 비용을 계산했다. 네덜란드 정부가 친환경보조금을 지원하는 경우에는 그 비용이 톤당 65~71유로로 상승할 것을 예상했다Enenrgy commission of the Netherlands 2005. DOE의 연구에 따르면 해양 조류 이용 바이오메탄 생산가는 기가줄GJ당 3~14달러로 육지 식물의 3~8달러보다 변이가 큰 것으로 여겨지고 있다.

결론

해양 바이오매스의 바이오가스화는 아직 경제성이 낮은 것으로 평가된다. 가장 큰 이유는 거대조류의 생산, 판매가가 비싸기 때문이다. 한국을 포함해 거대조류가 주요 식품의 하나인 동아시아 국가들에는 큰 걸림돌이 될 것으로 생각된다. 이 문제를 타파하기 위해서는 일본 도쿄가스 실증 사업의 경우와 같이 폐해 조류를 적극 이용하거나 성장이 빠른 비식용 해조류를 발굴해서 대량 생산하는 방법도 생각해 볼 수 있다. 또 바이오가스 생산을 위한 해조류 대량 생산 목장 건설도 생각해 볼 수 있다. 그러나 대형 목장의 운영이 가져올 환경과 생태계 변화에는 주의해야 할 필요가 있다. 또한 한편 거대조류 생산과 함께 푸코이단fucoidan, 아가agar, 요오드, 만니톨mannitol, L-fraction 같은 고가의 부산물 추출 작업도 병행해서 단가를 낮추는 방법이 있을 것이다. 혐기성 소화 후 잔여 해조류를 중금속 제거 후 비료로 이용해서 경제성을 높이는 방안도 고려할 만하다.

거대조류를 이용하는 바이오가스 생산은 미래에 기술 개발과 정부의 적극 지원 아래 대체 에너지원 공급에 주요한 역할을 할 수 있을 것으로 기대된다.

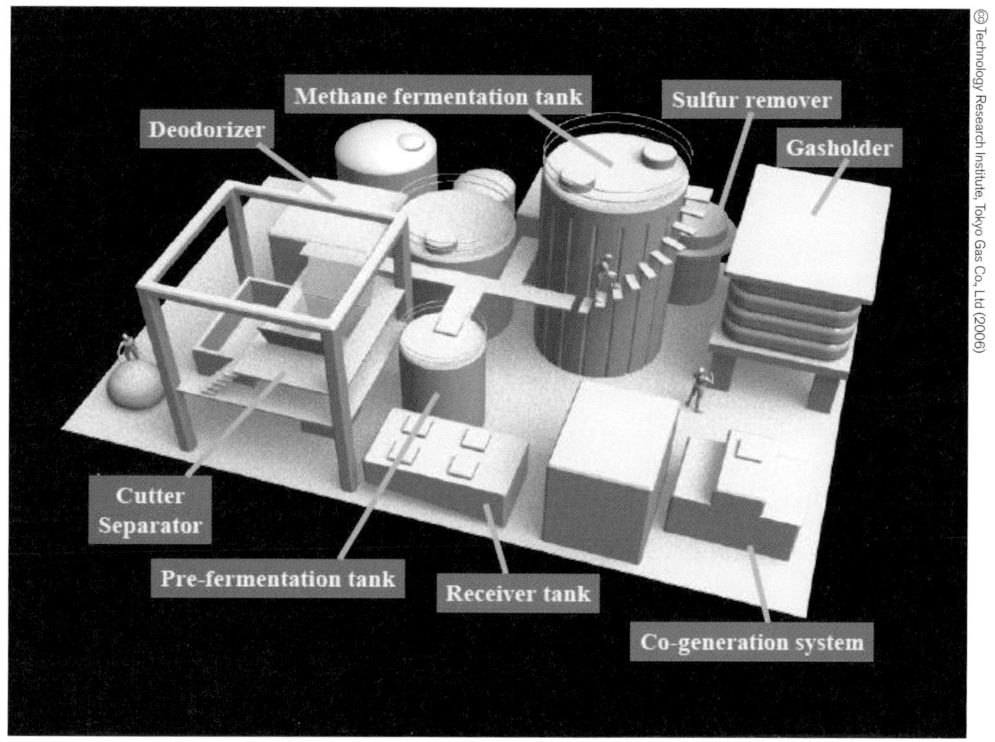

도쿄가스의 해조류를 이용한 바이오가스 생산 공장 설계도

어류를 이용한 기능성 바이오 소재 개발

최영웅 한국해양과학기술원

우리의 식생활은 영양과 맛에 만족하던 시기를 넘어 과잉섭취로 인한 성인병 증가의 사회적인 문제가 대두되면서 기능성 소재를 활용한 식생활 조절에 초점이 이동하고 있다. 이에 기능성 식품 시장은 지속적으로 성장하고 있으며 더불어 해양생물에서 유래한 소재원이 관심을 받고 있다. 기능성 소재 개발에는 비용이 많이 들기 때문에 시장 소비패턴 분석과 목표 개발 품목 선정이 적절해야 하며, 제품화에까지 이르려면 제품의 기능 효과를 향상시킬 수 있는 추출 기술을 확보해야 한다.

어류를 이용한 기능성 바이오 소재 개발

어류는 인류가 오랫동안 단백질 공급원으로 이용해 온 척추동물로서 산업 발전과 함께 어류를 이용한 산업도 다변화돼 현재는 레크리에이션 산업, 관상생물 산업으로 확대되기에 이르렀다. 그리고 기능성 식품의 소재가 돼 온 육상 가축의 안정성 및 경제성 문제가 대두되면서 아직 생산 여지가 많은 어류를 이용한 기능성 소재 생산과 추출물 연구가 주목받으면서 여러 분야 기술 융합을 통한 소재개발이 요구된다.

왜 어류를 이용한 기능성 소재 연구가 필요한가?

1984년 영국에서 프라이온 질병의 일종으로 소에서 나타나는 전염병이 인간에게 전염돼 '변종 크로이츠펠트-야코프병CJD, Creutzfeldt-Jakob disease'으로 나타날 수 있는 광우병BSE, bovine spongiform encephalopathy이 처음 발생된 이후 가축의 안정성 논란이 제기되면서 전 세계의 사회·경제 혼란을 야기시켰다. 이로써 그동안 소, 양, 돼지 등 육상 가축으로부터 얻어 온 기능성 소재를 안정된 해양 유래 자원에서 얻는 방법이 관심을 받고 있다Food Res International 2005, 39:383-393.

해양생물자원 가운데 이용량이 가장 많은 것은 어류지만 전 세계 어류 생산량의 약 74% 정도만 단백질원으로 이용될 뿐 어류의 뼈, 지느러미, 껍질 부위 등 26% 정도는 폐기물과 어분등으로 처리되고 있는 실정이다International J Food Sci Technol 2008, 43:726-745. 이에 미국, 일본 등의 주요 선진국에서는 자원의 효율적 이용을 위한 대안책 마련에 노력을 기울이는 상황에서 그동안 육상동물로 부터 얻어왔던 젤라틴·콜라겐·칼슘 등 기능성 물질 추출원의 대체 자원으로 해양생물자원, 특히 어류 폐기물이 새로운 가치를 지니게 될 것으로 전망된다Food Res International 2005, 39:383-393.

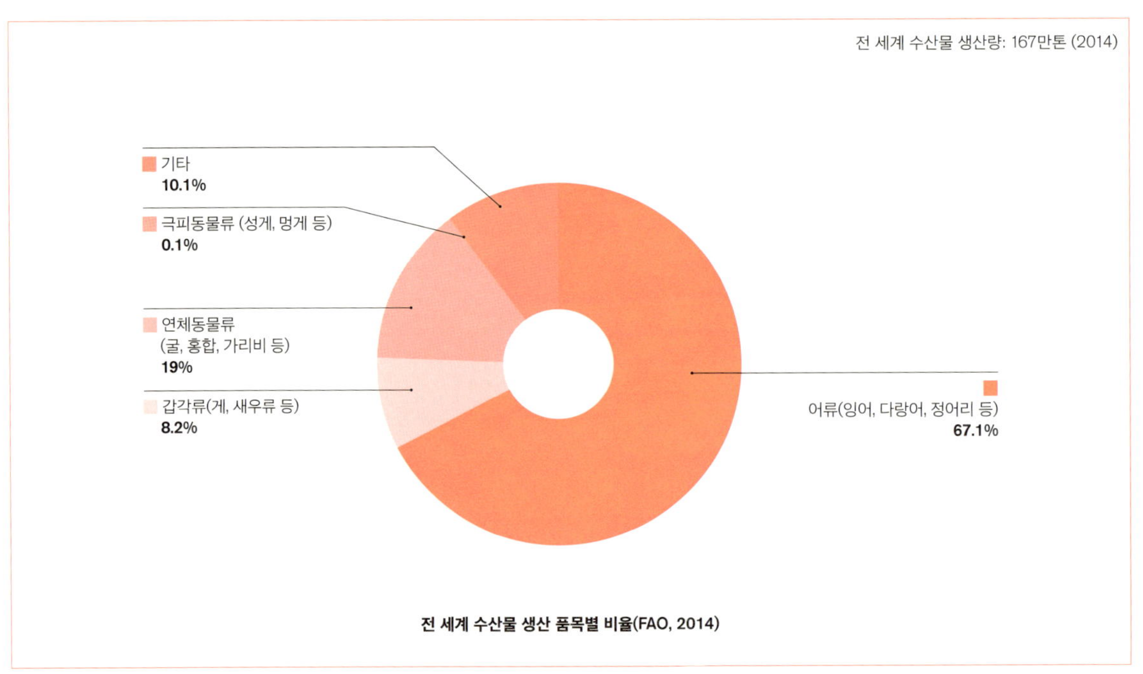

전 세계 수산물 생산 품목별 비율(FAO, 2014)

어류로 어떤 기능성 소재를 만들 수 있는가?

대체로 어류의 몸을 구성하는 성분은 단백질, 지방질, 탄수화물, 무기질, 수분 등이다. 이와 같은 체성분의 함량은 계절, 성별, 크기, 부위 등에 따라 달라진다. 체성분 가운데 비중을 가장 많이 차지하는 것은 50~80%의 수분으로, 육상 동물보다 많다. 그다음으로 단백질이 15~30%를 차지한다. 나머지 성분 가운데 탄수화물은 주로 글리코겐 형태로 0.1~1.0% 들어 있다. 지방 함량은 0~25% 를 차지하는 가운데 종에 따라 차이가 있다. 운동성이 거의 없이 바닥에서 생활하고 백색근을 지니고 있는 심해어류보다 고도의 회유 습성이 있으며 적색근을 지니고 있는 회유성 어류에서 높게 나타나고, 생활사 단계에 따라 산란 전 어미의 체성분에서 보통 때보다 높게 나타난다J Microb Biochem Technol 2013, 5:107-109.

무기질은 주로 칼슘, 나트륨, 마그네슘, 인, 황철, 요오드를 포함하고 있고, 요오드의 함량은 육상 동물의 수십 배에 이른다. 그리고 체성분 함량이 1~5% 정도인 크레아틴, 크레아티닌, 카르노신, 앤서린, 타우린, 히스티딘, 이노신산 등과 같은 기타 성분들은 어종과 연령에 따라 차이가 있다Comp Biochem Physiol 2007, 146:395-401.

어류 구성 성분 가운데 현재까지 이용 가치가 있는 것으로 평가되고 있는 기능성 소재원은 단백질 천연 고분자 화합물인 콜라겐 펩티드, 무기질 성분의 칼슘, 앤서린, 콘드로이틴황산, 오메가-3계열 지방산 등이다.

① 앤서린Anserine

앤서린은 포유류의 골격근과 뇌에서 발견되는 저분자 펩티드다. 앤서린의 기능은 칼슘의 체내 수송과 Ca^{2+}-ATPase 작용을 자극하는 것으로 알려져 있다. 이와 같이 동물 근육에 존재하는 앤서린은 항산화능, 자유라디칼과 금속이온 소거능이 높고 성인병 및 노화 억제 기능을 하며 어류에서는 참다랑어·가다랑어와 같은 고도의 회유성 어류의 근육에 다량 함유돼 있다Develop Food Sci 2004, 42:97-105.

앤서린 추출은 주로 육상동물의 골격근에서 시도된 적이 있지만 어류를 이용한 추출 및 정제 연구는 초보 단계다. 철을 함유하고 있는 수용성 근육추출물에서 철은 과산화 음이온superoxide anion을 만들 수 있고, 이것은 지방산화를 촉진시킬 수 있다. 앤서린과 같은 천연 항산화제를 얻기 위해서는 농도를 높게 유지하면서 산화촉진제 함량을 낮추는 기술이 핵심이다. 이에 따라서 가열 및 여과 처리 등 방법으로 유리철, 철단백질 같은 산화촉진제의 함량을 감소시키는 방법이 제안된다. 아래와 같이 참다랑어의 자숙액으로부터 저분자 펩티드를 추출할 경우 탈이온수를 가한 다음 균질화, 가열 처리, 원심 분리 후 침전물 제거, 여과 후 단백질·철·카르노신·앤서린의 함량 측정 순으로 이뤄진다한국식품조리과학회지 2008, 24:349-357

앤서린이 다량 함유돼 있는 다랑어

앤서린 화학 구조

다랑어류 가열 추출 과정
(가다랑어, 황다랑어, 눈다랑어)

1. 시료중량 2배의 탈 이온수를 가함(4°C)
2. 균질화(12,000 rpm, 2분씩 4회)
3. 가열(80°C, 10분)
4. 냉각
5. 원심분리(10,000×g, 20분, 4°C)후 상등액 추출
6. 침전물 제거
7. 여과 후 추출
8. 단백질, 철, 카르노신, 안세린 등의 함량 측정
9. 추출물의 정제도 확인

앤서린의 가열 추출 과정

② 칼슘Fish calcium

칼슘은 신체 내에서 가장 많은 무기질이다. 대부분 뼈와 치아를 만드는 데 사용되며, 1%가량은 혈액에 존재하면서 근육이나 신경 기능을 조절하고 혈액 응고에 관여한다. 이밖에도 근육의 수축과 이완, 일정한 심장 박동, 신경전달물질 분비, 효소 활성화, 융모 운동, 백혈구의 식균 작용, 세포 분열, 여러 영양소의 대사 작용 등에 관여하고 세포막을 통한 물질 이동의 조절 인자 역할을 한다. 이처럼 칼슘은 신체에서 여러 중요한 기능을 하지만 일상생활에서 충분한 양을 섭취하기 어려운 영양소 중 하나다. 섭취량이 부족한 경우 혈액 속 칼슘의 농도가 낮아지며, 신체는 이를 보상하기 위해 뼈에 있는 칼슘을 녹이기 때문에 뼈가 점점 약해지게 된다. 골 질량이 감소하면 뼈가 작은 충격에도 쉽게 부러지며, 허리가 구부러지거나 키가 줄어드는 현상도 나타난다. 이 때문에 칼슘과 비타민 D를 충분히 섭취해야만 뼈에 있는 칼슘의 분해를 최대한 줄일 수 있다파워푸드 슈퍼푸드 2010.

칼슘은 여러 식품에서 섭취할 수 있다. 가축의 뼈, 우유, 유제품, 뼈째 먹는 생선 등에 다량 함유돼 있는데 멸치와 같이 뼈째먹는 생선은 체내 이용률이 높다British J Nutri 2000, 83:191-196. 칼슘의 하루 권장 섭취량은 성인이 약 700mg으로, 50세 이상이면 800mg 정도가 권장량이다.

③ 콜라겐Collagen

콜라겐은 경단백질로, 결합 조직 기질의 주성분이다. 포유동물의 경우 총 단백질의 약 30%를 차지한다. 동물의 진피·근육·연골 등에 섬유상으로 존재하며, 모여서 교원섬유가 된다. 섬유를 구성하는 기본 단위는 분자량 약 30만, 길이 300nm, 굵기 1.5nm의 트로포콜라겐Food Hydrocolloids 2009, 23:563-576이다. 콜라겐의 기능은 탄력과 신축성을 유지하는 것으로, 피부를 지지하는 구조다. 사람의 경우 20

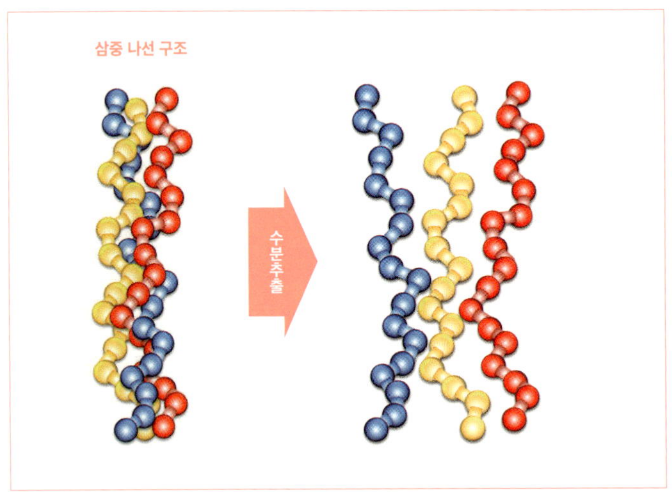

콜라겐 분자 모형도

칼슘 급원 식품의 함유량

품목		단위	함유량(mg)
유제품			
	우유	컵	200
	요구르트	1개(100g)	105
두류제품			
	두부	50 g	100
	강낭콩	95g	94
어류제품			
	정어리 통조림	50g	120
	연어 통조림	20g	380
	건조 빙어	20g	180

농촌진흥청 (2016) 국가표준식품 DB

칼슘이 다량 함유돼 있는 멸치

칼슘 화학 구조

콜라겐 펩티드가 다량 함유돼 있는 대구

대 이후부터는 콜라겐 재생 속도가 느려지고, 60세에 이르면 콜라겐 생산량은 20대 이전에 생산하던 콜라겐 양의 50%에도 미치지 못한다. 이러한 생산 능력의 저하는 피부 탄력을 잃고 피부 건조, 주름을 유발하면서 노화를 진행시킨다. 콜라겐을 섭취해 보충할 수 있다면 노화를 지연시켜서 피부 탄력 유지 효과를 볼 수 있을 것이다한국식품과학회지 2009, 41:441-445.

그동안 콜라겐은 쇠가죽과 뼈, 돼지 가죽에서 많은 양이 생산돼 왔다. 그리고 겔화제와 소시지 케이싱을 원료로 식품 생산 산업에서 널리 이용돼 왔다. 특히 가축으로부터 용해 및 소화 성질을 이용해 고분자 콜라겐 펩티드가 개발돼 건강식품과 기능성 음료 분야에 적용되고 있다. 최근 경제성과 안전성 면에서 어류 콜라겐 펩티드가 가축에서 추출하는 콜라겐 펩타이트를 대체할 매력 넘치는 대체원으로 주목받고 있는데 어류에서 생산되는 콜라겐 펩타이트는 어류 껍질에서 추출되는 고급 분말로, 기능성이 다양하다. 주요 기능으로는 피부 상태 개선, 혈압 상승 방지를 들 수 있다. 이 때문에 건강과 미용에 널리 이용될 수 있는 기능성 소재이다. 어류에서 콜라겐은 대구와 같은 심해 어류의 피부와 뼈에서 얻을 수 있고, 생산 과정은 재료 절단 → 세척 → 전 처리산 처리 → 추출 → 여과/원심분리 → 원심분리/증발·건조/멸균 → 건조 순으로 진행된다Food Hydrocolloids 2009, 23:563-576.

④ 콘드로이틴황산Chondroitin sulfate

콘드로이틴황산은 N-아세틸콘드로이틴을 반복 단위로 하는 분자량 5만 정도의 점액성 다당류산성뮤코다당, mucopolysaccharide다. 이것은 동물 연골 조직을 구성하는 중요한 요소다. 장기·체액 등에서 광범위하게 분포하고 아미노당을 함유하는 복합다당으로, 황산기를 함유하는 것과 함유하지 않는 것이 알려져 있다. 어류에서는 상어와 가오리의 연골 조직에 다량 존재하고, 인체에 적용할 수 있는 콘드로이틴황산의 기능은 매우 광범위하다. 주요 역할 가운데 피부 복원 관절과 인대 조직의 부드러움과 각막과 수정체의 탄성과 투명성을 유지하고 뼈 성장 촉진과 칼슘 흡수를 도와 골다공증 예방에 기여하는 등의 기능으로 의학 분야와 향장 산업, 식품으로는 건강음료로 개발되는 등 활용도가 높으며, 시장성 역시 큰 것으로 평가된다한국산학기술학회논문지 2009, 10:865-871. 콘드로이틴황산은 체내에서 합성되지만 나이가 들수록 감소한다. 성인의 하루 권장 섭취량은 1,200mg으로, 중년의 사람이 몸에서 하루에 약 20mg을 합성하는 것을 보면 섭취해서 보충하는 것이 필요한 물질이다.

현재 국내에서 콘트로이틴황산 및 함유 제품은 연골을 분말화한 형태이거나 뮤코다당단백으로 추출된 형태를 그대로 사용하는 데 그치고 있다. 이 소재의 효능을 대폭 증대시키기 위해서는 순수한 콘드로이틴황산을 분리 추출할 수 있는 기술 개발의 필요성이 대두된다.

콘드로이틴황산이 다량 함유돼 있는 상어(사진: 김억수)

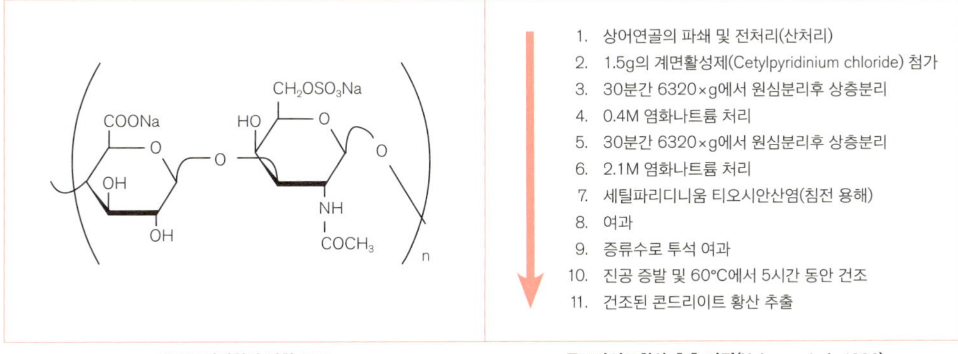

콘드로이틴황산 화학 구조

콘드라이트황산 추출 과정(Nakano et al., 1996)

어류를 이용한 기능성 소재 개발 동향 및 전망

기능성이란 용어는 식품 분야에서 차용되면서, 일본에서 처음 개념화되었다. 식품 기능function property in food이란 표현은 물리 및 화학 기능의 의미로 사용되어 왔으나 현재는 생리학적인 기능Physiological or bioloical function의 의미로 보편화됐다. 기능성 식품에 대해 일본 후생성에서는 "식품의 성분이 생체방어 신체리듬 조절, 질병의 예방과 회복등 생체조절 기능을 조절하도록 설계, 가공된 식품"으로 정의하고 있다. 이처럼 기능성 식품은 식품에 생체 조절 기능의 유효성에 의약품적 개념에 가깝지만 질병 예방이 주기능인 기능성 식품은 질병 치료가 주기능인 의약품과는 차이가 있다원예과학기술지 2006, 24:33-44.

기능성 식품의 구분은 생리기능별, 원료소재별, 식품유형별 등으로 구분이 가능하다. 이 가운데 생리기능별 구분 형태는 아래와 같다.

생체 조절 분야	자율신경계의 조절 작용 이상을 방지하거나 치료하는 기능, 스트레스로부터 오는 교감신경과 부교감신경의 이상 작용 시정에 효과가 있는 식품.
질병 예방 분야	알레르기 억제 식품 또는 면역력을 향상시키는 면역 부활식품 등과 고혈압·당뇨병 등 주로 성인병에 효과가 있는 식품.
질병 회복 분야	주로 혈액 순환 기능을 포함하는 식품으로, 동맥경화 방지 또는 혈액 생성에 도움이 되는 식품.
노화 억제 분야	노화 원인의 하나로 밝혀지고 있는 과산화지질의 증가를 저감시킬 수 있는 비타민 E를 포함하거나 과산화지질의 생성을 억제하는 기능성 식품.

기능성 식품 개발의 현황을 보면 그동안의 주요 연구들이 생명공학기술 발달한 선진국들에 의해 주도되어 왔다는 것을 알 수 있다. 20세기 초 러시아의 엘리 메치니코프는 불가리안 발효유에 있는 미생물을 분리해 락토바실루스 불가리쿠스*Lactobacillus bulgaricus*로 명명하고 유익한 유산균이 장내 미생물을 대체한다는 사실을 입증했다. 이것이 세계 기능성 소재 연구의 시초라 할 수 있다. 이후 일본에서 1930년대에 인체 내 위액과 담즙에서 사멸하지 않는 특수 유산균인 요구르트균을 육성·배양하는 데 성공해 요구르트 제조 산업에 이용하기에 이르른다. 미국에서는 2000년대 중반 코코아와 은행 추출물의 항암효과를 활용하여 제품화하였다. 우리나라에서는 1990년대 입 냄새 제거용 껌, 2000년대 헬리코박터 파일로리균 번식 억제에 효과가 있는 발효유 등의 제품 출시 등이 기능성 식품 상품화의 초기 시도라 할 수 있다. 이후 건강과 노화 방지 기능을 강조하는 보리, 옥수수, 콩 등을 이용한 음료 등이 제품화되었고, 최근 항암, 항노화 등의 생리 활성 효능이 있는 식물성 원료를 이용한 음료개발이 주를 이루고 있다. 기능성 식품의 전 세계 시장 규모는 2015년 기준 1,179억달러약 131조원 규모로 추산되고 2020년에 약 1,677억달러187조원에 이를 것으로 전망된다. 이와 같은 높은 성장률 유지는 주요 국가의 생활 여건 개선과 기대 수명이 연장됨에 따라 식품이 단순히 영양과 맛에 만족하던 것을 넘어 생체 조절 기능을 통한 건강 유지 효과를 줄 수 있는 기능까지 첨가되면서 소비자들에 의해 새로운 수요가 창출되고 있는데서 기인하는 것으로 분석된다.

기능성 소재를 활용한 기능성 식품 세계 시장 현황

연도	2010	2011	2012	2013	2014	2015	2020
시장 규모(억 달러)	846	902	961	1,034	1,100	1,179	1,677

(Nutrition Business Journal (2014))

국내에서 1990년대 중반에 건강보조식품의 제품화로 시작된 건강식품시장의 규모는 2015년 2조 3,291억원를 기록하는 등 가파른 성장세를 유지해 왔다식품의약품안전처 2015. 거래되는 주요 10대 품목은 홍삼, 알로에, 인삼 등 육상 천연추출물과 해양성으로 유일하게 등 푸른 생선의 불포화 지방산 오메가 3에서 얻는 EPA/DHA 제품이다. 그러나 아직까지는 어류를 포함한 해양 바이오 원료에서 기능성 소재를 추출하는 기술 개발은 아직 걸음마 단계에 있다. 우리나라의 경우 원양어업과 양식어업으로 현재 세계 10대 어류 생산국임에도 어류를 이용한 기능성 소재 연구는 미약한 실정으로 어류 부산물 처리로 기능성 소재를 개발하는 노력은 자원 활용도 제고 차원에서 중요하다.

어류를 이용한 소재 개발 성공을 위해서는 우선 원료 공급이 원활해야 하고, 생리 기능 효과가 우수한 새로운 원료 발견을 통해서 제품을 개발해야 한다. 이를 위해서는 최근 기능성 소재 개발에서 의약, 식품 등의 경계가 허물어지고 있는 상황을 직시할 필요가 있다. 해양생명공학 기술을 활용해 의약과 식품 분야 간 기술 융합이 필요한 만큼 기존의 독립된 기술 분야에서의 탈피가 필연적으로 요구된다.

생리생태학 관점에서 기능성 바이오 소재원으로서 어류의 장점은 인간의 신진대사와 유전자배열이 매우 가까운 척추동물이면서 가장 오랫동안 전 지구 해양의 심해와 표층, 그리고 온대·열대·한대에서 종족 번식 및 방어를 위해 특이한 기능성 물질을 지닐 수 있도록 진화해 왔다는 점이다. 이러한 점에서 전 지구상 척추동물 종수의 약 51%에 해당하는 2만 4,000여 종의 어류는 인간이 안전하게 이용할 수 있는 기능성 물질 소재원으로서의 새로운 가치를 지닌다. 따라서, 어류를 이용한 기능성 바이오 소재 개발 연구는 장기 안목에서 새로운 물질을 분리해 구조 결정 및 활성을 검색하는 것에서부터 비용과 기술 융합 측면에 이르기까지 꾸준한 투자와 개발 노력이 병행돼야 할 것이다.

10대 기능성 식품소재 생산추이

(단위 : 억원)

순위	구분	2015	2014	2013	2012	2011
	계	**18,230**	**16,310**	**14,820**	**14,091**	**13,682**
1	홍삼	6,943	6,330	5,869	6,484	7,191
2	개별인정형*	3,195	3,177	2,324	1,807	1,433
3	비타민 및 무기질	2,079	1,415	1,747	1,646	1,561
4	프로바이오틱스	1,579	1,388	804	518	405
5	밀크씨슬 추출물	705	676	308	135	138
	누계 (5품목)	**14,501**	**12,987**	**11,052**	**10,590**	**10,728**
6	알로에	560	575	628	687	692
7	EPA 및 DHA 함유 유지	485	396	490	497	509
8	인삼	307	426	466	450	381
9	가르시니아캄보지아추출물	277	221	541	440	207
10	루테인	204	111	95	118	52
	누계 (10품목)	**16,333**	**14,716**	**13,272**	**12,782**	**12,569**
11	기타품목	1,897	1,594	1,548	1,314	1,113

* 식약처 고시에서 정한 고시형 원료에 해당하지 않는 원료 중 안정성 및 기능성에 대하여 식약처에서 승인한 원료로 당귀, 백수오, 황기, 헛개나무, 미역 등에서 추출된 품목 등이 이에 속함

식품의약품안전처 (2015)

해양에서 단백질 생산

박흥식 한국해양과학기술원

해양은 오래전부터 인간에게 식량을 공급해주는 공간이었다. 육지에서 쉽게 구하지 못하는 고급 단백질을 제공하였고, 이제는 해양에서 더욱 유용한 식량자원 을 대량으로 확보하기 위한 노력 이 집중되고 있다. 특히 과학을 바탕으로한 생명공학기술과 첨단 소재들이 투입되면서 육지에서 진행되는 다양한 식량 증대 방법이 해양에서도 용이하게 적용되고 있다. 다만 육지와 전혀 다른 환경과 살아가는 방식이 상이한 해양생물을 이해해야 하기 때문에 해양에서 기술개발은 더욱 많은 노력과 인내가 필요하다. 이러한 조건으로 인해 해양에서 단백질을 생산하는 것은 고부가가치 산업으로 분류하고 있어서 미래 산업으로 가치를 인정받고 있다. '양식'이라고 불리었던 단백질 생산이 고부가가치 산업으로 발달할 수 있는지 현재 기술수준을 제시하여 소개하고자 한다

해양에서 단백질 생산

인간에게 단백질 확보는 살아가는 데 필수인 에너지를 얻기 위한 중요한 과정이다. 과학 발달로 인간 수명이 연장되고, 이는 인구 증가로 이어져 확보해야 할 식량 요구량도 증가하고 있다. 이뿐만 아니라 경제생활이 윤택해지고 삶의 질이 높아지면서 인류는 더욱 고급화된 단백질을 요구하게 됐다.

생명공학 연구는 육상 생물뿐만 아니라 해양 생물에게도 다양한 분야에서 적용되고 있어 유전자 및 활성 물질 추출과 더불어 신품종 개발, 육종에도 범위가 확산되고 있다. 흔히 '양식'이라고 불리는 해양 생물로부터 단백질을 생산하는 방식도 단순히 생물을 기르는 방식에서 이제는 첨단 기술을 이용한 자동 생산 공정으로 시스템화해 가고 있다. 단백질 외에도 해양 생물에서 얻을 수 있는 불포화 지방, 기능성 물질 등 목적에 맞는 생물 생산 방식이 개발되고 있다. 우리나라는 해양 생물 생산에 오랜 경험이 있어 세계로부터 높은 해양 단백질 생산국으로 인정받고 있다. 오랜 기간 축적된 기술을 토대로 신산업으로 변화하는 고부가가치 단백질 생산 분야를 지금까지 널리 인식되어 온 1차 산업에서 미래 유망 산업으로 소개해 본다.

남태평양에 떼지어다니는 참치와 스나이퍼 무리

해양 생물을 기른다

육상에서 살아가는 인간은 언제부터 해양 생물을 단백질원으로 사용했을까. 누군가 물속에서 살아가는 생명체를 처음 봤을 것이고, 호기심에 포획과 채취가 진행된 다음 입으로 가져갔을 것이다. 해양 생물보다는 물을 마시기 위해 호수나 강가에서 먼저 물속에 사는 생물을 보게 됐을 것이다.

물 속 생물을 기른 것은 인간이 가축을 사육한 시기보다 상당히 오랜 시간이 경과한 이후에 이뤄졌을 것이다. 육상 생물과는 달리 물속에서 살아가는 생물의 생태를 이해하려면 또 다른 많은 시간이 필요했을 것이기 때문이다. 초기에는 고인 물속에 갇혀 살아가는 생물을 보거나 우연히 잡은 생물을 항아리 등에 담아 놓고서 살아가는 것을 보며 '기를 수 있다'고 확신했겠지만 가둬 놓은 생물이 무엇을 먹고 사는지, 수질은 어떤 의미를 지니고 있는지 알지 못했을 것이다.

이런 과정을 엄청나게 반복하면서 결국에는 살아남은 생물을 대상으로 '양식 행위'가 최초로 진행됐을 것이다. 물론 양식은 민물에서 먼저 진행됐다. 기록에 따르면 기원전 1800년경 고대 이집트에서 못을 만들어 22종의 물고기를 기른 것으로 전해지고 있다. 중국에서도 기원전 500년경에 잉어를 양식하기 위한 양어경養魚經이라는 지침서가 저술됐다. 드디어 인간이 물에 사는 생물을 기르는 방법에 관한 원리를 이해하기 시작한 것이다. 바다에서 진행된 양식 기록도 생각보다는 역사가 오래됐다. 로마 시대에는 바닷가 주변에 연못을 만들어 강으로 올라오는 어류를 잡아 길렀다고 하며, 태평양 섬 지역에서는 서기 500년부터 바닷가에 돌로 엉성하게 막은 인공 못을 만들어 물고기를 포획하거나 길렀다. 13세기에는 뱀장어도 길렀다고 한다.

우리나라도 양식과 관련된 기록이 있다. 고구려 시대에 연못에서 잉어를 길렀고, 바다에서는 18세기 조선 인조仁祖 때 '바다에 돌을 던지니 석화石花, 굴을 지칭함가 피어났고, 소나무송지식와 대나무죽지식를 꽂으니 김이 자랐다' 는 기록으로 볼 때 물고기 이외 다른 바다 생물 양식이 이미 시작된 것으로 해석된다. 우리나라에서도 바닷가에 돌을 쌓아 만든 축제식 어류 양식의 역사는 오래 됐다. 아직까지도 일부 지역에서는 '독살'이라고 부르는, 해안가에 쌓아올린 둑을 활용해 숭어 등 수심이 얕은 곳에 사는 물고기를 가둬 길렀다. 그러나 이러한 형태는 주로 작은 크기의 물고기를 대상으로 먹이를 주고 성장하게 하는 '축양' 방식에 불과했다. '양식'이란 통상 '인공 시설에서 부화를 통해 새끼를 낳게 하고, 성장하면 다시 부화하는 단계까지 기르는 과정'을 뜻한다.

양식이 활발하게 진행된 것은 19세기에 이르러서야 가능했다. 그 역사가 대체로 짧은 편이다. 1842년 프랑스인 조제프 레미Joseph Remy가 송어를 인공 부화해 하천에 방류하면서 그동안 자연에서 포획한 것을 가둬 놓고 기르던 방식이 양식 개념으로 발달하게 된다. 그러나 이 단계도 민물에서 진행된 것으로, 바다에서는 20세기에 들어와서야 양식이 진행된다. 전통으로 농경산업이 주축이던 우리나라는 일제강

점기인 1930년대 국립 양어장이 진해에 건설되면서 해양 생물 양식을 본격 시도했다. 그러나 현재는 70여 종의 해양 생물을 양식할 수 있는 기술을 보유한 국가가 됐다. 지금은 자연에서 얻은 단백질보다 직접 생산하는 단백질에 관심을 기울이고 있다. 세계 어업 생산량 가운데 양식에 의한 생산량은 1973년 500여 만 톤이었다가 1992년에 1,900만 톤, 2000년에 3,400여만 톤에 이르는 등 총 어업 생산량의 20%를 차지했다. 우리나라에서도 1965년에는 양식 생산물이 전체 수산물 생산량의 11.6%에 불과하던 것이 1995년에는 100만 톤에 육박하면서 전체 수산물 생산의 30%에 육박하게 됐다.

연안에 대규모로 조성된 양식장

바다에서 단백질을 얻는다

바다는 지구에서 생물이 서식하기 시작한 최초의 공간이다. 현재 약 30만 종의 해양 생물이 살고 있는 것으로 알려져 있다. 그러나 우리가 생물을 관찰한 공간은 전체 바다 면적에 비할 때 극히 일부분이다. 여기에 그동안 살다가 멸종한 생물, 아직까지 인간이 접근하지 못한 심해 등 수많은 공간에 살고 있는 생물까지 포함한다면 예측할 수 없을 정도의 많은 생물이 바다에 살고 있을 것으로 추측된다. 인간은 바다에서 생물을 포획해 식량으로 사용하면서 단백질과 기타 다양한 영양분을 얻었고, 더 많은 양을 확보하기 위해 어업 도구를 다양하게 발전시켰다. 특히 20세기 들어와 인구가 급격히 증가하고 산업 기술이 발달하면서 해양 생물을 잡기 위한 장비는 눈부시게 개선됐다. 어선은 먼바다로 나갈 수 있도록 대형화됐고, 어선 수도 증가하면서 장착된 장비 개선은 어업의 강도를 극도로 증대시켰다. 21세기 들어와서는 연간 약 1억

5,000만 톤의 단백질을 해양 생물로부터 공급받고 있다. 전 세계 식량약 35억 톤에 비하면 4.3%에 불과하지만 동물성 단백질로 환산하면 약 15.2%를 차지하는 등 해양 생물은 이제 인간에게 매우 중요한 식량원이 됐다.

해양 생물 소비는 점점 증가하고 있고 있다. 이에 비해 1인당 연간 평균 소비량은 1990년대에 13.5kg이었으나 2000년에 15.8kg, 2010년에 18.9kg로 증가했다. 이런 양상은 세계 경제가 발전하면서 우수한 단백질을 섭취하려는 욕망에서 육상에서 얻는 단백질보다 해양 생물이 더욱 질 좋은 고급 단백질을 섭취할 수 있다는 연구 결과가 나오면서 해양 생물을 거의 접하지 못한 국가에서도 선호하기 시작한 것이 해양 생물 소비를 부추기게 된 것이었다.

수요에 비해 부족한 공급을 만회하기 위해 식량화할 수 있는 해양 생물을 계속해서 탐색하고, 어획하고 있지만 아직까지 더 이상 어획 생산량은 소비하는 양만큼 늘지 않고 있다. 전문가들은 연구 결과를 바탕으로 자연에서 얻을 수 있는 해양 단백질의 자원 양이 한계점에 도달했다고 인식했다. 특히 1970년대부터 식량뿐만 아니라 다양한 이유로 바다의 중요성이 강조되면서 선진 강대국을 중심으로 바다를 영토로 확보하려는 200해리 영해 선포 등 바다에서 어업을 자유롭게 할 수 있는 공해 지역의 면적을 급격히 감소시켰다. 결국 해양 단백질을 확보하기 위해서는 각 국가가 자기나라 영해에서 어업 생산을 시도해야 했으며, 해안가를 중심으로 양식업이 발달하게 됐다. 연안을 중심으로 한 양식업으로의 전환은 그 결과 양식 산업 비중을 점차 증대시킴으로써 2012년에 전체 수산물 공급의 49.5%인 9,000만 톤을 차지하게 됐다. 그러나 해양 단백질의 수요 증가는 인구 증가보다 약 2배 빠른 양상을 나타내고 있어 오는 2020년에는 공급이 수요보다 2,300톤가량 부족할 것으로 예상된다.

우리나라에서 2012년에 식품으로 소비된 해양생물은 1인당 연간 54.9kg으로, 전 세계 평균소비량보다 3배를 육박한다. 또 2008년보다 약 60%가 증가하는 등 수산물 소비는 급격히 증가하고 있다. 비록 삼면이 바다이지만 늘어 가는 수산물 수요를 확보하기 위해 1980년대부터 양식업이 급격히 증가함으로서 지금은 세계 14위에 해당하는 양식 국가다.

우리나라에서 가장 높은 생산을 보이는 양식 어류인 조피볼락(왼쪽)과 넙치(오른쪽)

과학이 해양 단백질을 생산한다

인간은 해양 생물의 경제 가치를 인식하면서 해양 생물 생산 기술을 급속히 발달시켜 나갔다. 그러나 산업으로 발전하기 위한 가장 중요한 문제중 하나는 경제성 확보다. 즉 일정 투자액 대비 최대 생산성 지속 유지가 관건이 됐고, 산업으로 발전하기 위해 축산업과 같은 과학을 기반으로 한 생산 전문화 및 분업화를 위한 문제를 해결해야 했다. 해양 생물을 길러 내기 위한 첨단 장비와 시스템이 개발되면서 경제적 생산이 지속 가능한 적절한 조건을 조성할 수 있게 됐다.

① 알을 얻고 새끼를 기르는 기술

앞에서 언급했지만 불과 100여 년 전만 해도 양식은 자연에서 큰 물고기 또는 어린 물고기 등을 잡아 일정한 장소에 가둔 다음 먹이를 제공하면서 기르는 축양 형태에 의존했다. 해양 생물 사육을 반복하면서 생태와 생리 및 성장 과정 정보를 축적했으며, 결국 알을 낳고 부화하고 성장하는 해양 생물의 생활 방식을 이해했다. 이렇게 얻은 해양 생물 지식은 인공 부화 시도에 활용됐다. 20세기 초에 들어와서는 어류 가운데 알을 낳으면서 바로 부화가 이뤄져서 알을 일정 기간 관리할 필요가 없는 난태생卵胎生 습성의 볼락류'우럭'이라 불리는 어종와 알을 바위나 해조류에 붙여서 알을 별도로 분리할 수 있는 물고기를 중심으로 인공 부화가 가능하게 됐다.

인공 부화는 자연에서보다 알이 수정될 확률을 최대화하고 적정 시기에 어린 물고기를 생산할 수 있어 양식에서 생산량을 증대시키는 가장 중요한 기술 중 하나다. 바다에서의 부화 기술은 알을 품은 어미의 상태를 확인하고, 가능한 스트레스를 주지 않고 알을 확보해야 하는 점이 중요하다. 연구를 통해 빛, 온도, 염분도 등 살아가는 환경을 조절해서 어미에게 안정감을 주거나 생리 자극으로 산란을 유도해 건강한 알을 확보하는 기술을 터득했다. 다른 방법으로 화학첨가물 또는 호르몬을 조절해 산란을 유도하는 방식도 개발됐다.

이러한 방식은 인위로 산란 시기를 정해서 부화시킬 수 있기 때문에 가장 높은 산란 수에서 사망률을 조절할 수 있다. 그리고 이제는 어류뿐만 아니라 홍합, 전복, 해삼 등 무척추동물과 미역이나 김 등 해조류에 이르기까지 다양한 해양 생물에서도 인공 부화가 가능한 시대가 됐다.

인위 수정 및 부화를 통한 산란 조절 기술 발달

② 건강하게 성장할 수 있는 먹이 개발

우수한 단백질을 생산하기 위한 다음 요건은 부화된 뒤 성장이 왕성한 시기의 새끼에게 양질의 먹이를 공급하는 것이다. 먹이 공급은 단순한 영양 공급 차원이 아니라 생물의 생리, 생태, 영양학, 생화학 등 기초 정보를 필요로 한다. 해양 생물은 육상 생물보다 적은 열량을 소비하기 때문에 영양 효율섭취된 먹이가 몸속에서 단백질이 되는 비율이 높다. 어류의 영양 효율은 1.2-2 정도이며, 육상 생물인 닭이나 오리 같은 조류가 2, 돼지가 4, 소가 8~20에 이르는 것에 비하면 현저히 높다. 이처럼 해양 생물은 단백질 생산 효율이 높기 때문에 적정한 먹이 공급이 이뤄진다면 축산업보다 경제성이 높은 산업이 될 수 있다. 그러나 양질의 먹이를 공급만 한다고 해서 해양 생물이 잘 성장한다고 볼 수가 없다. 성장하면서 선호하는 먹이가 다르고, 특히 크기도 다르기 때문이다.

과거에는 생물의 먹이를 자연에서 채집해 제공하는 방식이었지만 알에서 갓 부화한 어린 물고기에게 자연에서 먹이를 제공하는 것에는 한계가 있다. 어린 물고기는 훨씬 작은 먹이를 택하게 된다. 환경에 민감한 어린 물고기는 먹이 선택에 수동 반응을 보이기 때문에 자연에서 섭취하는 것과 유사한 크기의 먹이생물을 제공함으로서 먹이 활동이 안정되도록 유지해야 한다. 따라서 크기가 작은 플랑크톤을 먹이생물로 사용해야 하며, 물고기 먹이를 위해 별도로 다른 먹이생물을 대량 배양해야 한다.

작은 플랑크톤을 기르기 위해서는 세포벽이 얇아서 소화가 잘되는 식물성 먹이 아이소크라이시스 갈바나*Isochrysis galbana*, 파블로바 루테리*Pavlova lutheri* 등과 같은 먹이를 생산하고 이것을 먹고 자란 물벼룩류로티퍼나 아르테미아brine shrimp 등을 제공한다. 그러나 물고기마다 선호하는 먹이가 조금씩 다를 수 있고 크기도 다양하다. 또 생산하는 생물에 따른 습성을 고려해야 한다. 예를 들어 갑각류를 기르려면 스켈레토네마 코스타툼*Skeletonema costatum* 같은 부유성 규조류를 제공해야 하며, 전복과 같은 포복성 동물의 경우 바닥에 붙어서 자라는 나비쿨라 인세르타*Navicula incerta* 같은 부착성 미세규조류를 공급해야 한다.

이제 어느 정도 크기로 자라면 사료 공급이 가능해진다. 하지만 사료 역시 해양 생물의 생태에 따라 특성이 달라야 한다. 예를 들어 물 위에서 먹이를 먹는 물고기는 사료가 물 위에 떠 있어야 하고, 바닥에 사는 물고기를 위해서는 사료가 풀어지지 않은 상태로 가라앉아야 하기 때문이다. 사료 산업은 현재 자연에서 섭취하는 먹이와 유사한 건강성과 성장 속도를 나타낼 정도로 발전했다.

문제는 앞에서 얘기한 것처럼 양식생물의 크기가 아주 작은 시기에 먹을 수 있는 먹이 개발이다. 이제 과학은 다양한 먹이 개발에 노력하고 있다. 최근 들어 10마이크로미터에 해당하는 식물플랑크톤과 유사한 나노 크기의 먹이도 개발하고 있다. 그러나 인공 부화로 태어난 물고기들도 아직까지는 과학이 만든 먹이보다는 자연에서 생산하는 먹이를 선호하고 있다. 먹이 개발에서는 좀 더 자연과 가까운 느낌을 주는 먹이를 생산하는 것이 가장 중요한 관건이다.

먹이를 대량 생산하는 것이 단백질 생산의 관건이다

③ 최적의 환경 관리

해양 생물 생산에서 또 하나의 중요한 조건은 물고기가 건강하게 성장할 수 있는 양호한 수질 환경 유지다. 지금까지 물고기 양식은 먹이가 풍부하고 수질을 유지할 수 있는 연안을 찾는 방식이었다. 먹이가 풍부하고 수질이 안정된 지역은 생물의 빠른 성장과 높은 생산성을 나타내기 때문에 마치 금광과도 같은 장소가 됐다. 그러나 소득 증가를 위해 먹이를 과하게 제공하고 한정된 장소에서 고밀도로 생물을 기르게 되면서 양식 산업으로 인한 수질 문제가 생기기 시작했다. 연안에 부영양화가 발생하는 원인을 제공했으며, 너무 많이 제공된 먹이가 바닥에 쌓이면서 환경을 악화시켰다. 수질이 악화되면서 적조를 유발하고, 물고기에게 병이 생기고, 심지어 물고기가 떼죽음하는 상황이 발생했다. 이런 상황은 소비자에게 양식된 물고기를 불신하는 상황까지 불러들이게 되면서 오히려 더 자연산을 선호하는 양상으로 바뀌게 했다.

우리나라는 수질 관리 차원에서의 총량 규제를 실시하고 있다. 즉 '환경정책기본법시행령'환경부, 2003을 마련해 1등급에 해당하는 지역에서만 수산 생물을 양식할 수 있도록 관리하고 있다. 그러나 한정된 공간에서 양식 산업을 확대하는 것은 스스로 오염원을 지속 증대시키는 원인이 됐다. 이러한 문제점을 해결하기 위해 저질 객토, 공간 안식년제 등 다양한 방안이 꾸준히 제안되고 있다. 환경 문제는 결국 단백질 상품에도 영향을 미치기 때문에 최근에는 양식 현장에 유기물이나 오염원을 관리하는 장치를 두고 안전한 단백질 생산을 홍보하고 있다. 노르웨이 등 선진 양식 산업 국가에서는 전 자동 시스템을 가동해서 마치 목장에서 축산업을 진행하듯 물고기를 생산하고 있다. 연안이 협소한 우리나라는 자동화 시스템이 아직까지 한계를 보이고 있어 양질의 단백질을 생산하기 위한 환경 관리가 새로운 기술 발전 분야로 떠오르고 있다.

수질 관리를 위해 시스템을 갖춘 양식장

전문화된 첨단 시설을 갖춘 육상 순환식 양식장

④ **생산 장비 발달**

양식 산업은 다양한 생물학 정보를 얻게 되면서 성장에 따른 적정한 영양 공급량과 먹이 제공 방식 등의 개선이 이뤄지고 있다. 그러나 무엇보다 신소재 개발에 의한 경제성 있는 장비 공급이 양식업 발전에 이바지했다. 내구성이 강하고 경제성이 있는 고분자 소재인 유리섬유강화플라스틱FRP, 폴리에틸렌PE, 폴리프로필렌PP 등을 활용한 양식 시설은 경제성을 증대시켰다. 생물의 최적 환경을 유지하기 위한 여과 방식, 가열, 냉각시스템, 용존 산소 공급 장비 등도 개발됐다. 특히 다양한 환경인자를 측정하고 감지하는 센서를 이용해 수질 및 환경을 감시하고 제어하는 복합 시스템이 구축되고 있다. 이렇듯 신소재 활용과 관리시스템 운용 결과 양식 산업은 더욱 고밀도, 대규모가 돼 심지어 어종 성장 단계별로 과잉 생산을 초래하기도 했다. 최근에는 대상 생물을 음향으로 훈련시켜서 자동 급이기로 제공된 먹이를 최대한 섭취시킬 수 있는 시스템을 개발했다. 생태 특성을 고려한 양식장 모양을 제작해서 이제는 바다에 떠 있는 가두리에서 생산하는 노동집약형 산업이 아니라 축산업 수준 이상으로 첨단화된 바다 목장 시스템으로 전환되고 있다.

첨단 기술을 적용한다

해양 생물을 생산하는 과정에서 다양한 기술 발달과 더불어 유전공학 기법 등 집약형 첨단 과학 기술이 활용되고 있다. 유전·육종 기법으로는 이미 축산이나 농업에서 활용되는 염색체 조작, 유전자 이식, 잡종화 기술 등이 적용되고 있다. 물고기 생태를 이용한 성전환 방식 등도 연구되고 있는 가운데 이론상으로는 상당한 수준에 이르고 있다. 현재까지 주로 축산업 등에서 생산 증대를 위해 개발한 기술을 해양 생물 생산에 적용한다면 환경 내성 능력을 지니고, 질병에 강하며, 성장 속도가 빠른 종의 개발이 가능할 것이다.

① **염색체 조작 기법**

염색체 조작은 배란과 수정 과정 사이에 난자의 핵분열 또는 수정란의 난할 분열을 억제하는 방법으로 온도 조절이나 압력 등 물리력을 가하거나 화학 물질을 처리하는 방법으로 3배체나 4배체 등을 유도하는 것으로 잘 알려진 '씨없는 수박' 생산 이 여기에 해당한다. 동물에게도 이러한 방식을 적용한 것으로, 3배체가 된 물고기는 알을 낳을 수 없게 된다. 물고기는 대개 생식소가 발달할 때 전체 에너지의 20~40%를 소모하지만 알을 생산하지 못하면 에너지가 성장에 집중돼 빠르고 크게 자라게 된다. 이미 연어, 무지개송어, 미꾸라지 등에 적용돼 상품성을 인정받고 있다. 프랑스에서는 굴에 3배체를 적용해서 산란기에 발생하는 패독 등 독성을 줄이고 지방이 풍부한 굴을 생산하는 기술을 개발해 생명물질 특허를 취득하기도 했다. 3배체 연구 실적은 4배체로 응용되고 있다. 4배체의 경우 2배체와 교배해 3배체 생산을 손쉽게 할 수 있다. 교배가 어려워서 유도가 힘든 잡종 배수체를 생산할 때 사용하기 위해 4배체를 유도한다. 또 산업용으로 암·수에 따라 생산성 향상에 차이를 보이는 종의 경우 우수한 인자로 발생하는 2배체를 생산해 상품성이 높은 성性만을 골라 생산하는 방식이 적용되고 있다.

② 성전환

고등동물은 태어나면서 유전에 따라 성이 결정된다고 한다. 그러나 물고기는 생리 작용 또는 환경 요인에 의해 후천으로 성이 결정되기도 한다. 모든 물고기가 해당되는 것은 아니지만 놀래기류는 성장하면서 주변 환경에 따라 성이 바뀌기도 한다. 이러한 종 연구 결과를 바탕으로 생물에 있는 생화학 기작을 조절해 인위로 성을 전환시킬 수 있다. 예를 들어 부화를 통한 어린 물고기의 생산성을 높이기 위해서는 암컷을 많이 생산하는 방식을 고려할 수 있다. 또 암컷과 수컷이 영양 상태에 차이를 보이는 경우 우수한 품질의 단백질을 생산하기 위해 이러한 방법을 적용할 수 있다. 현재 틸라피아, 무지개송어, 넙치 등에 이 방법을 적용하고 있다. 종에 따라 차이는 있지만 암컷으로 성전환을 시키는 방법이 수컷으로 전환시키는 것보다 과정이 단순하다.

③ 잡종화

우수하고 건강한 암컷과 수컷만을 골라 교배시킴으로써 특성이 우수한 잡종을 만드는 방식은 가장 오래된 육종 기술이다. 잡종은 서로 다른 두 종의 유전 물질이 섞여서 하나의 개체를 형성하기 때문에 두 종의 중간 형질이 나타나는 것이 보통이지만 다소 예상하지 못한 특이한 후대가 나타나기도 한다. 잡종은 유전 특성이 정상인 물고기보다 어릴 때 생존율이 매우 낮게 나타나지만 이런 기능이 생식 능력을 낮추기 때문에 성장하면서 살이 찌거나 크게 자라기도 한다. 그러나 생식소의 비정상 발달이나 부모와 전혀 다른 생리 물질 생산으로 인한 기형 등을 유발할 수도 있다. 이에 따라 잡종화는 일부 종에 국한돼 수행된다. 최근에는 담수 물고기이면서 성장이 빠른 베스와 미꾸라지 등을 대상으로 연구가 진행되고 있다.

④ **유전자 이식**

유용한 유전자를 직접 이식해서 새로운 형질을 발현시키는 방법인 유전자 이식을 시도하기도 한다. 주로 알과 정자가 몸 밖에서 수정하고 알을 많이 낳고 생활사가 짧은 해양 생물을 대상으로 한다. 유전자 이식을 통한 방법을 사용하는 목적은 질병 및 환경 내성이 강하고 성장이 빠른 물고기를 생산하는 것이다. 1980년대 이후 가장 활발한 연구가 진행되고 있는 분야이지만 아직까지 해양 생물의 생태나 생리 정보를 충분히 확보하지 못했다. 특히 분자생물학 지식이 매우 부족한 상황이어서 아직까지 체계를 갖춘 방법론이 확립되지 못한 실정이다.

⑤ **선발 육종**

선발 육종이란 경제성으로 유용한 변이, 즉 빨리 성장하거나 살이 많이 찐 물고기를 골라내 여러 세대를 반복 교배함으로써 유용한 유전자 변이를 축적해 나가는 방식이다. 이미 육상동물에서 축산업 등에 활용해 가능성을 인정받은 육종 방식이다. 그러나 골라낸 물고기는 세대 교배를 지속해야 하기 때문에 오랜 연구 기간이 요구된다. 이 때문에 생활사가 다소 짧은 해양 생물에 적용하는 것이 쉽다. 선발 육종 연구는 1950년대부터 담수어류를 대상으로 진행됐다. 현재 우리나라에서도 참돔, 조피볼락, 볼락 등을 대상으로 연구가 수행됐다.

단백질 생산에서 해양 생물 활용도 증대

최근까지 양식 산업은 주로 고급 단백질원 생산을 목적으로 수행됐다. 해양 생물이 고부가가치 단백질을 지닌 영양원으로 인정받으면서 대상 수효가 점차 확산됐고, 단백질 생산을 위한 목적으로도 경제성 높은 산업으로 발전하고 있다. 그러나 산업화 과정에서 해양 생물에 대한 인식은 단순히 식량 자원 차원을 넘어 다양한 기능 측면이 부각되기 시작했으며, 더욱 많은 해양 생물을 길러야 하는 이유가 점차 확대되고 있다.

① **심미 기능**

사람은 반드시 식용으로 이용하기 위해서만 생물을 기르는 것이 아니다. 지구에서 함께 살아가려는 마음을 담기도 한다. 우리는 이러한 생물들을 '애완 생물'이라고 부른다. 애완 생물은 당연히 인간 곁에서 살아가는 육상 생물 중심으로 이뤄졌다. 인간과 살아가는 공간은 다르지만 물속에서 아름다움을 지닌 생물도 살고 있다. 우리가 간혹 산호초 영상을 보게 되면 종류가 다양한 현란한 색상의 해양 생물들이 서식한다. 특히 산호초는 지구상에서 살아가는 물고기 종류 가운데 25%에 해당하는 다양한 종이 살고 있다. 이러한 아름다움을 직접 곁에 두고 감상하려는 인간 욕구에 따라 관상 생물 사업이 20세기에 이르러 급격히 발전했다. 특히 어항 및 수질을 관리할 수 있는 장비가 발달하면서 해양 생물을 대상으로 한 관상 산업은 포유류나 조류를 제치고 가장 높은 시장성을 나타냈다. 수족관 세계 시장은 약 500억 달러 규모로 형성돼 있다. 특히 일본을 포함한 동남아시아 시장은 연간 100억 달러 규모를 나타낸다. 우리나라는 아직까지 수족관 산업이 담수 생물에 의존하고 있으며, 해양 생물의 경우 이제 겨우 약 500만 달러 규모의 작은 시장을 형성하고 있다. 그러나 최근 들어 국민소득 증가에 힘입어 대형 수족관이 건설되면서 고부가가치 산업으로 발전할 것으로 전망된다.

또 단백질이 아닌 탄산염이나 피부를 통해 산업 소재를 생산한다. 이러한 산업도 역사가 오래됐다. 이미 옷에 쓰이는 단추 재료를 패류에서 얻기도 했으며, 조개 몸속에서 우연히 생겨난 작은 불순물을 보석으로 사용하면서 진주 생산 산업이 발달했다. 이러한 패류 소재 산업도 양식에 못지않은 시장 규모로 성장했다. 단추 소재의 경우 연간 1억 달러 시장을 형성했다.

수족관 산업은 부가가치를 생산하는 생물 산업으로 발달했다

② 미소 생물 생산

양식 산업에서 해양 생물을 기르기 위한 먹이생물 생산이 얼마나 중요한지는 이미 언급했다. 그러나 이러한 미소생물이 단지 먹이생물로 사용하기 위해 쓰이는 것은 아니다. 미소생물은 크기가 작고 생활사가 짧아서 빠른 시간 안에 대량 생산이 가능하다. 생물의 단순한 구조로 인해 천연물을 추출하기가 쉽다. 최근에는 클로렐라, 스피룰리나와 같이 건강식품으로 인간이 직접 섭취하기도 한다. 오메가-3, EPA, DHA 등 불포화 단백질을 추출해서 피부 보호 등 화장품 생산에도 사용하고 있다. 먹이생물을 통해 물고기를 기르는 데 사용하는 것보다 더 높은 부가가치를 창출해 내고 있는 것이다.

③ **실험생물 생산**

20세기 이후 고도 산업화 단계로 접어들면서 유기물 또는 무기물 등 합성 물질 공급량이 증대되고 다양화됐다. 이러한 물질들의 안전성과 사용량을 조정하기 위해서는 생물학 실험을 통한 검증이 필요하다. 기존에는 설치류 등 육상 생물을 이용하거나 송사리, 물벼룩 등 담수 생물을 대상으로 했다. 그러나 유류 오염과 연안으로 방류되는 폐수 등 검증되지 않은 다양한 물질이 바다로 유입되면서 그 영향에 대한 조사가 시급해지게 됐다. 이에 따라 1963년 미국 국립환경청EPA에서는 환경 및 물질 평가 등에 사용된 해양 생물 종 관리 시스템을 확립하고 150여 종을 대상으로 생활사 및 생태 특성 등을 관리하는 종 보존 및 표준생물 생산 연구를 수행했다. 일본도 보라성게, 단각류, 망둑류 등 일부 해양 종을 대상으로 생물검정bioassay 실험이 가능하도록 종 관리를 통한 표준생물 생산 시스템을 국가 차원에서 운영하고 있다. 그러나 우리나라는 아직까지 해양 배출 물질과 관련된 생리 실험에 담수 생물을 사용하거나 외국에서 수입하는 실정이다.

실험생물 생산은 독성 평가나 활성 물질 개발, 물질 합성 등 첨단 소재 개발에 필요한 중요한 소재 생물로 산업 발전에 폭넓게 사용될 수 있다.

환경 감시를 위한 실험생물 생산(해마)

④ **환경 조절 및 복원을 위한 양식**

산업화에 따른 연안 매립, 오염 부하 증가 등 연안 환경의 급속한 변화로 환경 문제에 대한 인식이 확산되면서 다양한 수질 관리 및 보전 정책이 개발되고 있다.

최근 들어 용존 및 고형 유기물의 다량 축적을 통한 부영양화 문제가 적조, 저층 빈 산소 수괴 형성 등 연안 생태계에 직접 영향을 미치고 있다. 기존의 물리·화학 방식의 수질 관리 방식은 경제성 면에서 한계를 보이면서 생물학 방식의 덤핑dumping 이론이 부각됐다. 특히 해수 중의 질소 및 탄소 조절 기능과 손상된 생태계 복원 차원에서 해중림 조성, 산호초 복원 사업을 위한 생태계 구성 생물을 양식해서 이식하고 있다.

⑤ 유용 물질 공급을 위한 양식

과거에는 주로 식물에서 천연물을 확보해 약이나 건강식품으로 사용했다. 그러나 과학 발달로 동물성 단백질과 효소 물질에서 유용 물질을 추출하고, 특히 천연물을 찾아내 합성하는 기술이 발달했다. 심지어 독에서도 유용한 물질을 찾아내는 세상이 됐다. 해양 생물은 육상 생물에 비해 단순한 구조 물질을 지니면서 인간에게 유용한 생리 활성 물질을 제공한다. 이미 해면, 산호 등으로부터 백혈병, 피부암 억제제미국, 심장 박동 촉진제독일, 종양 성장 억제제, 신경 마비제일본를 비롯해 기타 스테로이드성 물질프랑스, 미국, 일본 등이 추출됐다.

한편 이미 알려진 건강식품 가운데에서도 해양 생물에서 추출한 물질이 상당한 인기를 얻고 있다. 일단 물질 구조가 밝혀지면 인위적으로 화학 합성을 통한 물질 생산에 착수하지만 아직까지는 생물에서 추출하는 경우가 더 경제 효율성이 높게 나타난다. 고부가가치 생물은 남획이 이뤄지면서 주변 생태계에 영향을 미치기도 한다. 이에 따라서 산업 가치가 있는 해양 생물도 양식 연구가 병행돼야 안정된 자원을 공급받을 수 있게 된다. 실제로 이탈리아는 지혈제 생산을 위해 해면을 양식하고 있다. 일본도 축산용 마취제 생산을 위해 열대 지역에 서식하는 해삼을 공급한다.

단백질원보다 경제 가치가 높은 물질을 공급하는 생물을 생산(해면, 해삼류)

해양식량자원개발의 하이테크

노충환 한국해양과학기술원

세계 인구 증가에 따라 식량의 안정적인 확보는 미래 인류의 생존과 직결된 현안으로, 이를 해결하기 위한 노력이 다방면에서 이뤄지고 있다. 가축과 곡물 등 육상 식량 자원은 생산 공간이 점점 부족해짐에 따라 생산량을 대폭 증대하기 어려운 실정이다. 이에 따라 해양에서 식량 자원을 확보하려는 시도가 주목받고 있다. 그러나 해양 역시 식량 자원 감소로 어업 생산량이 이미 한계에 도달한 상태다. 이로써 유일한 대안은 양식 생산이라 할 수 있다. 2011년 현재 해양의 양식 생산량은 약 2,700만 톤으로 매년 약 4% 증가하고 있지만 앞으로 인류 증가에 따른 수요량과 비교하면 많이 부족한 실정이다. 이를 위한 타개책으로 몇 가지 기술이 주목받고 있다. 해양공학 기술을 이용한 외해 가두리 시설물 개발과 해양생명공학 기술을 이용한 육종 품종 개발이 대표 기술이다. 이 글에서는 해양바이오 기술의 한 부분을 차지하는 육종 품종 개발에 관해 현재까지의 기술 개발 현황과 산업 가치에 관해 소개하고자 한다.

미래 인류의 식량 공급원 해양 식량

2050년 세계 인구는 90억 명에 이를 것으로 예측되는 가운데 이를 위해 현재 식량 생산량 대비 약 70%의 증산이 필요하다. 이에 따라 미래 인류 식량 자원의 안정 확보를 위해 육상 동식물을 중심으로 다양한 시도가 이뤄지고 있다. 그러나 도시화·산업화·사막화 등에 따라 육상에는 식량 생산에 필요한 공간이 갈수록 줄어들고 있어 큰 폭의 식량 증산은 어려운 실정이다. 이에 따라서 지구 면적의 70%를 차지하는 해양에서 미래 인류의 식량을 확보하려는 노력이 요구된다.

강·호수 등 담수와 해양에서 생산된 동식물은 전통 고급 단백질원으로, 생활 수준 향상에 따라 선진국 중심으로 소비량이 대폭 증가했다. 우리나라의 소비량 추이를 보면 1960년대에 인구 1명당 소비량은 9.9kg이었지만 2013년에는 19.7kg으로 늘었고, 앞으로도 지속 증가할 것으로 예상된다. 그러나 담수에서의 생산량이 거의 한계에 도달한 실정을 감안해 미래 학자들은 해양 식량 자원 개발 및 확보가 인류 복지를 위한 필수 대안이 될 것으로 예측하고 있다.

유엔식량농업기구FAO 2014년 자료에 따르면 해양에서 생산되는 식량 자원은 연간 약 1억 톤 안팎이다. 이 가운데 어업 생산량은 약 8,000만 톤으로 양식 생산량 약 2,700만 톤에 비해 훨씬 많지만 증가량을 보면 20여 년 동안 변동이 없다는 것을 알 수 있다. 양식 생산량은 점차 증가하고 있는 추세다. 그러나 인구 증가에 부합하기에는 해양 식량 자원의 공급은 여전히 부족하다. 이를 극복하기 위해서는 양식 생

미래 인류의 식량자원 공급원으로서 해양식량자원 확보의 중요성과 종자 확보의 필요성을 다룬 해외와 국내 잡지

산을 위한 공간을 확보하고, 해양 가두리 시설물 개발 등 인프라를 확보하며, 영양과 질병 관리 등 사육 기술 개발 등이 필요하다. 하지만 돌파구 마련을 위해서는 생명공학 기술을 접목한 육종 품종종자 개발이 요구된다. 이에 따라 세계 각국은 자국의 식량 안정 확보와 성장 동력 발굴을 위해 생명공학 기술을 접목한 해양 식량 자원의 개발에 박차를 가하고 있다.

육상의 경우 이미 국가 간 육종 품종의 '종자전쟁'이 치열하게 전개되고 있으며, 기술 선진국에 의한 후진국의 기술 식민지화가 심화되고 있다. 다국적 초거대 종자 기업 몬산토와 2016년에 중국화공기업에 인수된 신젠타 등은 기술력과 자금력을 바탕으로 전 세계 종자 시장의 80%를 지배하고 있다. 해양 식량 자원도 마찬가지로 아쿠아바운티 같은 다국적 기업이 출현해 자체 개발한 육종 종자의 세계 점령을 가속하고 있다.

해양 식량 자원의 육종 기법

해양 생물의 육종 품종 개발은 소·돼지 같은 포유류에 비해 역사가 짧고 유전학·생리학 등 학문의 정보가 부족하다는 것이 단점이다. 하지만 대체로 어류는 세대 간격이 2~3년으로 짧고 한 번 번식으로 생산되는 수가 수백에서 수백만으로 많다는 점, 수온 등 환경 조절을 통해 번식을 인위로 조절할 수 있다는 점으로 인해 육종 품종 생산에 유리하다.

인류가 어류를 키운 기록은 약 5,000년 전으로 거슬러 올라간다. 약 2,000년 전에 로마에서 어류를 겨우 번식시키기 시작한 것에 비해 중국에서는 잉어 육종이 시작된 것으로 알려져 있다. 육종 기법에 대한 학문 접근은 멘델 법칙이 널리 알려진 1900년대 초부터 이뤄졌다. 그러나 어류에 대해서는 1970년대에 들어서야 비로소 노르웨이에서 대서양연어를 대상으로 육종 기법의 하나인 선발 육종에 대한 과학 접근이 이뤄졌다. 이후 세포생물학과 분자생물학 지식을 기반으로 다양한 육종 기법과 품종 개발이 활성화돼 현재는 선발 육종selective breeding 외에 성전환sex reversal, 잡종화hybridization, 배수체ploidy, 형질 전환gene transfer 기법을 통해 다양한 육종 품종이 상용화되거나 상용화 직전 단계에 있다.

① **선발 육종**selective breeding

선발 육종이란 어류의 고유한 유전자 변이 가운데 인간에게 유용한 변이를 지닌 개체만을 여러 세대를 거쳐 교배해서 유용한 유전자 변이를 축적해 나가는 육종 기법이다. 어류 집단 내에서 특별히 유용 형질성장, 영양 이용성, 체색 및 체형 등이 우수한 개체를 선발한 후 교배시켜 후손을 생산함으로써 어류 집단 전체의 능력을 개량하는 기법으로, 유전 지식이 생겨나기 훨씬 이전부터 시도됐다. 약 2,000년 전 중국에서는 체색이 화려한 비단잉어 개체를 교배시키면 부모와 비슷한 체색을 띤 자손이 많이 생산된다는 것을 알게 됐다. 이것이 선발 육종의 시작이라고 볼 수 있다.

선발 육종의 대표 사례로는 대서양연어Atlantic salmon, *Salmo salar*를 들 수 있다. 대서양연어는 전 세계에서 약 150만 톤이 생산되고 있는 매우 중요한 양식 대상 어종이다. 노르웨이에서는 1970년대 중반부터 정부 주도로 선발 육종 프로그램이 본격적으로 시작됐다. 그 결과 1967년에는 18개월 걸리던 상품어3.4kg 기준 생산 소요 기간이 1990년대에 10~12개월로 단축된 것으로 알려져 있다. 참돔도 일본에서 1960년대 중반부터 선발 육종을 시작해 현재 성장 속도가 과거에 비해 약 1.5배 증가, 1972년 1,000일이던 상품어1kg 기준 생산 소요 기간이 1994년에는 740일로 단축된 것으로 보고됐다. 그러나 대서양연어와 참돔의 예에서는 선발 육종 외에 가축화, 영양가 높은 사료 개발, 질병 예방 및 치료 기술 발달, 사육 시설 발달 등이 생산 기간 단축에 기여한 것으로 간주할 수 있다. 참돔에서는 동일한 사육 조건에서 성장을 비교한 실험 결과 선발 육종에 의한 성장 증가 효과는 단지 50%인 것으로 주장한 보고도 있다.

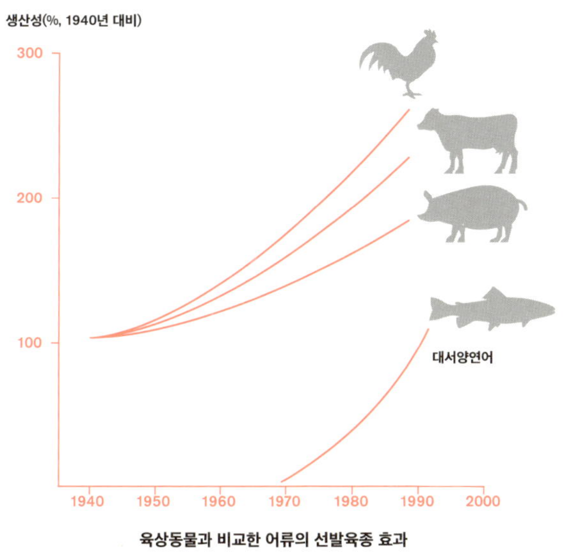

육상동물과 비교한 어류의 선발육종 효과

최근에는 전통 선발 육종 기술에 분자생물학 지식을 접목해 유전자 또는 유전자표지에 의한 선발GAS : Gene Assisted Selection, MAS : Marker Assisted Selection 기술 개발이 시도되고 있다. 지금까지는 통계학 방식에 의해 생물 개체의 표현형phenotype 기준으로 뛰어난 형질을 보이는 개체 또는 가계를 선발해 후손을 생산했다. 그러나 표현형은 유전 요인과 더불어 환경 요인에 의해서도 영향을 받기 때문에 선발 효과를 보기 위해서는 GAS, MAS와 같은 생명공학 기술을 이용해 유전형genotype이 우수한 개체만을 선발하여 육종 효과를 극대화 할 수 있다.

선발 육종은 여러 세대를 거쳐야 비로소 선발 효과가 나타나서 육종 품종으로 자리 잡게 되지만 세대를 거듭하면서 선발 효과가 누적돼 나타날 수도 있기 때문에 장기 선발 프로그램 운영이 필요하다. 그리고 '귤이 회하를 건너면 탱자가 된다'라고 중국 고서에 언급돼 있듯이 특정 환경에서 뛰어난 선발 육종 품종이라 하더라도 환경이 바뀌게 되면 선발 효과가 급감할 수 있기 때문에 연구 주체는 반드시 다수의 산업체와 긴밀한 정보 교류 체계를 구성해야만 한다.

② **성전환**sex reversal

어류의 성sex은 인간 등 대부분의 고등동물과 마찬가지로 정자와 난자가 수정할 때 성 염색체 또는 성 유전자의 조합에 의해 결정된다. 이를 유전형 성genetic sex이라고 한다. 성을 결정하는 유전인자의 조절 아래 부화 후 특정 시기부터 생화학 메커니즘을 통해 형성되는 성을 생리형 성physiological sex이라고 한다. 유전형 성이 암컷예, XX인 개체는 생리상으로도 암컷이 된다. 그러나 어류는 성 결정 메커니즘이 완전치 않아서 유전형 성과 다른 생리형 성을 나타나기도 한다. 이러한 특성을 이용해 산업용으로 유용한 단성 집단mono-sex population만을 생산하는 방법을 인위 성전환artificial sex reversal이라 한다.

많은 어종의 경우 수정란이 부화한 후 일정 기간에 17알파 메틸테스토스테론17α-methyltestosterone과 같은 남성호르몬androgen을 일정 기간 먹이에 섞어 주거나 사육수에 희석시키면 유전성 암컷이 생리성 수컷pseudo-male, Δ♂으로 성전환되는 현상이 나타난다. 여성호르몬estrogen 역시 같은 방법으로 공급하면 유전성 수컷으로부터 생리성 암컷pseudo-female, Δ♀을 생산할 수 있다. 이와 같이 호르몬을 이용한 인위의 성전환을 화학 처리에 의한 성전환chemical sex reversal이라 한다. 호르몬을 처리하는 화학 처리 방법 외에 수온 조절로도 성전환이 가능하다.

넙치olive flounder, *Olivaceous paralichthys*의 경우 수정란이 부화한 후 일정 기간 사육하는 수온을 23℃ 이상으로 높이게 되면 유전성 암컷이 생리성 수컷으로 성전환되는 현상이 나타난다. 이를 수온 처리에 의한 성전환TSD, temperature dependent sex reversal이라 한다. TSD를 이용한 단성집단 생산 기법은 어종에 따라 고온 또는 저온 처리 방법을 택해야 한다. 이때 수온 처리에 의해 생산이 가능한 성도 어종에 따라 수컷 또는 암컷에 한정되는 경향이 있다. 이상과 같은 화학 처리에 의한 성전환과 수온 처리에 의한 성전환은 대체로 단순한 방법이지만 산업에의 적용을 위한 성전환 처리 때 번거로움이 있고 성전환 성공률이 매번 높지 않기 때문에 유전성 성전환genetic sex reversal 기법이 몇몇 어종에서 개발됐다.

유전성 성전환은 어류의 성 결정 메커니즘sex determination mechanism을 이용한 것으로, 단순히 교배만으로 원하는 단성 집단을 생산할 수 있는 기법이다. 아열대와 열대 지역에 서식하는 주요한 식량 어류 자원인 나일틸라피아Nile tilapia, *Oreochromis niloticus*를 대상으로 우리나라에서 개발한 유전성 성전환 방법은 아래와 같다.

나일틸라피아의 성 결정 메커니즘은 인간과 유사한 암컷 동형 접합성

female homogamety, XY ♂-XX ♀으로, 수컷이 암컷에 비해 성장이 월등히 빨라서 수컷 단성 집단all male population의 생산이 산업용으로 매우 유리하다. 유전자형이 XY인 자손만을 생산하는 방식이다. 이를 위해 염색체공학 기법, 분자생물학 기법과 생리성 성전환 기법을 이용, 자연에서는 매우 희귀한 YY 수컷을 인위로 대량 생산해서 보통 암컷인 XX 암컷과 교배시키면 생산되는 자손은 모두 유전자형이 XY인 수컷이 된다. 어류의 유전형 성 결정 메커니즘이 완전치 않아서 암컷 자손 개체가 소수 관찰되기는 하지만 100%에 매우 근접한 XY 수컷 자손 집단을 만들 수 있다. 이러한 방법은 틸라피아 외에 무지개송어rainbow trout, *Oncorhynchus mykiss* 산업에도 활발히 적용하고 있고, 보통 수정란에 비해 2배 이상 고가에 판매되고 있다.

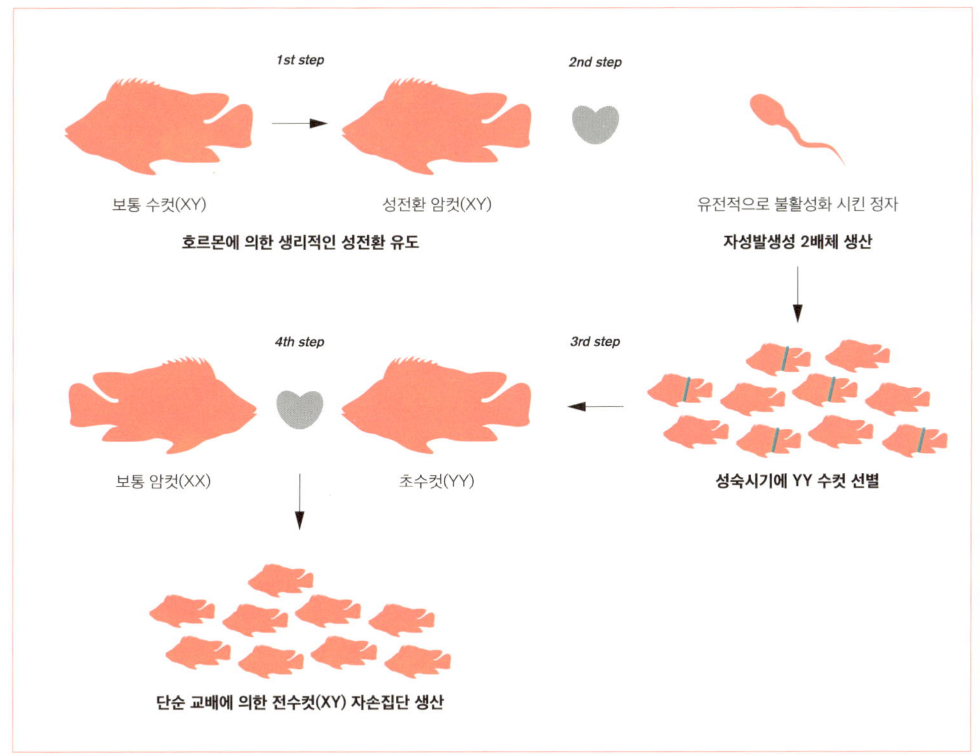

나일틸라피아 전수컷 자손집단 생산 방법

③ 배수체ploidy

암컷 어미의 생식소에서 성숙한 알eggs은 배란을 거친 후 몸 밖으로 산란해 수컷 어미의 정자와 만나 수정란fertilized eggs이 된다. 수정 직후 수정란에서는 극체n가 방출돼 보통의 2배체로 난할이 시작된다. 이러한 일련의 과정에서 2배체인 염색체 쌍set을 인위로 조작하면 산업용으로 유용한 웅성발생성 2배체androgenetic diploidy 또는 자성발생성 2배체gynogenetic diploidy, 3배체triploidy, 4배체tetraploidy 등 자손을 생산할 수 있다. 수정 직후 수정란으로부터 극체 방출을 억제할 경우 정자n, 난자n, 극체

n가 합쳐져서n+n+n 3배체3n 개체가 생산된다. 이때 극체 방출을 억제시켜서 3배체를 유도한 후 첫 번째 체세포 분열을 억제하면 6배체hexaploidy 개체가 생산된다.

수정 직후에 1개인 세포2n가 2개의 세포로 분리되는 첫 번째 체세포 분열을 억제시키면 4n인 한 개의 세포가 만들어져서 이로부터 난할이 시작되며, 궁극으로 4배체4n 개체가 생산된다.

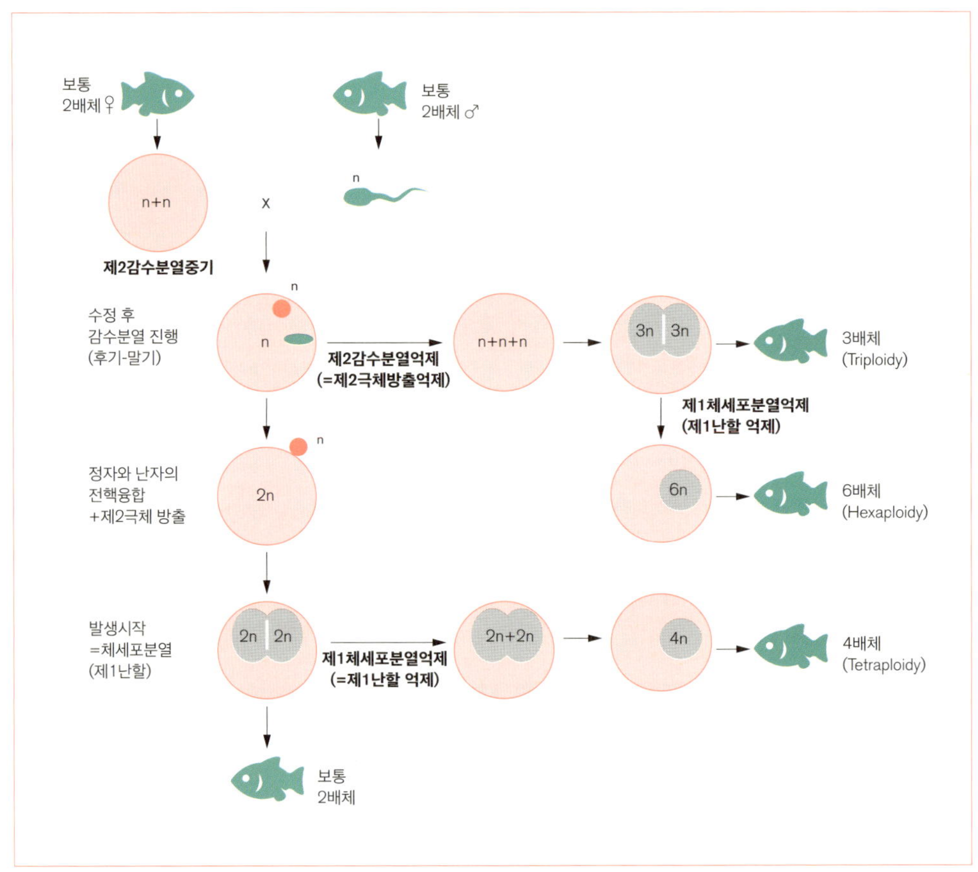

어류의 배수체(3, 4, 6배체) 생산 방법

3배체와 4배체 같은 다배수체polyploidy는 양식 산업에서 매우 중요한 가치가 있다. 3배체는 감수분열 때 다양한 세포 유전성 현상으로 불임인 특성이 있어 가식 부위가 증가하거나 성장이 향상되는 경향이 있다. 우리나라를 포함해 전 세계에서 중요한 식량 어류 자원인 무지개송어는 산란기가 되면 과격한 산란 행동으로 약 20%가 죽고 체형과 체색이 나빠지는 등 상품성이 저하돼 산업 측면에서 막대한 피해를 일으킨다. 반면에 3배체는 성숙되지 않아서 공격성이 나타나지 않기 때문에 대량 폐사나 체형 및 체색 저하를 방지하게 되며, 생식소 부위가 작아서 가식 부위가 증가함과 동시에 성숙에 소비되는 에너지가 성장에 이용됨으로써 성장이 향상된다.

인위적으로 조작한 3배체 넙치(왼쪽)와 무지개송어(오른쪽). 3배체의 염색체 수는 2배체에 비해 1.5배 많다

4배체는 3배체 대량 생산을 위해 큰 가치가 있다. 3배체 생산을 위한 극체 방출 억제를 위해서는 수정란에 고온·고압 처리를 하기 때문에 발생 과정에서 많이 죽는다. 이에 따라서 4배체와 보통의 2배체를 단순히 교배시키면 3배체를 대량 생산할 수 있다. 4배체는 2배체인 알과 정자를 생산하게 되며, 각각을 보통의 정자^{n} 또는 알^{n}과 수정시키게 되면 산술상 3배체인 자손이 생산된다. 하지만 4배체는 수정 가능한 알 생산 능력이 현저히 저하되기 때문에 3배체 자손 생산을 위해 대부분 4배체에서 생산된 정자를 사용한다. 해양 동물에서 4배체는 굴의 경우 완전히 산업화돼 있다. 4배체와 2배체 간 교배에 의해 생산된 3배체 굴은 성장이 향상되고 육질과 맛이 향상되며 생식소가 커지지 않아 먹을 수 있는 부위가 증가하게 된다.

자성발생성/웅성발생성 2배체는 암컷 또는 수컷의 유전 물질만으로 자손을 생산하는 것이다. 유전형 성 결정 메커니즘 조사, 유전물질이 동일한 클론 집단 생산, 어미에게 있는 유용한 형질만을 자손에게 전달시키고자 하는 목적으로 사용되는 기법이다.

자성발생성 2배체는 수정란 생산에서 정자의 유전 인자를 완전히 제거하고 암컷의 유전 인자만으로 만들어진 2배체다. 생산 방법은 두 가지가 있다. 이 가운데 수정란의 제2감수 분열의 중기 분열을 정지시키는 방법이 있다. 성 결정 메커니즘이 암컷동형접합성XX female이고, 암컷이 산업 가치가 높은 어종을 대상으로 적용할 경우 유전상으로 암컷 자손 집단만을 생산할 수 있다. 또 다른 방법인 수정란의 제1난할을 억제시켜 생산하는 방법은 반수체^{n}로부터 체세포 분열 과정에서 2배체를 유도해 모든 염색체의 유전자 좌위에서 동협 접합자homogamety를 이루게 하면 궁극으로 유전상으로 완벽한 클론 자손 집단의 생산이 가능하다.

웅성발생성 2배체는 자성발생성 2배체와 반대로 수컷의 유전 인자만으로 만들어진 2배체이다. 이 기법을 암컷동형접합성 어종에 적용하면 유전상으로 XX인 암컷 자손과 YY인 수컷 자손의 생산이 가능하다. 이 YY 수컷은 보통의 암컷과 교배시킬 경우 유전상으로 수컷XY 자손 집단만 생산할 수 있기 때문에 앞에서 언급한 틸라피아의 전 수컷 자손 집단 생산에 적용할 수 있는 기법이다.

④ 종내 및 종간 잡종intra-/ inter-specific hybridization

잡종은 잡종강세heterosis 또는 hybrid vigor 효과를 기대하는 육종 기법이다. 같은 종의 계통 간 교배 또는 서로 다른 종간 교배를 통해 생산되는 교잡종은 순종에 비해 체질이 강건하고 상업용 형질이 우수한 경향이 있다. 이를 잡종강세라고 한다. 육상 생물에서는 돼지·소·닭과 같은 동물에 종내 계통 간 잡종기법, 과일과 채소 등 식물에서는 종간 잡종이 흔히 사용된다. 해양 동물의 경우 종내 잡종 및 종간 잡종 모두 적용이 가능하기 때문에 유용한 육종 기법으로 활용되고 있으며, 잡종강세를 통해 성장과 생존 능력이 향상되거나 질병에 강한 자손을 생산할 수 있다.

종내 잡종은 최근까지 담수 어류에 활발히 적용된 육종 기법이다. 강, 호수 등과 같이 지리상 격리된 곳에 서식함에 따라 계통 간 유전성 거리가 멀어서 육종 효과가 크게 나타나기 때문에 유용한 육종 방법이 된다. 해양 어류에서는 지중해와 대서양 등에 서식하는 도미과 어류gilthead seabream, *Sparus aurata*의 경우 종내 계통 간 잡종 효과가 적은 것으로 알려져 있다. 이는 서식하는 지역의 차이는 있지만 수온과 같은 물리 환경의 차이가 크지 않기 때문이다.

반면에 참돔의 경우 수온이 높은 환경에 적응한 일본 계통은 우리나라 환경에서 사육할 경우 성장이 둔화되고 생존율이 낮아지는 경향을 보이지만 우리나라 계통과 교배해 생산된 자손은 두 순종 계통에 비해 성장이 빨라지고 낮은 수온에 견디는 내성이 강해지는 잡종강세 효과를 보인다. 종내 계통 간 잡종에서는 목적하는 형질에 따라 모계 효과maternal effects와 부계 효과paternal effects가 다르게 나타난다. 우리나라에서 개발한 참돔 육종 품종의 경우 성장 향상은 모계 효과, 저수온 내성은 부계 효과인 것으로 나타났다. 참굴Pacific oyster, *Crassostrea gigas* 역시 종내 계통 간 잡종 효과가 큰 것으로 알려져 있으며, 이미 미국에서는 전 세계 참굴 계통을 수집해 육종 품종 생산에 사용하고 있다.

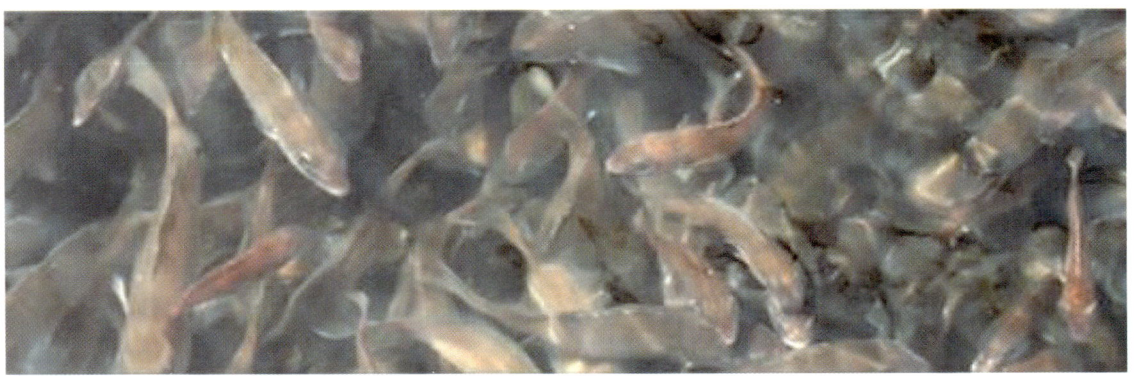

우리나라와 일본 계통 간 잡종을 통해 생산한 참돔 품종

종간 잡종은 식물과 달리 동물에서는 흔치 않지만 어류와 패류에서는 유도에 성공한 사례가 많다. 모든 잡종이 항상 유용한 것은 아니지만 몇몇 잡종은 상업용으로 큰 성공을 거두기도 했다. 종간 잡종은 종내 잡종과 마찬가지로 대개 성장과 생존 능력 향상, 질병 저항성 강화 효과가 있다. 어류 가운데 대표 사례는 농어목인 화이트배스white bass, *Morone chrysops* 암컷과 줄무늬배스striped bass, *M. saxatilis* 수컷을 교배해 생산한 선샤인배스sunshine bass로, 두 순종에 비해 성장이 빠르다. 이뿐만 아니라 염분과 수온 변화에 적응력이 뛰어나고, 질병과 스트레스에 강하며, 사육 환경에 매우 잘 적응하는 경향을 보인다. 이에 따라 미국, 이스라엘, 대만 등에서 매우 중요한 양식 어종이 됐다.

해양 어류에서는 바리과 어류가 가장 대표적 사례다. 바리과 어류는 상업용 양식 생산에서 수정 후 초기 90여 일 동안 생존율이 아주 낮은 문제점이 있어 이를 극복하기 위해 잡종 기법이 적용된다. 대만과 말레이시아 등 동남아시아 지역에서 대형 아열대 어종인 대왕바리giant grouper, *Epinephelus lanceolatus* 수컷과 갈색점바리tiger grouper, *E. fuscoguttatus* 암컷을 교배시켜 생산한 잡종은 초기 생존율이 높고 사육 환경에서 여러 스트레스에 강해 산업용으로 매우 유용하게 활용된다. 바리과의 다른 어종 역시 잡종이 대체로 수월하게 이뤄지고 있다. 최근 필자의 결과에 따르면 대왕바리 정자를 우리나라의 자바리다금바리, longtooth grouper, *E. moara*와 붉바리red spotted grouper, *E. akaara*의 난에 각각 수정시킨 결과 잡종 교배가 잘 이뤄진다. 이들의 잡종 자손은 성장이 매우 빠르고, 수온 및 수질 내성이 강하며, 동시에 체형과 맛이 뛰어나 바리과 어류 양식 산업의 종주국인 대만에 수출해 상용화 육종 품종으로 자리 잡았다.

잡종 교배 수정란의 발생 과정(자바리♀ × 대왕바리♂)

2세포기 (2cells)	상실기 (morula)	낭배기 (gastrula)	안포 출현 (optic vesicle appearance)	부화 자어 (just hatched larvae)

⑤ 형질 전환transgenesis

형질 전환유전자 이식은 상업용으로 유용한 유전자를 생물체에 직접 이식해 원래 그 생물체에게 있던 유용한 형질을 증폭시키거나 그 생물체에 없는 형질을 발현시키는 방법이다. 형질 전환은 1984년 무지개송어를 대상으로 처음 보고된 이래 현재까지 담수와 해양 어류를 대상으로 세계 여러 나라에서 활발하게 시도되고 있다. 식량 어류에는 성장 호르몬 유전자, 관상 어류에는 형광 유전자가 주로 이용된다.

형질 전환을 적용할 때 어류에 있는 장점은 체외 수정을 들 수 있다. 체외 수정으로 체내 주입을 위한 조작이 필요하지 않고, 많은 수의 배우자난, 정자를 동시에 확보할 수 있다. 어류는 한 세대의 길이가 짧아서 단기간에 여러 세대에 걸쳐 실험이 가능하며, 염색체를 조작해 동형 접합성 클론 집단 확립이 용이하다. 또 많은 수의 어류는 알이 투명해 수정란에 유전자를 이식하는 것이 쉽다는 것도 큰 장점이다.

형질 전환은 우선 유전자의 선택 및 확보, 유전자의 수정란 내 이식, 이식된 유전자의 염색체 상 삽입 확인, 이식된 유전자의 다음 세대로의 전달 여부 분석, 이식된 유전자의 발현 확인 등 5단계를 거친다.

국내에서는 1990년대 후반에 성장 호르몬 유전자를 이용해 일반 어류에 비해 성장이 수십 배 빠른 초고속 성장 미꾸라지와 평균 성장이 25~30배 빠른 초고속 성장 잉어 생산 기술을 이미 확보했다. 이러한 형질 전환을 통한 초고속 성장 어류 개발의 목적은 고래 만한 물고기를 만드는 것이 아니라 상품어 크기까지 생산 기간을 대폭 단축시켜서 생산성을 증대시키는 것이다.

우리나라에서는 식량 어류 외에 관상 어류의 형질 전환 연구가 시도됐다. 바다송사리*Oryzias dancena*의 세포 골격과 근육의 수축·이완에 각각 관여하는 유전자 프로모터 영역을 산호의 형광단백질 유전자와 융합시켜 형광 송사리를 탄생시켰다. 형광 송사리는 관상용뿐만 아니라 해양 환경 감시용으로도 개발됐다. 바다가 오염될수록 더욱 빨갛게 변하는 특성이 있는 형광 송사리를 대량 생산해 오염 해역의 해수에 노출시키면 해양 환경이 생식 교란 물질인 환경호르몬 등에 얼마나 오염됐는지를 육안으로 쉽게 판단할 수 있다. 물론 이 형질 전환 형광 송사리는 불임 처리돼 생태계에서 번식으로 인한 환경 위해성 위험이 원천 차단돼 있다.

외국의 대표 사례는 초고속 성장 대서양연어genetic modified Atlantic salmon, GM salmon를 들 수 있다. 보통 연어에 비해 성장이 최대 34배 빠른 이 연어는 캐나다 연구진에 의해 처음 개발된 이후 다국적 기업 아쿠아바운티가 1995년 미국 식품의약국FDA에 식용 이용을 위한 승인을 신청했다. FDA는 17년 동안 기초 데이터 검토, 위해성 평가, 안전 사육 시설 점검 등을 실시한 결과 유전자변형 연어GM salmon를 이용해도 안전하다는 평가 초안과 요약 해명서FONSI, finding of no significant impact를 2012년 12월 26일 발표하고 공공 의견 수렴을 시작했다. 환경평가 결과와 요약 해명서 발표에 대한 이해 당사자들의 의견 제출 기간2012년 12월 26일~2013년 2월 25일에 3만여 건의 접수라는 높은 관심이 있자 접수 기간을 60일 연장하기도 했다. 공공 의견 수렴 이후 승인이 이뤄지면 유전자변형 연어는 식용으로 승인 받은 최초의 유전자변형 동물이 될 것으로 예상된다. 그러나 유전자변형 연어의 승인에 반대하는 여론이 만만치 않을 뿐만 아니라 미국 연방 정부의 승인을 염두에 두고 알래스카와 캘리포니아 주 등에서는 유전자변형생물체GMO, genetic modified organism 금지 조치 또는 의무표시제 도입을 위해 노력하고 있다. 식용으로 유전자변형 연어의 상업 생산이 승인된다면 유전자변형 동물에 대한 연구 개발 및 상업화는 크게 활성화될 것으로 전망된다.

형질 전환 기법은 식량 자원 확보와 관상 생물 생산뿐만 아니라 어류가 지닌 고유한 환경 오염물질 분해 유전자 및 독성 해독 유전자를 이용해 수질 오염 정도 평가와 감시 생물 생산에 활용할 수 있다. 그리고 인간의 질병 예방 및 치료와 관련된 유전자를 대량 이식한 기능성 어류를 생산할 수 있고, 인간 질병 유전자를 발현하는 어류를 생산해 의약학 분야의 실험 생물로도 이용할 수 있다.

우리나라에서 개발한 초고속 성장 미꾸라지와 잉어
(사진의 보통 어류와 비교 시 성장이 평균 20~30배 빠름)

우리나라에서 개발한 산호의 형광 단백질 유전자를 이식한 형광 바다송사리

해양 환경생명공학

권개경 한국해양과학기술원

해양환경은 연안환경의 부영양화, 선박으로부터의 유류유출 사고, 적조, 생물오손 등의 다양한 오염 문제에 시달리고 있다. 이와 같이 다양한 해양환경에서 다양하게 발생되는 오염문제 해결에 생명공학 기술을 응용하는 해양환경생명공학기술이 개발되고 있다. 이 글에서는 해양에서 일어나는 환경 재해와 관련된 내용 가운데 특히 큰 피해를 유발하는 적조현상 제어기술, 생물 오손 및 부식 방지 기술, 생물 정화 기술을 중심으로 해양환경생명 공학을 소개한다.

산업혁명 이후 급속한 인구 증가와 함께 대량 생산·소비 사회가 되면서 지구 환경은 급격하게 오염됐다. 인구가 도시에 집중되고 축산 폐수, 농약 및 비료 사용, 교통량 증가 등으로 육상의 증가하면서 많은 오염 물질이 강우, 하천, 해양투기런던협약에 따라 2016년부터 전면금지됨 등을 통해 오염 물질이 해양으로 유입되기 때문에 해양 환경은 오염 물질의 최종 집합지라 할 수 있다. 또 국가 간 물동량의 많은 부분이 해상 운송을 통해 이뤄지고 있는데 이를 통해서도 해양은 다양한 오염원에 노출돼 있다. 여기서 오염은 '생물학상으로 지속성을 지니면서 환경에 비정상으로 영향을 미치는 것'으로 정의 내릴 수 있다. 즉 특정 물질의 존재 자체가 아니라 그 물질이 생물체에 급성 또는 만성으로 영향을 미칠 때 오염 문제는 발생한다.

해양 환경오염은 직접 오염과 간접 오염으로 구분할 수 있다. 어떤 부분은 그 자체로는 오염이 아니지만 인간 활동과 연결돼 환경 문제가 되기도 한다. 직접 오염의 대표 사례가 연안 환경의 부영양화 현상이다. 연안 환경의 넓은 범위에 걸쳐 일어나는 부영양화는 육상에서 유입된 질소, 인산염 등 무기영양염과 유기물로 인해 발생한다. 양식장이 밀집된 곳에서는 투입되는 과량의 사료가 퇴적된 후 분해되면서 오염문제가 발생된다. 운항 중인 선박에서 유출되는 기름이나 대형 선박 사고로 인한 유류 유출 사고는 해양 환경에 막대한 피해를 준다. 이와는 달리 적조 현상은 정상적인 생물활동의 일부지만 연안 환경의 부영양화가 영향을 미친다는 점에서 오염 결과의 간접 표현이라 할 수 있다. 생물 오손Biofouling의 경우 그 자체는 생물의 정상 활동이지만 선박, 구조물 등과 관련돼 제거 대상이 되면 오염 문제가 발생한다. 이와 같이 여러 해양 환경에서 다양하게 발생되는 오염 문제를 해결하기 위한 한 방법으로 해양환경생명공학 기술이 개발되고 있다.

해양환경생명공학은 '환경오염 문제 해결에 해양생명공학 기술을 응용하는 것'이라고 정의할 수 있다. 또 '생태 연구 성과를 오염 문제 해결에 응용하는 것'이라는 생태공학의 정의와 연결되면 해양환경생명공학은 해양생태공학으로 정의를 내릴 수도 있다.

해양환경생명공학의 주된 내용으로는 유류 유출 사고와 양식장 환경 문제 등과 같이 오염 문제를 해결하는 것, 생물 오손이나 생물 부식biocorrosion 및 적조 등 문제를 일으키는 생명현상을 제어하는 것, 환경 위해성 검정, 해양 생물체를 이용한 청정에너지 생산 등이 있다.

이 글에서는 해양에서 일어나는 환경 재해와 관련된 내용 가운데 특히 큰 피해를 유발하는 적조, 생물 오손 및 부식, 생물 정화 기술을 중심으로 해양환경생명공학을 소개한다.

적조 제어

인간의 활동 결과로 인해 발생 빈도와 범위가 확장되는 면이 있지만 적조red tide는 자연이 불러오는 재앙 성격이 강하다. 이 장에서는 적조의 정의와 발생 원인, 제어 방법으로 적조 살상 미생물과 적조 발생 모니터링에 대해 설명하고자 한다.

① 적조의 정의 및 발생 현황

적조는 학술 용어로 '유해 식물플랑크톤 대량 발생'이라고 표현된다. 통상으로는 '해양 생태계에서 식물플랑크톤, 원생생물, 미생물 등이 다량으로 일시에 증식해서 생물·물리적으로 집적돼 해수의 색을 변화시키고 다른 생물에게 해를 끼치는 현상'으로 정의된다. 적조는 1970년대까지 규모도 작았으며, 주로 돌말류와 무독성 와편모조류에 의해 발생됐다. 1980년대 이후부터는 와편모조류에 의한 적조 발생 빈도가 증가하고 있다. 1990년대 이후에는 적조 발생 규모가 커졌다. 2000년대 이후에는 와편모조류의 일종인 코클로디니움 폴리크리코이데스*Cochlodinium polykrikoides*에 의한 적조 피해가 심각한 사회 문제로 되고 있다.

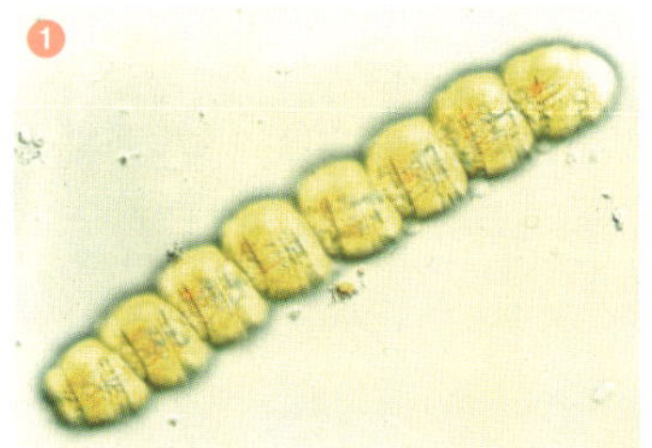

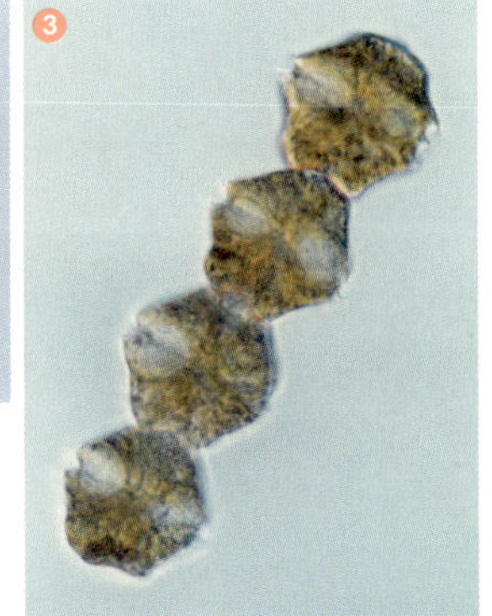

적조를 일으키는 와편모조류의 일종인 ①코클로디니움(Cochlodinium)과 ②짐노디니움(Gymnodinium), ③알렉산드리움(Alexandrium). 각각의 단세포가 세포분열 이후 분리되지 않고 연결되어 있으나 적절한 환경에서 단세포로 분리되어 생활하기도 한다

② 적조 발생의 원인

해양 환경에서는 질소가 일차 생산의 제한 요인으로 작용한다. 미량 원소의 하나인 철은 질산염 환원, 질소 고정 등에 필요한 효소 활성의 필수 요소로서 일차 생산력을 자극하는 요인으로 알려지고 있다. 질소원과 무기영양염은 주로 육상으로부터 연안으로 유입돼 부영양화와 적조 발생의 원인을 제공한다.

한편 대기 오염으로 인한 지구 온난화와 엘니뇨에 따른 이상 기온은 대기 및 수층의 온도를 상승시킴으로써 식물플랑크톤 성장에 적절한 조건을 제공한 것으로 보인다. 요약하면 식물플랑크톤 대량 발생은 담수 또는 강우와 함께 해양으로 유기물 및 질소를 포함한 무기영양염, 미량 원소철 등 등이 유입된 지역에서 물리·화학·생물학 조건의 상호 관계에 의존해 발생하는 것으로 추정된다.

③ 적조 제어 대책

적조로 인해 매년 수백억 원의 경제 손실이 발생함에 따라 국립수산과학원을 중심으로 적조 예보와 방재에 많은 인력과 예산이 투입되고 있다. 적조가 발생하면 황토 살포, 응집제 같은 화학약품 사용, 기계장치를 이용한 적조 생물 제거 등 방법을 이용한다. 그러나 효과는 미미하다. 이에 따라서 적조는 발생에 앞서 사전 차단하는 것이 최선의 대책이다. 실시간 예보 망을 구축해서 피해에 대비하는 것과 함께 육상으로부터의 오염 물질 유입 차단이 우선 해결책일 것이다. 장기로는 적조 생물의 생리 특성 연구를 통해 적조 발생 기작을 이해함으로써 적조 발생을 제어할 수 있는 가능성을 찾을 수 있다. 이와 같은 관점에서 적조 원인 생물의 유전체 해독, 배양 특성 평가 등 연구가 활발하게 진행되고 있다. 일부 적조 생물의 경우 특정 불포화 지방산이 사멸 신호로 작용한다는 보고도 있다. 이에 따라서 적조 생물의 대량 증식 과정에도 어떤 신호 물질이 작용할 가능성이 있다. 생체 신호 조절 또는 방해가 가능한 물질은 적조 제어와 관련해 매우 중요한 연구 내용이 될 것이다.

적조가 발생한 통영만에 황토를 뿌리는 모습

생물-생물 상호 관계 연구 역시 적조 생물의 제어와 관련해 중요하다. 생태계에서 식물플랑크톤과 미생물은 기생, 경쟁, 공생, 공존 등 다양한 형태의 상호 작용을 통해 서로에게 이롭거나 해로운 영향을 미친다. 이 때문에 식물플랑크톤과 미생물 간에 진행되는 상호 작용, 특히 적조 발생 기간에 미생물이 적조 생물에게 미치는 영향에 대한 이해는 적조 생물 제어 연구의 중요한 내용이 된다.

④ 미생물과 식물플랑크톤의 상호 관계

종속 영양 세균에게 유기 영양 물질을 공급하는 것 외에 세균에 유해한 항생물질과 하이드록실 라디칼hydroxyl radical 생성, 세균의 성장 촉진물질 생성 등의 방법으로 세균의 수와 다양성을 조절함으로써 식물플랑크톤은 자신을 방어하거나 필요한 영양원을 공급받는다. 한 예로 일본 하리마나다 만에서 확인된 바와 같이 적조 생물 차토넬라*Chattonella*에 부착된 세균이 적조 생물에게 비타민 B12를 공급하거나 세균이 합성하는 시토키닌cytokinin이 적조 생물의 성장을 촉진시키는 것을 들 수 있다. 한편 마비성 패독Paralytic Shellfish Poison을 생성하는 편모조류에서 분리된 세균의 독소 생산량은 식물플랑크톤과의 접촉에 영향을 받는 것으로 추측된다. 이에 따라서 세균-조류의 상호 관계 이해는 적조 발생의 원인을 이해하는 데 도움이 될 수 있다.

세균에 의해 식물플랑크톤이 사멸하거나 성장이 저해될 수도 있다. 살조 능력이 있는 해양 세균으로는 알테로모나스*Alteromonas*, 사이토파가*Cytophaga*, 플라보박테리아*Flavobacterium*, 코르디아*Kordia*, 슈도알테로모나스*Pseudoalteromonas*, 사프로스피라*Saprospira*, 비브리오*Vibrio* 등의 속에 속하는 다수의 종이 알려져 있다. 이들 세균이 적조 소멸에 직간접 관여하는 것으로 보고됐다. 각각의 살조 세균은 독특한 살조 범위를 두고 있는 것으로 보고됐다. 또 히로시마 만에서는 적조 생물 헤테로시그마 아카시우*Heterosigma akashiwo*에 감염시켜 살조시키는 바이러스가 분리됐으며, 갈조를 일으키는 오레오코커스 아노파게페렌스*Aureococcus anophagefferens*를 소멸시키는 바이러스도 보고되는 등 바이러스 역시 적조 사멸의 주요 요인으로 평가된다.

⑤ 살조 기작

살조 세균의 살조 기작은 i)적조 생물 표면에 부착해서 적조 생물을 녹이거나 ii)세포 외로 살조 물질을 분비해서 적조 생물의 생장을 억제하거나 죽이는 방식의 두 가지가 있다. 전자에 속하는 사이토파가속*Cytophaga sp.*과 알테로모나스속*Alteromonas sp.* 외에 대부분의 살조 세균은 후자에 포함된다. 살조에 관여하는 물질은 항생물질이나 색소, 저분자 올리고펩티드, 효소를 포함한 단백질, 열에 불안정한 세포 외 물질 등이다. 살조 세균을 접종한 후 몇 시간에서 며칠 사이에 조류 감소가 진행된다. 살조 시간은 물질의 활성, 생산 속도, 유도 물질의 차이 등에 따라 달라진다. 와편모조류 알렉산드리움 카타넬라*Alexandrium catanella*에서와 같이 무성생식에서 유성생식으로의 교배

단계에서 휴면포자 생성을 억제하는 물질을 생산함으로써 다음 단계에서의 적조를 억제시키는 경우도 있다. 또 적조 소멸은 단일종의 세균에 의해 진행되기보다 다양한 종의 살조 세균이 동시 또는 순차로 관여하는 것으로 보인다. 그러나 아직까지 살조 기작이 정확하게 설명되지 않고 있으며, 최근에는 이러한 기작을 분자생물학으로 해석하기 위해 다양한 살조 미생물의 유전체 해독이 이뤄졌다.

⑥ 적조 생물 모니터링

적조 발생의 신속한 예보는 어업 피해를 최소화하기 위한 첫 단계다. 전통 방법으로는 시료를 채집한 후 현미경을 이용해 형태 분류를 하는 과정을 거쳤지만 인공위성, 음파 탐지기 등을 이용하는 기술이 개발되고 있다. 또 지문 자동인식시스템 등에 사용돼 온 인공신경망ANN, Artificial Neural Network 기술이 도입되고 있다. 즉 대상 생물의 형태 데이터베이스를 구축한 다음 현미경과 컴퓨터만으로 적조 생물을 동정하는 장비가 개발돼 사용되고 있다. ANN 기술은 생물학자와 프로그래머의 공동 연구가 요구되는 분야다. 이 기술을 이용한 수리분류학은 가장 빠르고 강력한 종 분류 방법으로 자리 잡을 것이다.

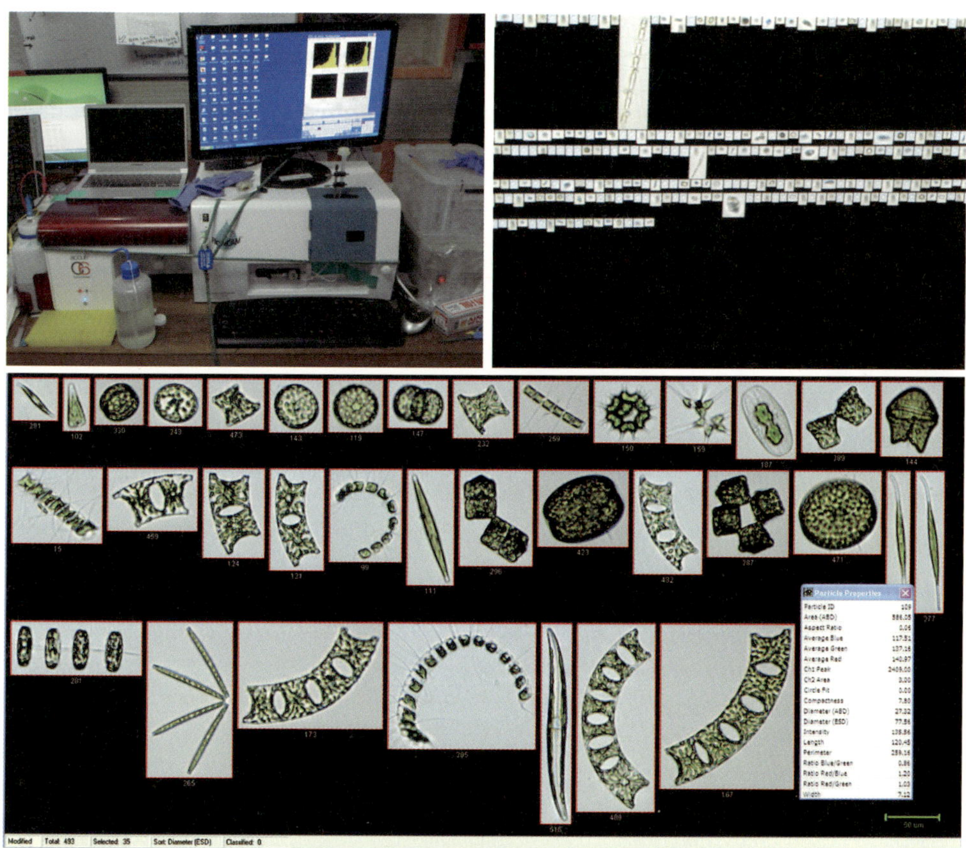

현미경 카메라가 내장된 flowcytometer를 이용해서 해수 중에 존재하는 식물플랑크톤을 모니터링하는 모습

분자생물학의 발달은 과거에 불가능하게 생각되던 많은 것을 짧은 시간에 해결할 수 있게 해 줬다. 적조 생물의 검출도 예외가 아니다. 적조 생물의 유전 정보에 기반을 둔 탐침 제작, 특정 분류군에서만 발현되는 단백질의 항체를 이용한 탐침 방법 등이 개발되고 있다. 또 다양한 미세조류의 독소생산 유전자가 연구되고 있으므로 머지않아 적조 원인 생물종의 유전 정보와 독소 생산 유전자의 발현 여부를 동시에 검출할 수 있는 DNA 칩이 개발되고, 이를 이용해 분류학의 비전문가도 해수로부터 몇 시간 이내에 유해 식물플랑크톤 대규모 발생 여부를 모니터링할 수 있는 시대가 올 것이다.

실시간으로 적조 생물의 동태를 감시하기 위한 기술로 연안 노선을 정기 운항하는 선박과 유세포분석기flow cytometry를 접목하는 방법도 개발되고 있다. 유세포분석기를 이용하면 숫자 외에 엽록소, 피코빌린, 카로티노이드 등 자체 형광 물질이 있는 미세 조류의 세포 크기, 형광의 정량 측정도 가능하다. 이에 따라서 유세포분석기를 선박 하단에 설치하고 그 정보를 실시간으로 받는 방법으로 자동 모니터링이 가능하다. 최근에는 음파 탐지 장치가 좁은 영역, 위성 영상을 이용하는 기술이 광범위한 지역을 각각 감시하기 위한 강력한 기술로 부각되고 있다.

생물 오손biofouling과 생물 부식biocorrosion

미생물의 생물막 형성은 생명현상의 자연스러운 발로라고 볼 수 있다. 그러나 그 결과로 발생하는 생물 오손과 부식은 선박 운항 비용 증가, 해양 구조물 파손, 냉각관 효율 저하 등 피해를 유발시키는 원인이 된다. 다른 한편 생물막을 양식 산업에 응용할 수 있는 등의 유용성이 있기도 하다. 이 절에서는 먼저 생물막 생성에 관해 살펴보고 그 결과로 일어나는 오손 현상과 부식의 방지 방법 개발과 관련 내용, 양식 산업에서의 이용 가능성을 간략하게 살펴본 후 마지막으로 생물막 연구의 진행 방향을 살펴보기로 한다.

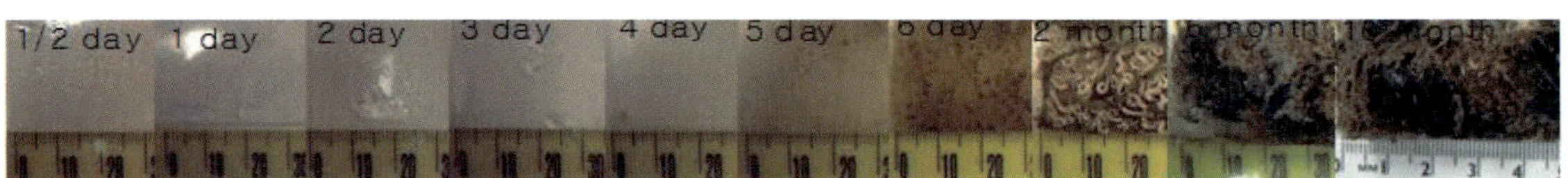

생물막 생성 및 발달 과정. 시간 경과에 따라 갯지렁이, 따개비, 이끼벌레, 녹조류, 홍합 등이 생물막 위에 성장함

① 생물막 생성과 생물 오손의 발생

생물막은 경계면이 있는 거의 모든 곳에 생성된다. 특히 빈영양 환경인 해양에서 미생물은 생물막을 형성함으로써 i)영양 물질 획득 기회 증가, ii)독성 물질, 항생제 등 위험으로부터의 보호세균은 생물막 형성 시 유영 상태인 때에 비해 항생제 내성이 약 500배 증가, iii)세포외 효소 활성 유지 및 다른 미생물과 대사 과정 공유, iv)포식자로부터의 보호, v)새로운 유전 형질 획득 가능성이 증대하는 등 다양한 이점이 생기기 때문에 생

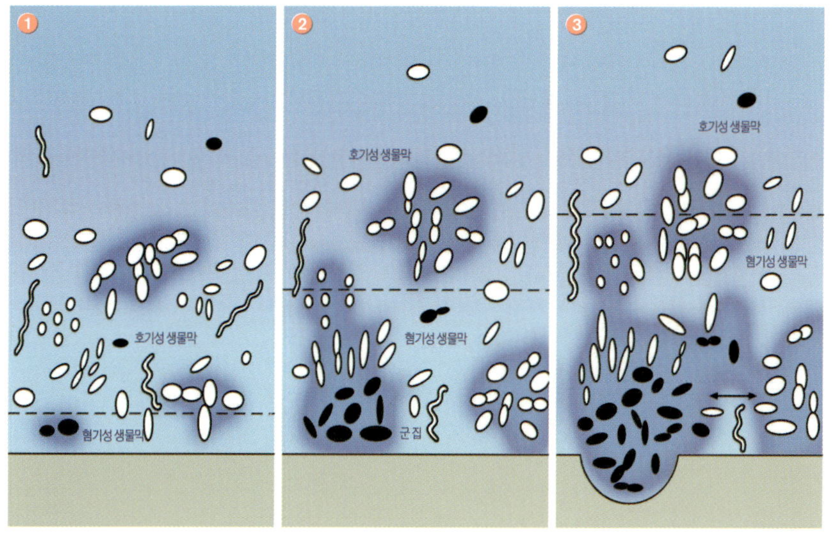

생물막 형성 과정
① 금속이나 콘크리트 벽면에 세균이 부착하여 ② 성장하면 ③ 두텁게 생성된 생물막의 안쪽에서는 구조물이 부식되어 손상을 입게 된다

물막을 형성하는 것은 미생물의 주요 생존 전략 가운데 하나로 생각되고 있다. 미생물은 세포의 전하 또는 표면 소수성 등 다양한 물리화학 요인에 의해 유기물이 흡착된 부유 물질, 암반, 생물의 표면 같은 자연 물질 외에도 금속 표면이나 콘크리트와 같은 인공 구조물 등 다양한 기질에서 부착생활을 하게 된다. 초기 부착 이후 미생물은 다당류를 비롯해 핵산·지방산·단백질 등 물질들을 분비하고, 이들 물질과 미생물 간의 상호 작용 과정을 거쳐 생물막이 형성된다. 이렇게 형성된 생물막에 따개비를 비롯해 부착생활을 하는 해양 생물들의 유생이 가입하고, 변태 과정을 거쳐 성장함에 따라 생물막은 생물 오손 단계로 진행된다. 이때까지 걸리는 기간은 대개 10일에서 한 달 이내인 것으로 밝혀졌다. 생물막에 오손 생물이 부착하는 원인은 서식처 적극 선택과 이미 형성된 생물막의 끈적끈적한 산물 때문인 것으로 추정된다.

② 생물 오손에 의한 환경오염

생물 오손은 원치 않는 장소에 생물막이 성장해 막대한 손해를 끼치는 것을 의미한다. 생물 오손의 결과로 가장 큰 피해를 보는 곳은 원양을 항해하는 선박과 해수를 냉각수로 이용하는 공장이다. 생물 오손의 결과 대형 선박의 경우 수십% 수준으로 연료비가 증가하게 된다. 연료비가 운영 경비의 절반이 넘는 원양 선박의 경우 생물 오손은 선박 운영에 큰 부담이 된다. 이에 따라서 오손 방지 물질 개발은 필수 요소였다. 1970년대 이후 선박 도료에 방오 물질로 트리부틸틴TBT, Tributyltin이 널리 이용돼 왔다. 그러나 TBT는 1ppt1조분의 일 이하 농도에서도 각종 해양 생물의 암컷에 수컷 생식기가 발생하는 것과 같은 임포섹스Imposex를 유발하는 것이 확인돼 환경호르몬이라고 불리면서 해양 환경을 심각하게 위협하고 있다. 이에 따라 선진국에서는

선박에 해양생물이 부착하면 연료비가 2배이상 증가한다
선박 하부에 해양생물이 부착하는 것을 막기 위해 최근까지 선박용 페인트에는 방오물질 TBT가 첨가되어 왔다

1982년, 국내에서는 2005년부터 TBT 규제가 시작돼 특수 목적의 선박 이외에는 TBT를 사용할 수 없게 됐다. TBT가 규제됨에 따라 황산구리 등 물질이 방오 도료에 이용되고 있지만 이 또한 항구를 오염시키는 원인으로 지목받고 있다. 이에 따라서 생물에게 독성을 끼치지 않으면서 TBT를 대체할 수 있는 방오 성분 개발은 초미의 관심사가 되고 있다.

③ 무독성 방오 물질 개발

방오 물질 개발과 관련해 생물 상호 간, 생물과 화학물질 간 상호 관계를 이해하는 것은 매우 중요한 요소다. 프랑스 연구팀은 생물막 생성 초기에 관여하는 세균의 역할전자공여체 또는 수용체, 세포 표면 소수성, 표면부착능, 신호 전달 물질quorum sensing signal 생성 여부 등을 조사함으로써 생물막 생성 세균의 특성을 파악하려 했다. 홍콩 연구팀은 생물막에서 분리한 균주 가운데 비브리오속Vibrio sp.의 생물막이 따개비*Balanus amphitrite* 유생 부착을 강하게 억제시키며, 이때 세균의 세포 표면 특성이 중요하게 작용하는 것으로 보고했다. 또 따개비 유생의 부착과 변태에는 세포 외 고분자 물질EPS, extracellular polymeric substances과 세균의 대사산물이 중요하게 작용함이 확인됐다. 세균의 일부 대사산물은 무독성 부착 방지 물질로 작용하기도 하며, 일부 아미노산은 세균 생물막과 상관없이 유생의 부착 촉진에 관여하기도 한다.

한편 오손 생물의 종류에 따라 생물막에 대한 반응이 달라지는 것이 관벌레인 부굴라 플라벨라타*Bugula flabellata*와 멍게류인 유령멍게*Ciona intestinalis*의 부착 연구 과정에서 확인됐다. 생물막 생성의 유전자군 조절 역시 매우 복잡한 양상으로 전개되는 것이 확인되는 등 생물막을 이용한 오손 억제는 아직 많은 연구가 필요한 상황이다. 새로운 방오 물질 개발은 생태학 관찰에 기초하고 있다. 많은 연구팀이 표면에 다른 생물이 달라붙지 않는 해면, 해조류, 어류 등 해양 생물로부터 항오손 물질을 분리하고 오손 물질 구조를 연구해 왔다. 일본 연구팀은 항오손 효과가 있는 이소시안-테르펜isocyano-terpenes 계열 화합물을 기반으로 하여 합성한 3-이소시아노테오넬린3-isocyanotheonellin 유도체 가운데 일부가 황산구리보다 독성이 낮으면서 방오 효과는 더 뛰어남을 확인했다. 해면에서도 방오능을 지닌 3-알킬피리디늄3-alkylpyridinium 중합체가 분리됐다. 생물막 생성 과정에 작용하는 신호 전달 물질을 분해하거나 합성 유사 물질analogue compounds을 이용해 생물막 생성을 방해함으로써 생물 오손을 방지할 수 있는 연구도 진행되고 있다. 대표 물질로는 홍조류인 나도펭꼬리*Delisea pulchra* 유래의 핌브롤리데스fimbrolides, 베케렐라 서브코스타툼*Beckerella subcostatum*에서 분리된 베케렐리데스beckerelides 등 푸라논furanone 계열 화합물이 있다. 이와 같은 물질은 오랜 진화 과정의 산물이기 때문에 자연환경에는 이들 물질을 분해하는 미생물도 존재한다. 이에 따라서 방오능이 우수한 물질을 확보하는 한편 개발된 물질을 실제로 이용하기 위해서는 방오 물질의 효능을 유지시키면서 적절하게 방출시킬 수 있는 도장coating 물질과 도장 방법이 함께 개발돼야 한다. 최근 연구에 따르면 오손 생물막의 형태질, 양 등는 표면 형태가 아니라 화학 특징에 영향을 받는다. 이에 따라서 적절한 도장 물질 개발은 방오 물질의 실용성을 담보할 뿐만 아니라 그 자체로도 오손 방지 효과가 있을 것이다.

Amide Hydrolysis

$+H_2O$

Lactone Hydrolysis

일부 세균은 AHL acylase 또는 AHL lactonase 등을 생산함으로써 신호전달물질인 AHL을 분해시킨다

④ 생물 부식Biocorrosion 방지

금속 표면에 형성된 생물막은 미생물 유래 다당류와 금속 간의 정전기성 금속 결합으로 부식 작용을 촉진시킨다. 이를 생물 부식이라 한다. 열 교환기, 파이프, 선박 표면 외에도 내구성 지속을 요구하는 장비나 제품에 형성된 생물막은 열 전달 효율을 떨어뜨릴 뿐만 아니라 부식·파손과 같은 심각한 문제를 일으키며, 이로 인해 장비나 공장의 가동이 중단될 수도 있다. 이와 같은 사태를 예방하기 위해서는 냉각관 유입수의 물리화학 요인과 미생물의 수 및 종조성, 냉각관 내부 오손 생물의 성장 상황 등을 지속 감시하는 한편 적절한 방오 물질 개발을 포함하는 다각도의 접근이 필요하다.

생물 부식은 황산염 환원 과정에서 생성되는 산에 의해 발생하기 때문에 생물막 가운데 황산염 환원 미생물SRB, Sulfate reducing bacteria을 억제하는 방법으로 부식을 막을 수 있다. 한 예로 항생 펩티드peptide를 생산하는 세균을 이용한 SRB 억제 연구를 들 수 있다. 이미 생물막이 생성된 상태에서는 항생물질이 SRB의 하나인 디술포비브리오 불가리스*Desulfovibrio vulgaris*를 죽일 수 없어 철근이 녹스는 것을 막지 못하

는 것과 달리 항생물질을 생산하는 바실루스 브레비스*Bacillus brevis*로 철근에 생물막을 만들어 줄 경우 황산염 환원 세균인 디술포비브리오 불가리스의 성장이 억제됨으로써 철근에 녹이 생기지 않는 것이 확인됐다. 또 항생 펩티드를 미리 철근에 발라 놓는 것도 디술포비브리오 불가리스의 성장을 억제시키는 효과를 보였다. 호기성 생물막을 만들어 주는 경우에도 SRB의 생물막이 생기는 것을 방지함으로써 부식을 억제할 수 있었다.

⑤ 항오손 소재Antifoulant 개발 및 양식에의 활용

신소재를 개발하는 것도 오손 방지의 한 방법이 된다. 대두고래의 경우 피부 표면의 미세돌기 구조가 세균이 부착하는 것을 막아 줌으로써 미세 오손 생물의 부착을 막아 주는 것이 관찰됐다. 이를 모방해 표면에 미세한 돌기가 있는 재료를 이용해 생물막을 예방하는 방법이 시도되고 있다. 또 티타늄 표면의 생물막은 독특한 군집 조성을 보이는 것이 확인돼 앞으로 생물막 생성의 제어 또는 제거 기술 개발에 활용할 수 있을 것으로 기대된다. 앞에서 살펴본 바와 같이 특정 해양 생물은 특정 미생물의 생물막을 선호할 가능성이 짙다. 이에 따라서 세균-부착생물 간 상호 관계가 좀 더 연구된다면 수산물 생산 안정화에 생물막을 이용하는 것도 가능하다. 이미 패류의 상품 가치를 높이는 한 방법으로 쉽게 떼어낼 수 있는 생물막을 생성시켜서 다른 생물의 부착이 없는 깨끗한 패류를 생산하는 방법이 이용되고 있기도 하다. 생물막은 이용하기에 따라 고부가가치를 담보하는 유용 자원이 될 수도 있다.

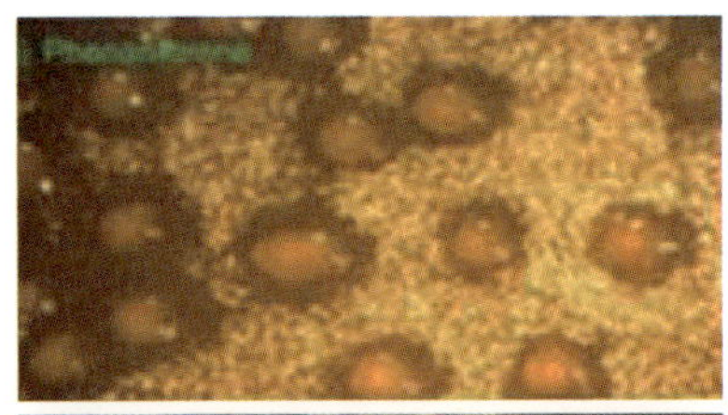

고체배지에 PAHs 성분을 뿌려준 다음 투명환이 생기는 것을 보고 분해미생물을 분리할 수 있다

⑥ 향후 전망

생물막은 경계면이 있는 모든 환경에서 생성된다. 이렇게 생성되는 생물막 가운데 인체 내에 이식된 장비나 약품 투여 장비에 생물막이 형성돼 세균성 질병을 유발할 수도 있다. 따라서 의료, 치의학 분야에서 생물막 연구가 가장 활발하게 진행되고 있다. 폐수 처리, 수처리 과정에서 생성되는 생물막도 활발하게 연구되고 있다. 질병과 관련된 생물막 대표 세균인 녹농균*Pseudomanas aeruginosa*이나 스트렙토코쿠스 무탄스*Streptococcus mutans* 및 비브리오 불니피쿠스*Vibrio vulnificus* 등의 경우 생물막 형성에 관여하는 유전자의 역할, 생물막 형성에 따른 대사 과정의 변화, 신호 전달 체계quorum sensing 등이 유전체 수준에서 연구되고 있을 정도로 의료, 치의학 분야에서는 생물막 생성 및 병원성과 관련된 연구가 활발히 진행되고 있다.

이들 미생물의 생물막 형성 메커니즘은 해양 세균의 생물막 생성 과정 이해와 제어 기술 개발에 활용될 수 있다.

나아가 해양 환경에 고유한 생물막 생성과 관련된 생리, 생화학, 유전 등 특성이 깊이 있게 연구된다면 부차 환경오염 없이 생물 오손과 생물 부식 등의 과정을 제어할 수 있는 때가 올 것이다.

해양 환경 정화

적조와 생물 오손 연구가 환경 및 생물 활성의 제어에 주안점을 둔다면 생물정화는 적극 개입해서 오염된 환경을 복구시키는 방법을 주된 내용으로 하며, 토목환경공학과 밀접한 관계를 지닌다. 해양 환경 정화 분야 가운데 관심의 초점을 연안 퇴적토에 오염된 석유화합물의 생물 정화 기술bioremediation에 맞춰 소개한다.

① 석유화합물 오염의 문제점

석유화합물은 섬유·제약 등 각종 화학 산업의 일차 원료 외에 일상생활과 발전소 연료로, 현대 사회의 필수 자원이다. 매년 전 세계에서 생산된 원유의 약 0.1%인 3,500만 톤의 원유가 해양으로 유입된다. 우리나라도 2007년에 태안 인근에서 허베이 스피리트*Hebei Spirit*호, 2014년에 여수에서 우이산호가 각각 좌초됨으로써 심각한 유류 오염 피해를 경험했다. 석유화합물 가운데 특히 다환 방향족 탄화수소PAHs, Polycyclic aromatic hydrocarbons는 독성이 매우 강하다. 이 때문에 미국 환경보호청USEPA, United State Environmental Protection Agency은 PAHs를 발암성, 돌연변이 유발성, 내분비 교란물질로 지정했다. PAHs는 벤젠고리 수가 4개나 5개로 증가할수록 환경 잔류성과 유전 독성이 증가한다. 연안에 오염된 PAHs 화합물은 생물 농축에 의해 궁극으로 인체에 심각한 피해를 줄 수도 있다.

유류가 유출되면 벤젠, 나프탈렌 등 휘발성 강한 물질들이 먼저 제거된 다음 오랜 시간에 걸친 풍화 작용과 생물 분해 등을 통해 강한 독성 물질들의 무독성화가 진행된다. 마지막으로 원유 성분 가운데 벤조에이피렌benzo[a]pyrene과 같이 돌연변이 유발성과 발암성이 강한 화학물질인 고분자 PAHs가 수층이나 퇴적토 등에 지속 잔류하게 된다. 연안에 인접한 공단이나 하천을 통해서도 많은 양의 석유탄화수소, 특히 PAHs 화합물이 해양 환경으로 유입된다. 비록 많은 오염 물질이 자연계의 미생물에 의해 분해되지만 분해 진행 과정은 매우 느리다.

② 현장 생물 정화 기술

오염 퇴적토의 정화 방법 가운데 준설dredging과 제한된 투기 방법이 대체로 적용 기술이 확립된 방법으로 널리 사용된다. 그러나 미국 해밀턴 항구 프로젝트, 네덜란드 지릭제이 항구 프로젝트 등에서 확인된 바와 같이 준설 과정에서 퇴적토가 재부상돼 오염 범위를 확산시키거나 오염 퇴적토를 외부로 운반하는 과정에서 오염 물질이 환경으로 유출된다는 문제가 있다. 준설 방법의 최대 대안으로 시도한 현장 정화 기술*in situ* remediation 가운데 생물 정화 기술은 오염 물질의 분해 과정을 변환시키거나 퇴적토에 미생물이나 화학물질을 첨가해 생물의 정화 능력을 작동 또는 향상시킴으로써 오염 물질 분해를 촉진시켜 주는 것이 핵심 내용이다. 생물 정화 기술은 산소 공급, 유류 분해 미생물 첨가, 유화제 또는 영양 물질 첨가, 다양한 미생물 생장 촉진 물질 첨가 등 방법으로 오염 지역의 생물 및 환경 제한 요소들을 완화시켜 줌으로써 미생물의 오염 물질 분해능을 최적화하기 위한 모든 기술을 포함한다. 이들 기술은 실험실 안에서의 분해 실험, 소규모 현장 실험 등으로 효율성을 입증한 후 적용하게 된다.

③ 석유탄화수소 분해 제한 요인

실험실과 달리 현장 환경에서는 각 오염 지역의 고유하고 다양한 환경 요인 때문에 최적 조건으로 기술을 적용하기란 매우 어렵다. 이 때문에 현장 생물 정화 기술의 많은 부분은 이들 환경 제한 요인을 극복하기 위한 기술 개발에 투여된다. 생물 정화 기술을 현장에 적용할 때 분해율 제한 요인은 크게 (1)생화학·미생물 요인과 (2)환경 요인 두 가지로 분류할 수 있다. 이 가운데 생화학·미생물 제한 요인들은 석유탄화수소 생분해에 거의 직접 제한 요소로 작용한다. 20세기 초 석유탄화수소가 미생물에 의해 분해돼 이용될 수 있다는 것이 알려진 이후 다양한 해양 환경에서 석유탄화수소 분해 미생물의 분포와 특성이 연구됐다. 그 결과 석유탄화수소 분해 미생물은 자연 환경의 도처에 존재하고 있음이 확인됐다. 이에 따라서 미생물 첨가가 효과를 보이지 못한 경우도 빈번하게 관찰된다. 오염 물질 분해 미생물의 분포와 생분해율 변화에 미치는 환경 제한 요인에는 온도, 산소, 영양염, 오염 물질의 화학 특성 및 생물 이용 가능성, 토양의 화학 특성, 생태계 군집 구조 등 다양하다. 이들 요인을 조절하기 위한 연구도 꾸준히 진행되고 있다. 생물 정화 기술의 핵심인 PAHs 분해 미생물을 확보하기 위한 노력의 결과로 나프탈렌, 페난트렌 등 대체로 분자량이 낮은 물질들을 분해하는 미생물은 많이 확보됐다. 단독으로 고리 수 다섯 개 이상의 방향족 탄화수소를 분해하는 미생물도 지속 보고되고 있다. 다양한 오염 물질을 분해시킬 수 있도록 조작된 미생물인 슈퍼버그superbug의 논쟁 이래로 유전공학 기술을 적용해 세균의 오염 물질 분해능과 범위를 확장시키려는 연구도 계속되고 있다. 그러나 유전자 변형 미생물의 환경 안전성 문제로 말미암아 실제로 이용되지는 못하고 있다. 이에 따라 최근에는 공동 대사 과정을 통해 고분자 PAHs 화합물을 분해하는 복합 세균군을 이용하려는 연구가 활발히 진행되고 있다.

④ 분자생물학 모니터링 기법

생물 정화 기술 가운데 토착 미생물의 활성을 촉진시키는 방법은 쉽게 받아들여질 수 있다. 그러나 외부로부터 미생물, 특히 유전자가 조작된 미생물을 도입하는 경우 접종된 미생물이 대량 증식하거나 다른 생물에 영향을 미침으로써 생태계 안정성을 심각하게 훼손시킬 수 있다. 이로 인한 사회 파장이 매우 심각하기 때문에 생물 정화 기술을 적용할 때 미생물 접종은 충분한 환경영향 분석을 실시한 후 진행돼야 한다. 또 접종 후에도 도입 미생물의 동태와 토착 미생물의 군집 변화를 꾸준히 감시해야 한다. 이와 같은 목적으로 과거에는 배양 가능한 세균을 감시했지만 분자생물학 기술 발달과 함께 최근에는 전체 미생물 군집의 감시가 가능해졌다. 주로 16S rRNA 유전자의 염기 서열 정보로부터 얻은 유전자 탐침, 유전자 증폭PCR, polymerase chain reaction 등 방법으로 특정한 균주의 추적 효과를 볼 수 있다. 불과 몇 년 전까지만 해도 군집 전체를 모니터링하는 방법으로 유전자 지문 인식 방법이 널리 이용됐다. 그러나 분석 기술이 발달하면서 최근에는 대용량 염기 서열을 분석하는 방법이 주류를 이룬다. 2010년 멕시코 만에서 일어난 유류 오염 사고 현장에서는 DNA 칩Geochip을 사용해 유류 성분의 생분해 과정을 확인했다. 이처럼 분자생물학 모니터링 기법은 대사 과정의 모니터링에까지 사용된다. 이는 생물 정화 기술 적용의 중단 시점 결정과 기술 적용의 성공 여부를 판단하는 지표로도 사용될 수 있다.

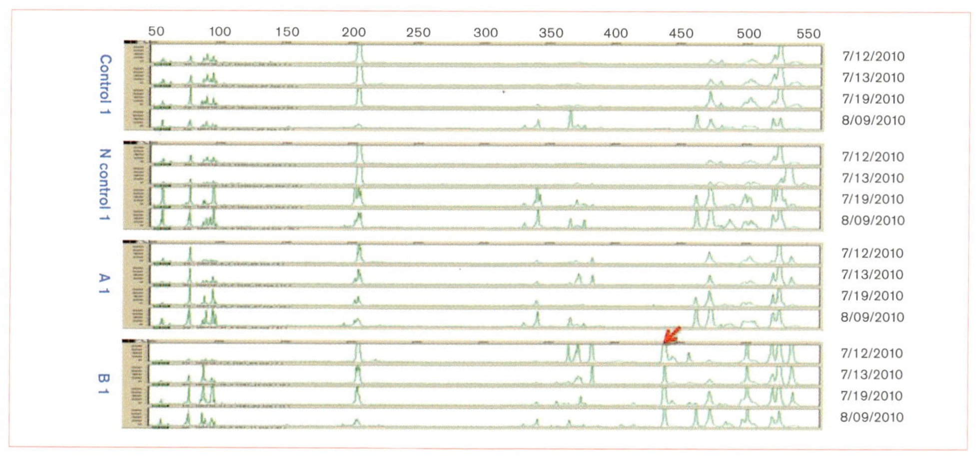

붉은 화살표는 생물정화제제 내에 포함되어있는 미생물의 시그널. 시간에 따라 줄어드는 것을 볼 수 있다

⑤ 생물 정화 기술의 적용 사례

대규모로 미생물을 접종하는 경우 환경 안전성 문제가 해결되지 않은 상태에 있기 때문에 생물 정화 기술 가운데 균주 접종 방법이 적용된 사례는 찾기 어렵다. 현장에는 주로 생물 활성 촉진 기술이 적용된다. 지금까지 현장에 적용된 생물 정화 기술의 대표 사례는 1989년 3월 24일 알래스카 프린스윌리엄 해협에 유조선 엑손 발데스*Exxon Valdez*호가 약 4만 톤의 원유를 유출시킨 사고를 처리하는 과정이다. 당시 원유로 오염된 해안 지역은 먼저 물리·화학 처리를 한 후 생물 정화 기술을 적용했다.

이 지역은 토착 미생물 가운데 탄화수소 분해력이 있는 세균의 비율이 높고 강력한 조력 등에 의해 적절한 산소 공급이 이뤄진다는 실험실의 실험 결과를 바탕으로 오염 지역에 이니폴Inipol EAP22라는 친유성 비료oleophilic fertilizer 등을 첨가했다. 이니폴 첨가 결과 해안에서의 원유 분해는 뚜렷하게 증가하지 않았지만 초기 생분해율을 촉진하는 결과를 얻을 수 있었다. 또 유류로 오염된 정유공장에서 아시네토박터*Acinetobacter*, 아쓰로박터*Arthrobacter*, 마이코박테리아*Mycobacterium*, 슈도모나스*Pseudomonas*, 로도콕시*Rhodococci* 등 미생물을 유화제와 함께 처리할 경우 23주 후 약 95%의 원유가 분해된 사례가 보고됐다. 이스라엘 하이파 해변에서도 중질유heavy crude oil 100톤가량이 유출돼 약 3km에 걸친 해변을 오염시켰다. 실험 후 특수 제작된 소수성 비료인 F-1과 선발된 미생물을 적용했을 때 인근 지역의 부영양화가 유발되지 않으면서도 처리 4개월 후 총 원유의 약 88%를 제거할 수 있었음이 보고됐다. 1990년대 중반 이후 미국과 캐나다에 근거지를 두고 있는 골더사Golder Associates는 해밀턴 항, 홍콩과 방콕의 수로 등 여러 곳에서 현장 생물 정화 기술 적용의 타당성을 조사했다. 그 결과 PAHs 등 오염 물질이 뚜렷이 감소했음을 보고했다. 국내에서도 평방미터 규모의 공간을 대상으로 한 소규모 실험으로 생물 정화 기술의 가능성을 입증했지만 아직까지 적용 사례는 없다.

아직까지 해양 환경에서의 생물 정화 기술 적용 사례는 많지 않으며, 지역·환경 요인에 큰 제약을 받는 등 극복해야 할 한계도 많다. 그러나 앞에서 살펴본 일련의 사고, 현장 연구 등에서 도입한 생물 정화 기술은 다소 짧은 기간에 많은 기술을 축적했으며, 좀 더 많은 지역에서 자료가 축적될 경우 미래 환경 정화 기술의 핵심으로 자리 잡을 것으로 기대된다.

맺는 말

처음에 언급한 바와 같이 해양환경생명공학은 해양 생태학과 생명공학, 나아가 환경공학 등과 밀접한 관계를 맺고 있다. 관찰과 분석에 기초한 결과에 생리, 생화학, 분자생물학, 분석화학 등의 기술을 접목하는 한편 대규모 현장 적용 과정까지 긴밀하게 연결될 때 해양환경생명공학은 눈에 띄는 결과를 얻을 수 있다. 그러나 환경오염과 관련해 가장 중요한 것은 오염을 사전에 차단하는 일이다. 이와 같은 관점에서 볼 때 오염 물질의 배출량을 줄이기 위한 노력과 오염 또는 유해 생물 대량 발생의 사전예보시스템 구축, 신소재 개발 등이 병행 발전돼야 한다. 이러한 바탕 위에 해양 환경이 관리되고 해양환경생명공학기술은 오염의 가능성을 줄이는 한편 부득이한 오염 사고를 해결하기 위한 기술로 자리매김하고 발전해 나가야 한다.

찾아보기

ㄹ

ㅁ

ㅂ

ㅍ

ㅎ

A~Z